U0261594

高等职业教育电气化铁道供电技术专业"十二五"规划教材

# 高电压技术

王　睿　邓小桃　主　编

陈　刚　主　审

中国铁道出版社有限公司

2021年·北京

## 内 容 简 介

本书为高等职业教育电气化铁道供电技术专业"十二五"规划教材。全书分为电介质的击穿特性、电气设备绝缘试验、电力系统过电压三篇,其内容包括:气体电介质的击穿特性、液体和固体电介质的击穿特性、绝缘试验的基本原理、电气设备的绝缘结构与试验、雷电及防雷保护装置、电力系统的防雷保护、电力系统内部过电压及防护、电力系统绝缘配合等内容。

本书可作为高等职业院校电气化铁道供电专业教材,也可作为从事电气化铁道专业技术人员参考用书。

**图书在版编目(CIP)数据**

高电压技术/王睿,邓小桃主编. —北京:中国
铁道出版社,2014.4(2021.8 重印)
全国铁道职业教育教学指导委员会规划教材 高等职
业教育电气化铁道技术专业"十二五"规划教材
ISBN 978-7-113-18147-5

Ⅰ. ①高… Ⅱ. ①王…②邓… Ⅲ. ①高电压—技术
—高等职业教育—教材 Ⅳ. ①TM8

中国版本图书馆 CIP 数据核字(2014)第 039748 号

书　名:**高电压技术**
作　者:王　睿　邓小桃

策　　划:阚济存
责任编辑:阚济存　　　　编辑部电话:(010) 51873133　　　电子信箱:td51873133@163.com
编辑助理:杜丽君
封面设计:崔　欣
责任校对:王　杰
责任印制:高春晓

出版发行:中国铁道出版社有限公司 (100054,北京市西城区右安门西街 8 号)
网　　址:http://www.tdpress.com
印　　刷:北京铭成印刷有限公司
版　　次:2014 年 4 月第 1 版　2021 年 8 月第 4 次印刷
开　　本:787 mm×1 092 mm　1/16　印张:11　字数:272 千
书　　号:ISBN 978-7-113-18147-5
定　　价:30.00 元

# 前　言

　　本教材是根据新制定的高职学校电气化铁道技术专业教学计划并结合近年来高电压技术的发展而编写的。

　　本教材的总体框架体现了高职高专教学改革的特点,突出实践能力的培养,以应用为目的,以必须、够用为度,加强实用性。本书把高电压技术的内容重新做了整合、精简和补充,使其更加紧凑、更富有条理性,便于组织教学。

　　本教材分为"电介质的击穿特性"、"电气设备绝缘试验"和"电力系统过电压"三个部分。本教材的主要内容包括气体电介质的击穿特性,高电压绝缘中液体、固体和组合绝缘的电气特性,绝缘试验的基本原理,电气设备的绝缘结构与试验,雷电及防雷保护装置,电力系统的防雷保护,电力系统内部过电压及防护,电力系统的绝缘配合等。

　　本教材由郑州铁路职业技术学院王睿和武汉铁路职业技术学院邓小桃主编,武汉铁路职业技术学院陈刚主审。其中第1、2、5章由王睿编写,第3、6章由邓小桃编写,第4章由内江铁路机械学校李鲁华编写,第7章由郑州铁路职业技术学院王程有和武汉铁路职业技术学院王旭东编写,第8章由郑州铁路职业技术学院张家祥编写。在本教材的编写过程中,还得到了郑州铁路局集团有限公司供电部门部分同志的帮助,在此一并致谢。

　　由于编者的水平有限,书中难免有不妥和错误之处,恳请读者批评指正。

编　者

2013 年 10 月

# 目 录

## 第1篇 电介质的击穿特性

## 第2篇 电气设备绝缘试验

# 第3篇　电力系统过电压与绝缘配合

# 第1篇 电介质的击穿特性

在电力系统中,电介质是作为电气设备的绝缘材料使用。电介质将电气设备不同电位的导体分隔开,使其在电气上没有联系,以保持不同的电位。电气设备的运行可靠性,在很大程度上取决于电介质的绝缘性能。据统计,电力系统中 50%~80% 的停电事故是由于设备电介质的绝缘性能下降最终导致击穿而引起的,因此有必要研究各类电介质在高电压作用下的击穿特性。

电介质按物质的形态,可分为气体电介质、液体电介质和固体电介质三类。在电气设备绝缘结构的实际应用中,往往采用几种电介质联合构成组合绝缘结构。通常,电气设备的外绝缘由气体介质和固体介质组合而成,而内绝缘则由固体介质和液体介质组合而成。

在高电压的作用下,任何电介质的电气强度都是有限的。当电压足够高时,电介质就会丧失其绝缘性能而变为导体,即击穿。不同的电介质呈现不同的击穿特性,由于对气体击穿特性的研究比较深入完整,且气体放电理论也是液体、固体介质放电理论的基础。所以,本书首先介绍气体电介质的击穿特性。

# 1 气体电介质的击穿特性

气体电介质,尤其是空气介质在电力系统中的应用最为广泛,几乎所有的高压输电线路(电力电缆除外)、隔离开关的断口等都是利用空气介质作为绝缘的。此外,$SF_6$ 气体也是工程中使用较多的气体电介质,如 $SF_6$ 断路器和 $SF_6$ 全封闭组合电器。

正常情况下,气体是不导电的,是良好的绝缘体。但是当作用在气体上的电压或电场强度超过某一临界值时,气体就会突然失去绝缘性能而发生放电。放电导致气体间隙短路,称为气隙的击穿。气体发生击穿时,电导突增,并伴有声、光、热等现象。

当气压较低,电源容量(功率)较小时,气隙间的放电表现为充满整个间隙的辉光放电。辉光放电的电流密度较小,放电区域通常占据整个电极间的空间,如验电笔中的氖管、广告霓虹灯管的发光灯。

在大气压或者更高气压下,放电则表现为跳跃性的树枝状放电火花,称为火花放。当电源功率不大时,这种树枝状火花会瞬时熄灭又突然产生;当电源功率较大且内阻较小时,放电电流较大,树枝状放电火花一旦产生,立即发展至对面电极,出现高温的电弧,称为电弧放电。

气体放电后,只会引起气体介质绝缘性能的暂时丧失,一旦放电结束后,又可自行恢复其绝缘性能。因此,气体电介质是一种可自恢复绝缘介质。

气体间隙发生击穿时的最低临界电压称为击穿电压。均匀电场中击穿电压与间隙距离之比称为击穿场强;不均匀电场中击穿电压与间隙距离之比称为平均击穿场强。击穿电压或(平均)击穿场强是表征气体击穿特性的重要参数。

# 1.1 带电粒子的产生与消失

气体间隙在外加电压作用下会产生放电甚至击穿,说明气体中有大量带电粒子产生;气体间隙击穿后,又可自恢复其绝缘性能,说明气体中的带电粒子会消失。

## 1.1.1 带电粒子的产生

产生带电粒子的物理过程称为电离(或游离),它是气体放电的首要前提。电离过程所需要的能量称为电离能。

气体原子中的电子沿着原子核周围的圆形或椭圆形轨道围绕带正电的原子核旋转。在常态下,电子处于离核最近的轨道上,因为这样势能最小。在外界因素(电场、高温等)作用下,气体原子获得外加能量时,一个或若干个电子有可能转移到离核较远的轨道上去,这个现象称为原子的激发(或激励)。引起电离所需的能量可通过不同的形式传递给气体分子,如光能、热能、机械(动)能等,对应的电离过程称为光电离、热电离、碰撞电离等。

### 1. 碰撞电离

在电场作用下,气体中的带电质点(电子或离子)被电场加速而获得电能。它们的动能积累到超过气体分子的游离能后,在和气体分子发生碰撞时可使气体分子电离。这种由碰撞引起的电离称为碰撞电离。

碰撞电离是气体中产生带电粒子的最重要的方式。电子、离子、中性质点与中性原子或分子的碰撞,以及激发原子与激发原子的碰撞都能产生碰撞电离。离子或其他质点因其本身的体积和质量较大,难以在碰撞前积累起足够的能量,产生碰撞电离的概率比电子小得多。所以在分析气体放电发展过程时,往往只考虑自由电子与气体原子或分子相碰撞所引起的碰撞电离。

### 2. 光电离

当原子中的电子从高能级返回到低能级时,多余的能量以光子的形式释放出来;反之,原子也可以吸收光子的能量来提高它的位能。由光辐射引起的气体原子或分子电离的现象,称为光电离。

各种可见光都不能使气体直接发生光电离,紫外线也只能使少数几种电离能特别小的金属蒸气发生光电离,只有那些波长更短的高能辐射线(例如 X 射线、γ 射线等)才能使气体发生光电离。

在气体放电中,能导致气体光电离的光源有外界的高能辐射线,还可能是气体放电本身。例如在气体放电过程中,当处于激励状态的原子回到常态以及异号带电粒子复合时,都以光子的形式放出辐射能而引起新的光电离。

### 3. 热电离

气体在热状态下引起的电离过程,称为热电离。

常温下,气体质点的热运动所具有的平均动能远低于气体的电离能,不可能产生热电离。但在高温下的气体,例如发生电弧放电时,弧柱的温度可高达数千摄氏度以上,这时气体质点的动能就足以导致气体分子或原子碰撞时产生电离。此外,高温气体的热辐射也能导致气体分子或原子产生光电离。可见,从基本方面来说,热电离和碰撞电离及光电离是一致的,都是能量超过某一临界值的粒子或光子碰撞分子使之发生电离,只是直接的能量来源不同而已。

在实际的气体放电过程中,这三种电离形式往往会同时存在、相互作用,只是各种电离形式表现出的强弱不同。在放电过程中,当处于较高能位的激发态原子回到正常状态,以及异号带电粒子复合成中性粒子时,又都会以光子的形式放出多余的能量,由此可能导致光电离,同时产生热能而引发热电离,高温下的热运动则又加剧了碰撞电离过程。

4. 表面电离

以上三种电离形式讨论的是气体在间隙空间里带电粒子的产生过程,称为空间电离。实际上,气体中的电子也可以由电场作用下的金属表面发射出来,称为金属电极表面电离。从金属电极表面发射电子同样需要一定的能量,称为逸出功。

随着外加能量形式的不同,阴极的表面电离可在下列情况下发生:

(1)正离子撞击阴极表面

正离子在电场中向阴极运动,碰撞阴极表面时将动能传递给阴极中的电子可使其从金属中逸出。在逸出的电子中,一部分和撞击阴极的正离子结合为分子,其余的则成为自由电子。只要正离子能从阴极撞击出至少一个自由电子,就可认为发生了阴极表面电离。

(2)光电子发射

高能辐射线照射阴极,光子的能量大于金属的逸出功时,会引起光电子发射。

(3)热电子发射

金属中的电子在高温下也能获得足够的动能而从金属表面逸出,称为热电子发射。

(4)强场发射(冷发射)

当阴极表面附近空间存在很强的外电场时($10^6$ V/cm 数量级),将电子从阴极表面拉出来,称为强场发射。由于强场发射所需电场极强,一般气体间隙达不到如此高的场强,所以不会产生强场发射。而在高真空间隙的击穿时,强场发射具有重要意义。

### 1.1.2　带电粒子的消失

当气体中发生放电时,除了有不断产生带电粒子的电离过程以外,同时还存在一个相反的过程,即去电离过程。它将使带电粒子从电离区消失,或者削弱产生电离的作用。当导致气体电离的因素消失后,由于去电离过程,会使气体还原成中性状态而自动恢复其绝缘性能。在电场作用下,气体中的放电是不断发展以致击穿,还是尚能保持其绝缘作用,就取决于电离和去电离过程的发展情况。气体去电离的基本形式有以下三种。

1. 漂移

带电粒子在外电场的作用下作定向移动,消逝于电极面形成回路电流,从而减少了气体中的带电粒子,这种现象称为漂移。由于电子的漂移速度比离子快,所以放电电流主要是电子漂移运动的结果。放电电流的大小取决于带电粒子的浓度及其在电场方向的平均速度。

2. 扩散

由于热运动,气体中带点粒子总是从气体放电通道中的高浓度区向周围空间扩散,从而使气体放电通道中的带电粒子数目减少。显然,扩散与气体的状态有关。气体的压力越高或温度越低,扩散过程越弱。由于电子的质量远小于离子,所以电子的热运动速度很大,在运动过程中受到的碰撞机会很少,其扩散作用比离子强得多。

3. 复合

气体中带异号电荷的粒子相遇时,有可能发生电荷的传递而互相中和,从而使气体中的带电粒子减少。复合速度与异号电荷的浓度和相对速度有关。异号电荷的相对速度越小,相互作用的时间越长,复合的可能性越大。气体中电子的运动速度比离子大得多,所以正、负离子间的复合要比正离子和电子之间的复合容易得多。

带电粒子的复合会发生光辐射,这种光辐射在一定条件下又会导致其他气体分子电离。因此,气体放电会呈现出跳跃式的发展。

# 1.2 均匀电场中的气体放电

气体放电的形式是多种多样的,气体放电现象及其发展规律与气体的种类、气压的高低、气隙中电场的形式、电源容量等一系列因素有关。对于气体放电的研究,首先是从均匀电场开始的。均匀电场是指在电场中,电场强度处处相等。

### 1.2.1 汤逊放电理论

均匀电场中气体的击穿过程与气体的相对密度 $\delta$ 和极间距离 $d$ 的乘积 $\delta d$ 有关。$\delta d$ 不同时,各种电离过程的强弱不同,空间电荷所起的作用也不同,因而放电的机理不同。20 世纪初英国物理学家汤逊在均匀电场、低气压、短间隙的条件下进行了气体放电实验。根据实验结果,汤逊提出了比较系统的气体放电理论,阐述了气体放电过程,并确定出了放电电流和击穿电压之间的函数关系。尽管汤逊放电理论只适用于低气压、短间隙均匀电场中的气体放电现象,但其中描述的气体放电的基本物理过程却具有普遍意义。

1. 汤逊放电实验

汤逊放电实验原理如图 1.1 所示,在空气中放置一对平板电极,其中的电场为均匀电场。在光照下,气体由于光电离而产生一定数量的带电粒子。

在两电极间施加一可调直流电压,当电压 $U$ 从零逐渐升高时,观察电路中电流 $I$ 的变化,即可得到均匀电场(两平板电极)中气体的伏安特性曲线。如图 1.2 所示,均匀电场中气体的伏安特性并不是简单的线性关系。其中:

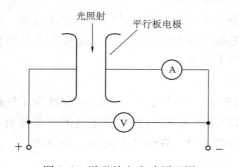

图 1.1 汤逊放电实验原理图

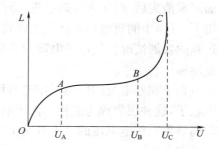

图 1.2 气体的伏安特性

(1)OA 段为线性段。外加电压 $U$ 值不大,但电流 $I$ 随电压 $U$ 的增加基本呈线性增大趋势。这是因为空间宇宙射线的作用使得大气中不断有光电离现象,同时又不断有带电粒子的复合过程,二者达到动态平衡时,大气中便存在一些少量的带电粒子(每立方厘米的常态空气中存在约 500~1 000 对正、负带电粒子)。当极板外加直流电压后,这些带电粒子发生定向移动形成电流。随外加电压的升高,带电粒子定向移动的速度增大,电流随之增大,二者基本呈线性关系。

（2）AB 段为饱和段。当到达 A 点后，电流 I 不再随电压 U 的增大而增大，而是基本维持在某一数值不再增加，呈现饱和状态。这是因为由于外界电离因素产生的少量带电粒子已经全部参与导电。由于这种带电粒子数极少，则电流密度极小，一般只有 $10^{-19}$ A/cm²，此时气体仍处于良好的绝缘状态。

（3）BC 段为碰撞电离段。当到达 B 点后，电流 I 又重新随电压 U 的升高而增大，这说明又有新的因素产生了新的带电粒子参与导电。汤逊认为此时间隙电压足够高，电场足够强，电子的运动速度足够高，达到了产生碰撞电离的条件，气体中就出现了电子的碰撞电离现象。电压越高，碰撞电离越强，产生的电子数越多，电流越大，直到 C 点。

（4）C 点以后为自持放电段。当到达 C 点以后，随着电压 U 的升高，电流 I 急剧增大。此时若外加电压 U 稍有减小，电流 I 也仍不减小，并伴有声、光现象。这时，原本处于绝缘状态的气体介质转变为导电状态，使两平板电极间发生短路，即气体介质被击穿。这是因为强烈的电离过程所产生的热和光进一步增强了气体的电离因素，使电离过程达到了自我维持的程度，而不是依靠外界电离因素，这种仅由电场的作用就能自行维持的放电称为自持放电。气体放电一旦进入自持放电阶段，就意味着气隙已被击穿。

需要说明的是，C 点以前气隙内虽有电流，但其数值很小，通常远小于微安级。此时气体介质仍具有相当的绝缘性能，仍处于绝缘状态。此时的放电电流是需要外界电离因素（光电离）才能维持的，一旦取消外界电离因素，放电就会停止，放电电流也会消失。这种需要外界电离因素才能维持的放电称为非自持放电。曲线上的 C 点为非自持放电和自持放电的分界点。C 点对应的电压 $U_C$ 就是放电由非自持转为自持的临界电压，称为起始放电电压，其对应场强称为起始放电场强。

在均匀电场中，由于处处场强相等，只要任意一处开始出现自持放电，就意味着整个间隙将被完全击穿，所以均匀电场中的起始放电电压就是间隙的击穿电压。试验表明，在标准大气条件下，均匀电场中气体间隙的击穿场强约为 30 kV/cm（幅值）。

**2. 电子崩**

汤逊引入了"电子崩"的概念解释了气体放电过程中碰撞电离的现象。由外界电离因素（光电离）产生的起始电子，在外电场的作用下向阳极板移动。当间隙外加电压达到 $U_B$ 以后，由于电场较强，电子动能较大，电子碰撞气体中性原子或分子产生碰撞电离的概率较大。碰撞电离产生的新电子和起始电子一起又将从电场获得动能，继续在气体中引起新的碰撞电离，又产生新电子。这样就出现了一个迅猛发展的碰撞游离过程，使得间隙中的电子数倍增，如同雪崩一样，这一现象称为电子崩。电子崩的形成如图 1.3 所示。电子崩的出现，使间隙中的带电粒子数迅速增多，所以 BC 段放电电流也增大，但此时的放电仍为非自持。

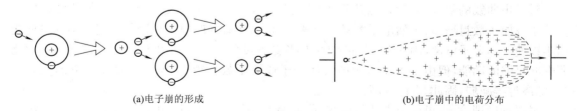

(a)电子崩的形成　　　　　　　　　　　　　　　　(b)电子崩中的电荷分布

图 1.3　电子崩的形成示意图

当间隙外加电压达到 $U_C$ 时，在碰撞电离中与电子同时产生的正离子，在强电场的作用下向阴极运动,撞击阴极表面,达到了表面电离的条件,使阴极表面释放出二代电子,这些二代电子在电场中获得足够的动能又产生碰撞电离,使电子崩现象加剧,此时气体的放电转入自持放电。

3.汤逊自持放电条件

电子碰撞电离形成电子崩是气体放电的主要过程,而放电是否由非自持转为自持,则取决于阴极表面是否释放出了二代电子。

假定一个电子从阴极出发到阳极,由于碰撞电离产生电子崩。到达阳极时,新产生了一定数量的电子及相同数量的正离子。只要电压足够高,气体间隙场强足够大,这些正离子撞击阴极表面至少能释放出一个二代电子来弥补原来那个产生电子崩并已进入阳极的初始电子,使后继电子崩无需依靠其他外界电离因素而仅依靠放电过程本身就能自行得到发展。这就是汤逊自持放电条件。

### 1.2.2　巴申定律

早在汤逊理论出现之前,物理学家巴申就于 19 世纪末对气体放电进行了大量的实验研究,并对均匀电场中的气体放电作出了放电电压与放电距离 $d$ 和气压 $p$ 的乘积的关系曲线,即 $U_b = f(pd)$,如图 1.4 所示。

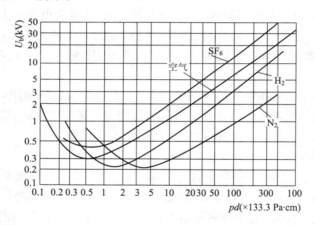

图 1.4　均匀电场中几种气体的击穿电压 $U_b$ 与 $pd$ 的关系曲线

由图 1.4 可见,巴申曲线呈 U 形,分为左右两半支,在某一 $pd$ 值时曲线有极小值。不同气体的最低击穿电压 $U_{bmin}$ 以及对应的 $pd$ 值各不相同。对空气而言,当 $pd \approx 76$ Pa·cm 时出现最低击穿电压 $U_{bmin} \approx 325$ V,显然空气的最低击穿电压出现在低气压下而不是常压下。

对巴申曲线的解释:假设 $d$ 保持不变,改变气压 $p$。曲线右半支 $p$ 增大时,单位体积内气体分子或原子数目增多,虽然电子容易与之碰撞,但每次碰撞时电子积聚的动能达不到电离能而难以使气体分子电离,因此 $U_b$ 升高;曲线左半支 $p$ 过分减小时,虽然电子能在定向移动中能积聚起足够的动能,但由于单位体积内气体分子或原子数目很少,电子与之相碰撞的机会很少,电离过程减弱,因此 $U_b$ 也升高。

根据汤逊理论,也可得出上述函数关系 $U_b = f(pd)$。因此,巴申定律可从理论上由汤逊理论得到佐证,同时也给汤逊理论以实验结果的支持。以上分析都是在假定气体温度不变的情况下得到的。为了考虑温度变化的影响,巴申定律更普遍的形式是以气体的密度 $\delta$ 代替压力 $p$,即可用 $U_b = f(\delta d)$ 表示。

由巴申曲线可见,高气压或高真空都可提高击穿电压,工程上已经广泛使用。例如对充气的高压断路器,为了提高气体的电气绝缘强度,所充气体往往不是标准大气压,而是施加一定的气压;真空断路器则是利用高真空来提高断路器断口的击穿电压。

### 1.2.3  流注放电理论

汤逊放电理论能够较好地解释均匀电场中低气压、短间隙的气体放电过程,但在解释大气中长间隙放电过程时,以下三点实验现象无法全部在汤逊理论范围内给予解释:

(1)放电时间。根据汤逊放电理论计算出来的击穿过程所需的时间,至少应等于正离子走过极间距离的时间,而实测的放电时间要比此值小。

(2)阴极材料的影响。根据汤逊放电理论,阴极材料在击穿过程中起着重要的作用,然而实验表明,气体在大气压下,间隙的击穿电压与阴极材料无关。

(3)放电外形。按汤逊放电理论,气体放电应在整个间隙中均匀连续地发展。低气压下的气体放电区确实占据了整个电极空间,如放电管中的辉光放电。但在大气中气体击穿时会出现有分支的明亮细通道,如天空中的雷电放电现象。

通常认为,$\delta d > 0.26$ cm(或 $pd > 200 \times \frac{101.3}{760}$ kPa·cm)时,击穿过程将发生变化,汤逊理论的计算结果不再适用,但其所描述的气体放电的基本物理过程却具有普遍意义。对此,1939年勒布和米克等人在雾室里对放电过程中带电粒子的运动轨迹拍照进行研究,并于1940年发表的流注放电理论。流注放电理论能较好地解释这种高气压长间隙以及不均匀电场中的气体放电现象。

流注理论与汤逊理论的不同之处在于:流注理论认为电子的碰撞电离和空间光电离是形成自持放电的主要因素,空间电荷对电场的畸变作用是产生光电离的重要原因。但流注理论还很不完备,目前只能做定性描述。

#### 1.空间电荷对电场的畸变作用

当外电场足够强时,一个由外界电离因素产生的初始电子,在从阴极向阳极运动的过程中产生碰撞电离而发展成为电子崩,这种电子崩称为初始电子崩,简称初崩或主崩。由于电子的移动速度远大于正离子,所以绝大多数电子都集中在电子崩的头部,而正离子则基本滞留在其原来位置,因此电子崩头部集中着大部分的正离子和几乎全部的电子。又由于电子崩在发展过程中带电粒子的不断扩散,所以其半径也逐渐增大,这些电子崩中的正、负电荷会使原有的均匀电场 $E_0$ 发生很大的变化,如图1.5(a)所示。

当电子崩发展到一定程度后,电子崩形成的空间电荷的电场将大为增强,使总的合成电场明显发生畸变,其结果是增强了崩头及崩尾的电场,而削弱了电子崩内部正负电荷区域之间的电场,如图1.5(b)所示。

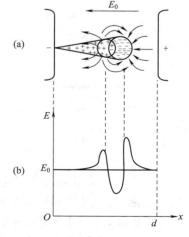

图 1.5  电子崩中的空间电荷在均匀电场中造成的畸变

在电子崩头部,由于电场的明显增强是有利于气体分子和离子的激励现象的,而当分子和离子从激励状态恢复到常态时,能量以光子的形式释放出来,结果崩头部将放射大量的光子。在电子崩中间区域,由于电场较弱,这有利于带电质点的复合和被激励分子回到原状态,同样也将有光子辐射。如果外电场较弱,这些过程不会很强烈,不会产生新的现象;但当外电场足够强时,情况就会发生质的变化,电子崩头部开始形成流注。

#### 2. 空间光电离的作用

前面所描述的初崩头部成为辐射源后,会向气体间隙各处发生光子而引起空间光电离。光电离新产生的光电子位于崩头前方的强电场区,它们又激烈地产生了新的电子崩,即二次电子崩。二次电子崩向主电子崩汇合,其头部的电子进入主电子崩头部的正空间电荷区(主电子崩的电子此时已大部分进入阳极),由于这里的电场强度较小,所以电子大多形成负离子。由大量的正、负带电质点构成的混合通道就是流注。

由于流注通道的导电性好,其头部(流注的发展方向与初崩的发展方向相反)又是由二次电子崩形成的正电荷,因此流注头部前方出现更强的电场。同时,由于很多二次电子崩汇集的结果,流注头部的电离过程迅速发展,向周围放射出大量光子,继续引起空间光电离。于是,在流注前方出现了新的二次电子崩,它们被吸引向流注头部,从而延长了流注通道。

随着流注向阴极的接近,其头部电场会越来越强,发展速度也会越来越快。当流注一旦达到阴极,整个间隙被导电性能良好的等离子通道所贯通。此时,强大的电子流流过流注迅速向阳极运动,由于互相摩擦,便会产生几千摄氏度的高温,形成热电离,放电即转为火花放电或电弧放电,将整个间隙的击穿。流注的形成和发展过程如图 1.6 所示。

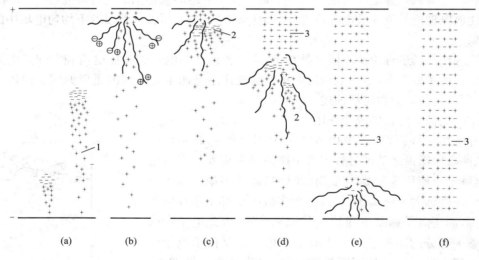

图 1.6　流注的产生及发展
1—主电子崩;2—二次电子崩;3—流注

由以上分析可知,流注的形成需要初崩头部的电荷达到一定的数量,使电场发生足够的畸变和加强,造成足够的空间光电离才能实现。当外加电压较低时,电子崩需要经过整个间隙才能形成流注,这种流注是由阳极向阴极发展的,称为正流注(图 1.6)。当外加电压比击穿电压高时,电子崩无需跑完整个间隙,其头部的电子数就可以达到形成流注的足够数量,此时流注会以更快的速度发展,同时通道会出现更明显的分支,如长间隙的雷电放电现象。这种情况下流注是由阴极向阳极发展的,称为负流注。只要流注形成,放电就转入自持,从而导致均匀电场的气隙击穿。

# 1.3　不均匀电场中的气体放电

汤逊实验中的均匀电场是一种少有的特例,实际电力设施中常见的是不均匀电场。按照电场的不均匀程度,又可分为稍不均匀电场和极不均匀电场。如高压试验室中测量电压用的球间隙和全封闭组合电器中的分相母线筒都是典型的稍不均匀电场;高压输电线之间的空气绝缘是典型的极不均匀电场。

## 1.3.1　稍不均匀和极不均匀电场中的气体放电特征

稍不均匀电场的放电特性与均匀电场相似,间隙击穿前看不到放电迹象,一旦出现自持放电,便立即导致整个间隙的击穿。而极不均匀电场的放电特性则与此大不相同。由于电场强度沿气体间隙的分布极不均匀,当外加电压达到某一临界值时,曲率半径较小的电极表面附近的局部区域首先出现电晕放电现象,它环绕该电极表面有蓝紫色晕光。当外加电压进一步增大时,电晕区也随之扩大,气隙中的放电电流也从微安级增大到毫安级,但气隙依然保持其绝缘状态,没有被击穿。

## 1.3.2　极不均匀电场中的电晕放电

不均匀电场气隙中的最大电场强度 $E_{max}$ 通常出现在曲率半径小的电极表面附近。电极的曲率半径越小,$E_{max}$ 就越大,电场越不均匀,如"棒—板"间隙和"棒—棒"间隙。在这种间隙中,棒电极表面的电场强度最大。当外加电压达到某一临界值时,棒电极附近空间的电场强度首先达到起始放电场强 $E_0$,因而在这个局部区域中首先出现碰撞电离和电子崩,甚至出现流注,并发展成为自持放电。但由于离棒电极较远的地方电场强度仍然很低,所以自持放电只能局限在棒电极附近一个不大的区域,这种局部放电称为电晕放电,把开始出现电晕放电的电压称为电晕起始电压。

发生电晕放电时,环绕棒电极表面会出现蓝紫色晕光,并伴有轻微的"嘶嘶"响声,严重时还可闻到臭氧的气味。

## 1.3.3　极不均匀电场中的极性效应

在极不均匀电场中,虽然放电一定从曲率半径较小的那个电极表面(即电场强度最大的地方)开始,而与该电极的极性(电位的正负)无关,但后来的放电发展过程、气隙的电气强度、击穿电压等都与该电极的极性密切相关,即极不均匀电场中的放电存在明显的极性效应。极性效应是不对称的极不均匀电场所具有的特性之一。

决定极性要看表面电场较强的那个电极所具有的电位符号。在两个电极几何形状不同的场合,极性取决于曲率半径较小的那个电极的电位符号(如"棒—板"间隙的棒极电位);在两个电极几何形状相同的场合(如"棒—棒"间隙),极性则取决于不接地电极上的电位。

下面以电场最不均匀的"棒—板"间隙为例,从流注理论的概念出发,说明放电的发展过程和极性效应。

1. 正极性

"棒—板"间隙的正极性击穿电压较低,而其电晕起始电压相对较高。

棒极带正电位时,棒极附近强场区内的电晕放电将在棒极附近空间留下许多正离子(电子崩头部的电子到达棒极后即被中和),如图 1.7(a)所示。这些正离子以相对缓慢的速度向阴极运动,如图 1.7(b)所示。它们削弱了棒极附近的电场强度,而加强了正离子群外部空间的电场,如图 1.7(c)所示。这样,棒极的附近难以形成流注,自持放电难以实现,故其电晕起始电压较高。而正离子群前方电场的加强是有利于流注向极板方向推进的,因而放电的发展是顺利的,直至气隙被击穿,故其击穿电压较低。

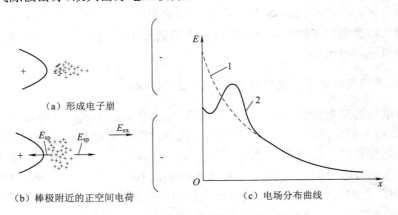

（a）形成电子崩

（b）棒极附近的正空间电荷

（c）电场分布曲线

图 1.7 正极性"棒—板"间隙中的电场畸变

$E_{ex}$—外电场;$E_{sp}$—空间电荷的电场;

1—外电场 $E_{ex}$ 沿间隙的分布;2—考虑空间电荷的电场 $E_{sp}$ 后间隙中的电场分布

### 2. 负极性

"棒—板"间隙的负极性击穿电压较高,而其电晕起始电压相对较低。当棒极带负电位时,电子崩的发展方向与棒带正电位时相反,如图 1.8(a)所示。电子崩由棒极表面出发向外发展,崩头的电子在离开强场(电晕)区后,虽不能再引起新的碰撞电离,但仍继续以越来越慢的速度向板极运动,并大多形成负离子。这样,在棒极附近出现的是大批正离子,而在间隙深处则是非常分散的负离子,如图 1.8(b)所示。负离子浓度小,对电场的影响不大,而正离子却使外加电场发生了畸变,它们加强了棒极表面附近的电场而削弱了外围空间的电场,如图 1.8(c)所示。棒极附近电场的加强,容易形成自持放电,所以电晕起始电压较低;而外围空间电场的削弱,则使电晕区不易向外扩展,流注的发展不顺利,故其击穿电压较高。

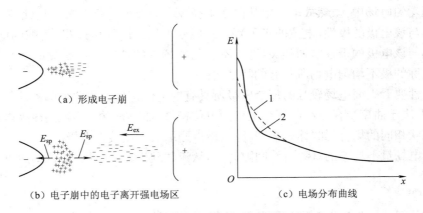

（a）形成电子崩

（b）电子崩中的电子离开强电场区

（c）电场分布曲线

图 1.8 负极性"棒—板"间隙中的电场畸变

$E_{ex}$—外电场;$E_{sp}$—空间电荷的电场;

1—外电场 $E_{ex}$ 沿间隙的分布;2—考虑空间电荷的电场 $E_{sp}$ 后的间隙中的电场分布

输电线路和电气设备外绝缘的空气间隙大都属于极不均匀电场的情况,所以在工频高电压的作用下,击穿均发生在外加电压为正极性的那半周内;在进行外绝缘的冲击高压试验时,也往往施加正极性冲击电压,因为这时的电气强度较低。

## 1.4　不同电压形式下气隙的击穿特性

气隙的击穿电压与电场均匀程度、电极形状、极间距离、气体的状态以及气体种类有关。此外,气隙的击穿电压还与外加电压形式有非常大的关系。

按作用时间的长短,外加电压形式可分为两类:一类称为持续电压,此类电压持续时间较长,变化速度较小,如直流电压和工频交流电压;另一类称为冲击电压,此类电压持续时间极短,以微秒($\mu$s)计,变化速度很快,如雷电冲击电压和操作冲击电压。在持续电压作用下,间隙放电发展所需的时间可以忽略不计,仅考虑其电压大小即可。但是在冲击电压下,电压作用时间短到可以与放电需要的时间相比拟,这时放电发展所需的时间就不可忽略了。

### 1.4.1　相关概念

完成气隙击穿的三个必备条件为:①足够大的电场强度或足够高的电压;②在气隙中存在能引起电子崩并导致流注和主放电的有效电子;③需要一定的时间,让放电得以逐步发展并完成击穿。

1. 放电时间

完成击穿所需的放电时间很短,如果气隙上所加的是直流电压、工频交流电压等持续作用的电压,则上述第三个条件均可满足;但若所加的是变化速度快、作用时间短的冲击电压,则因其有效时间也以微秒计算,所以放电时间就变成一个重要因素了。

设在一间隙上施加如图 1.9 所示的电压。每个间隙都有它的最低静态击穿电压,即长时间作用在间隙上能使间隙击穿的最低电压值,通常用 $U_0$ 表示。欲使间隙击穿,外加电压必须不小于静态击穿电压 $U_0$。但对于冲击电压而言这仅是必要条件,而不是充分条件。

当对静态击穿电压为 $U_0$ 的间隙施加冲击电压时,经 $t_0$ 时间后,电压上升到 $U_0$,但气隙并不立刻击穿,而需经过时间 $t_{lag}$ 后才能击穿,即间隙的击穿不仅需要足够的电压,还需要足够的时间。从开始加压到间隙完全击穿为止的时间称为击穿时间 $t_b$,即

$$t_b = t_0 + t_s + t_f$$

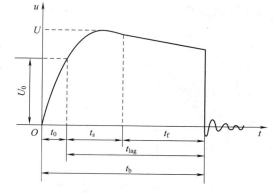

图 1.9　放电时间的组成

(1)升压时间 $t_0$:电压从零升高到静态击穿电压 $U_0$ 所需的时间。在这段时间内,击穿过程尚未开始,因为此时电压还不足够高。实际上,时间到达 $t_0$ 后,击穿过程也不一定立即开始,因为此时气隙中可能尚未出现有效电子。

(2)统计时延 $t_s$:从电压升到 $U_0$ 的时刻起间隙中形成第一个有效电子的时间。有效电子是指能引起电子崩并最终导致击穿的电子。有效电子的出现是一个随机事件,取决于许多偶然因素,因而等候有效电子的出现所需的时间具有统计性。

(3)放电形成时延 $t_f$：从出现第一个有效电子的时刻到间隙完全击穿的时间。只有出现有效电子，击穿过程才真正开始，该有效电子将引起碰撞电离，形成电子崩，发展为流注和主放电，最后完成气隙的击穿。

$$t_{lag}=t_s+t_f$$

显然，击穿时间 $t_b$ 和放电时延 $t_{lag}$ 的长短都与所加电压的幅值 $U$ 有关，$U$ 越高，放电过程发展得越快，$t_b$ 和 $t_{lag}$ 越短。在短间隙(1 cm 以下)中，特别是电场均匀时，$t_f \ll t_s$，放电时延 $t_{lag}$ 约等于统计时延 $t_s$。在电场较均匀时，放电发展速度快，放电形成时延 $t_f$ 短；在电场极不均匀时，放电发展到弱电场区后速度较慢，放电形成时延 $t_f$ 较长。

2. 标准冲击电压波

由于气隙在冲击电压下的击穿电压和放电时间都与冲击电压的波形有关，所以在求取气隙的冲击击穿特性时，必须首先将冲击电压的波形标准化。我国规定的标准冲击电压波形主要有：

(1)标准雷电冲击电压波

雷电冲击电压是由于电力系统遭受雷击而引起的一种过电压。为了检验绝缘耐受雷电冲击电压的能力，在实验室中可以利用冲击电压发生器产生冲击高压，用以模拟雷电放电引起的过电压。

国际电工委员会(以下简称 IEC)和我国国家标准对标准雷电冲击电压波的规定为：$T_1=1.2\ \mu s$，容许误差 $\pm30\%$；$T_2=50\ \mu s$，容许误差 $\pm20\%$。通常写作 1.2/50 $\mu s$，并在前面加上正、负号以标明其极性。有些国家采用 1.5/40 $\mu s$ 的标准波，与上述波形基本相同，如图 1.10 所示。

(2)标准雷电冲击电压截波

当电力系统绝缘遭受雷击而突然发生放电，波形即被截断。被截断的雷电冲击电压波形称为雷电冲击电压截波(主要考验设备的纵绝缘)，如图 1.11 所示。对某些绝缘来说，它的作用要比全波更加严酷。IEC 和我国国家标准对标准雷电冲击电压截波的规定为：$T_1=1.2\ \mu s$，容许误差 $\pm30\%$；$T_2=2\sim5\ \mu s$。通常写作 1.2/2～5 $\mu s$。

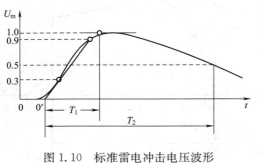 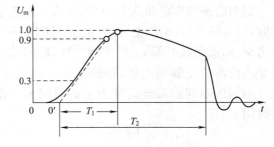

图 1.10　标准雷电冲击电压波形　　　　图 1.11　标准雷电截波
$T_1$—波前时间；$T_2$—半峰值时间；　　　　$T_1$—波前时间；$T_2$—截断时间；
$U_m$—雷电冲击电压峰值　　　　　　　$U_m$—雷电冲击电压截波峰值

(3)标准操作冲击电压波

操作冲击电压是由于电力系统操作或发生事故时，因状态发生突然变化而引起电感和电容回路的振荡而产生的过电压。随着电力系统工作电压的不断提高，操作过电压下的绝缘问题越来越突出。目前，IEC 标准规定，额定电压为 330 kV 及以上的高压电气设备都要进行操作冲击电压试验。标准操作冲击电压波用来等效模拟电力系统中的操作过电压波,如图 1.12 所示。IEC 标准和我国标准的规定:波前时间 $T_{cr}=$ 250 $\mu s$,容许误差 $\pm 20\%$;半峰值时间 $T_2=$ 2 500 $\mu s$,容许误差$\pm 60\%$。通常写成 250/2 500 $\mu s$ 冲击波。当在试验中采用上述标准操作冲击波形不能满足要求或不适用时,推荐采用 100/2 500 $\mu s$ 和 500/2 500 $\mu s$ 冲击波。

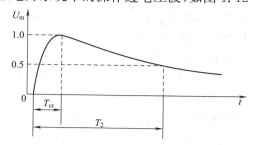

图 1.12　标准操作冲击电压波
$T_{cr}$—波前时间;$T_2$—半峰值时间;
$U_m$—冲击电压波峰值

### 1.4.2　冲击电压下气隙的击穿特性

在持续电压作用下,当气体状态不变时,每一气隙的击穿电压为一确定的数值,因而通常以这一击穿电压值来表征气隙的击穿特性或电气强度。与此不同,气隙在冲击电压作用下的击穿就复杂得多了,此时气隙的击穿特性通常采用以下两种表征方法。

1.50% 冲击击穿电压($U_{50\%}$)

保持冲击电压的波形不变,逐渐升高冲击电压的幅值,并将每一挡峰值的冲击电压重复作用于某一气隙。在此过程中发现:当冲击电压的幅值很低时,虽然多次重复施加冲击电压,但每次气隙都不击穿。这可能是由于电压太低,气隙中电场太弱,根本不能引起电离过程;或是电离过程虽已出现,但这时所需的放电时间还较长,超过了外加电压的有效作用时间,因而来不及完成击穿过程。不过随着外加电压的升高,放电时延缩短,也有可能出现击穿现象,但由于放电时延和击穿时间均具有统计分散性,因而在多次重复施加电压时,击穿不一定会发生。随着电压峰值的继续升高,多次施加电压时气隙发生击穿的百分比也会增大。最后当冲击电压的峰值超过某一值后,气隙在每次施加电压时都将发生击穿。从说明气隙耐受冲击电压的能力看,希望得到刚好发生击穿时的电压,但这个电压在实验中很难准确求取,所以工程中广泛采用击穿百分比为 50% 时的电压,即 50% 冲击击穿电压($U_{50\%}$)。显然,确定 $U_{50\%}$ 时施加电压的次数越多,得到的 $U_{50\%}$ 越准确,但工作量也越大。在工程实际中,通常以施加 10 次电压中有 4~6 次击穿,即可认为这一电压就是气隙的 $U_{50\%}$。

工程上,如果采用 $U_{50\%}$ 来决定所用气隙距离时,必须考虑一定的裕度,因为当电压低于 $U_{50\%}$ 时,气隙也不是一定不会击穿。应有的裕度大小取决于该气隙冲击击穿电压分散性大小。在均匀和稍不均匀电场中,冲击击穿电压的分散性很小,其 $U_{50\%}$ 与静态击穿电压 $U_0$ 几乎相同($U_{50\%}$ 与 $U_0$ 之比称为冲击系数 $\beta$),$\beta \approx 1$,且在 $U_{50\%}$ 作用下,击穿通常发生在波前峰值附近;在极不均匀电场中,由于放电时延较长,$\beta > 1$,冲击击穿电压的分散性也较大,且在 $U_{50\%}$ 作用下,击穿通常发生在波尾部分。

2.伏秒特性

由于气隙的击穿存在时延现象,在冲击电压作用下气隙的击穿特性不仅与电压的高低有关,还与电压的作用时间有关。气隙的冲击击穿特性必须用电压峰值和击穿时间这两个参量共同来描述,这种特性称为气隙的伏秒特性。把在"电压—时间"坐标平面上形成的表示这种特性的曲线称为伏秒特性曲线。

伏秒特性曲线通常用实验的方法求取,如图 1.13 所示。对某一间隙施加冲击电压,保持其波形不变,逐渐升高冲击电压的峰值,得到该间隙的放电电压 $u$ 与放电时间 $t$ 的关系即可绘制出伏秒特性曲线。

当电压较低时,击穿一般发生在波尾部分。当在波尾击穿时,不能用击穿时的电压作为气隙的击穿电压。因为在击穿过程中起决定作用的应是曾经作用过的冲击电压的峰值,所以应该把峰值电压作为气隙的击穿电压,它与放电时间的交点才是伏秒特性曲线上的一个点。当电压较高时,放电时间大大缩短,击穿发生在波前部分。在波前击穿时,可用击穿时的电压作为气隙的击穿电压值,它与放电时间的交点为伏秒特性曲线上的一个点。依此方法可以作出一系列的点$(P_1、P_2、P_3\ldots)$,将这些点依次连接即可得到伏秒特性曲线。

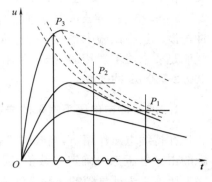

图 1.13　伏秒特性的绘制方法

实际上,由于放电时间的分散性,同一个间隙在同一幅值的标准冲击电压波的多次作用下,每次击穿所需的时间也不同,在每一个电压下可得到一系列的放电时间。因此,伏秒特性曲线是以上、下包络线为界的一个带状区域。

伏秒特性是防雷设计中实现保护设备和被保护设备间绝缘配合的依据。图 1.14 中,间隙 $S_1$ 的伏秒特性曲线全部位于间隙 $S_2$ 的上方,在同一电压作用下 $S_2$ 先于 $S_1$ 击穿,可靠地保护了 $S_1$;图 1.15 中,间隙 $S_1$ 和 $S_2$ 的伏秒特性曲线相交,冲击电压峰值较低时 $S_2$ 能对 $S_1$ 起到保护作用,但冲击电压峰值较高时 $S_2$ 就不能保护 $S_1$ 了。

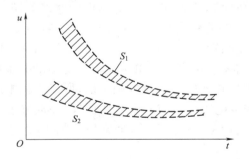

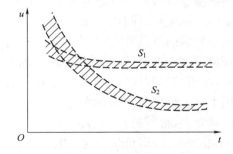

图 1.14　两个间隙的伏秒特性($S_2$ 低于 $S_1$)　　　图 1.15　两个间隙的伏秒特性($S_1$ 与 $S_2$ 相交)
　　$S_1$—被保护设备绝缘的伏秒特性曲线;　　　　　　　　$S_1$—被保护设备绝缘的伏秒特性曲线;
　　$S_2$—与 $S_1$ 并联的保护设备绝缘的伏秒特性曲线　　　$S_2$—与 $S_1$ 并联的保护设备绝缘的伏秒特性曲线

可见,为了使被保护设备得到可靠的保护,保护设备绝缘的伏秒特性曲线的上包线必须始终低于被保护设备的伏秒特性曲线的下包线。同时,为了能得到较理想的绝缘配合,保护设备绝缘的伏秒特性曲线需平坦一些,分散性小一些,即保护设备应采用电场比较均匀的绝缘结构。

我国规定的标准大气条件为:气压 $P_0=101.3\ \text{kPa}$;温度 $t_0=20\ ℃$;绝对湿度 $h_0=11\ \text{g/m}^3$。

# 1.5　提高气体电介质电气强度的方法

为了缩小电力设施的尺寸,总希望将气隙长度或绝缘距离尽可能取得小一些,为此需要采取措施,以提高气体介质的电气强度。从实用的角度出发,要提高气隙的击穿电压可采用两条途径:一是改善气隙中的电场分布,使之尽量均匀;二是设法削弱或抑制气体介质中的电离过程。

### 1.5.1　改进电极形状

气体的击穿电压与间隙场的均匀程度有着密切的关系。电场分布越均匀,气隙的平均击穿场强越大。可以通过改进电极形状或采用屏蔽罩、屏蔽环来增大电极的曲率半径、对电极表面进行抛光、除去毛刺和尖角等,来减小气隙中的最大电场强度,改善电场分布,使之尽量趋于均匀,从而提高气隙的电晕起始电压和击穿电压。变压器套管的端部加装球形屏蔽罩,可以增大电极的曲率半径,有效地改善电场分布。图 1.16 中的绝缘支柱端部加装屏蔽环也可以显著改善电压分布。

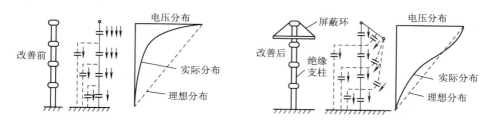

图 1.16　改进电极形状以改善电场分布

### 1.5.2　利用空间电荷改善电场分布

极不均匀电场中,在一定的条件下可利用电晕电极所产生的空间电荷来改善电场的分布,从而提高间隙的击穿电压。比如,导线—平板或导线—导线的电极布置方式,当导线直径减小到一定程度以后,气隙的工频击穿电压反而会随导线直径的减小而提高,这种现象称为"细线效应"。其原因在于细线引起的电晕放电所形成的围绕细线的均匀空间电荷层相当于扩大了细线的等值半径,改善了气隙中的电场分布。细线效应只存在于一定的间隙距离范围内,而且仅在持续电压作用下才有效。

### 1.5.3　采用屏障

由于气隙中的电场分布和气体放电的发展过程都与带电粒子在气隙中的产生、运动和分布密切相关,所以在气隙中放置形状适当、位置合适、能有效阻拦带电粒子运动的绝缘屏障能有效地提高气隙的击穿电压。

屏障用极薄的绝缘材料制成,对其本身的耐电强度并没有要求。屏障一般安装在电晕间隙中,其表面与电力线垂直。屏障的作用取决于它所阻拦的与电晕电极同极性的空间电荷,这样就能使电晕电极与屏障之间的空间电场强度减小,从而使整个气隙的电场分布均匀化。虽然这时屏障与另一电极之间的空间电场强度增大了,但其电场形状变得更像两块平板电极之间的均匀电场,如图 1.17 所示,所以整个气隙的电气强度得到了提高。

有屏障气隙的击穿电压与该屏障的安装位置有很大的关系,如图 1.18 所示。"棒—板"间隙在无屏障时的直流击穿电压分别为 $U_+$(棒极为正)和 $U_-$(棒极为负)。在不同位置设置屏障后发现,屏障与棒极距离等于气隙距离的 1/5～1/6 时击穿电压提高得最多。当棒极为正时可达无屏障时的 2～3 倍,但棒极为负时只能略微提高气隙的击穿电压约 20%,且屏障远离棒极时的击穿电压反而会比无屏障时还要低。这是由于屏障的存在,聚集在屏障上的负离子一方面使部分电场变得均匀,另一方面聚集状态的负离子形成的空间电荷又有加强与板极间电场的作用,而当屏障离棒极较远时,后者占优势。

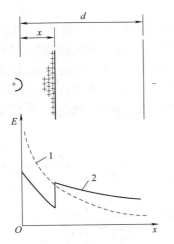

图 1.17　设置屏障前后的电场分布
1—无屏障;2—有屏障

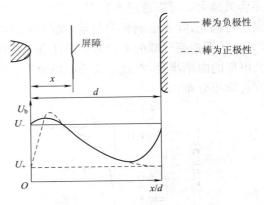

图 1.18　屏障位置对"棒—板"
气隙直流击穿电压的影响

　　屏障通常应用于"正棒—负板"之间,不过在工频电压下,由于击穿总是发生在棒极为正的半周期内,所以设置屏障后击穿电压的提高同直流下正棒极时一样。在雷电冲击电压下,由于屏障上来不及聚集起显著的空间电荷,因此屏障的作用小一些。

　　在"棒—棒"间隙中,因为两个电极都将发生电晕放电,所以应在两个电极附近设置屏障,这样也可以获得提高击穿电压的效果。显然,屏障在均匀或稍不均匀电场中难以发挥其作用。

### 1.5.4　采用高气压

　　由巴申定律可知,提高气体的压力可以提高气隙的击穿电压。这是因为提高气压后气体的密度增大,减小了电子的自由行程长度,从而削弱和抑制了电离过程。比如,常压下空气的电气强度比一般液体和固体介质的电气强度低得多,约为 30 kV/cm。即使采取了各种措施尽可能改善电场分布,其平均击穿场强也不可能超越这一极限。但如果把空气压缩,气压大大超过 0.1 MPa,那么它的电气强度将得到显著的提高,如图 1.19 所示。早期的压缩空气断路器就是利

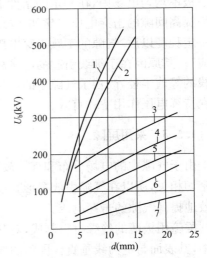

图 1.19　不同气压下介质的电气强度比较
1—空气(2.8 MPa);2—SF$_6$(0.7 MPa);
3—真空;4—变压器油;5—电瓷;
6—SF$_6$(0.1 MPa);7—空气(0.1 MPa)

用加压后的压缩空气作内部绝缘的;在高压标准电容器中,也有采用加压后的空气或氮气作绝缘介质的;在 SF$_6$ 电气设备中则是用加压后的 SF$_6$ 气体作绝缘介质的。

### 1.5.5　采用高真空

　　由巴申定律可知,当气隙中的压力很低(接近真空)时,气隙中的碰撞电离过程也会减弱,

击穿电压能得到显著提高。这是因为在稀薄的空气空间中,电子的自由行程长度虽然很大,但其与中性质点发生碰撞的概率却几乎为零。高真空介质在电力系统中得到了普遍的应用,如真空开关、真空电容器等,特别是在配电系统中其优越性尤其突出。

在实际采用高真空间隙作绝缘介质时,一定条件下仍会发生放电现象,但真空的放电机理不同于电子碰撞电离。实验证明,放电时真空中仍有一定的粒子流存在,这是因为:强电场下由阴极发射的电子自由飞过间隙,积累起足够的能量撞击阳极,使阳极物质质点受热蒸发或直接引起正离子发射;正离子运动至阴极,使阴极产生二次电子发射,如此循环进行,放电便得到维持。显然,真空间隙的击穿电压与电极材料、表面光洁度和洁净度(包括所吸附气体的数量和种类)等诸多因素有关,因而分散性很大。

### 1.5.6　采用高电气强度气体

在气体电介质中,一些含卤族元素的强电负性气体,如六氟化硫($SF_6$)、氟利昂($CCl_2F_2$)等,因其具有强烈的吸附效应,所以在相同的压力下具有比空气高得多的电气强度(约为空气的 2.5~3 倍),这一类气体称为高电气强度气体。显然,采用高电气强度气体来替代空气可以大大提高间隙的击穿电压。

目前工程上唯一获得广泛使用的高电气强度气体只有 $SF_6$ 及其混合气体。$SF_6$ 气体电气性能高,标准大气压下的击穿场强约为空气的 2.5 倍,液化温度低、化学稳定性强,无毒、无味、不可燃,具有优异的灭弧能力,其灭弧性能为空气的 100 倍。纯 $SF_6$ 气体的价格较高,且用于断路器时(气压为 0.7 MPa 左右)其液化温度(约为 $-25$ ℃)不能满足高寒地区的要求,因此在工程应用中常采用 $SF_6$ 与 $N_2$ 的混合气体来降低液化温度,其混合比通常为 1:1 或 3:2。混合气体的电气强度约为纯 $SF_6$ 气体的 85% 左右。

# 1.6　沿面放电

### 1.6.1　沿面放电的概念

高压绝缘分为内绝缘与外绝缘。外绝缘是指高压设备外壳之外所有暴露在大气中需要绝缘的部分。外绝缘的主要部分是户外绝缘,一般由空气间隙和各种绝缘子构成。绝缘子是将处于不同电位的导体在机械上固定,在电气上隔离的一种使用量极大的绝缘部件。

如果加在绝缘子的极间电压超过一定数值时,常常会在绝缘子和空气的交界面上出现放电现象,这种沿着固体介质表面发生的气体放电称为沿面放电。当沿面放电发展成为电极间贯穿性的空气击穿时,称为沿面闪络,简称闪络。沿面闪络电压不仅比固体介质本身的击穿电压低得多,而且比纯空气间隙的击穿电压也低很多,并且受绝缘表面状态、电极形状、气候条件、污染程度等因素的影响较大。一个绝缘装置的实际耐压能力并非取决于固体介质部分的击穿电压,而是取决于其沿面闪络电压。电力系统中的绝缘事故绝大部分是由沿面放电所造成的。

在设计工作中,往往需要知道各种绝缘子的干闪络电压(包括在雷电冲击、操作冲击和运行电压下)、湿闪络电压(包括在操作冲击和运行电压下)和污秽闪络电压(主要指运行电压下)。

### 1.6.2　沿面放电的类型与特点

固体介质与气体介质交界面上的电场分布状况对沿面放电的特性有很大的影响。界面电场分布分为三种典型情况。

1. 均匀电场中的沿面放电

固体介质处于均匀电场中且界面完全与电场中的电力线平行,如图 1.20 所示。从宏观上看,固体介质的存在并不影响极间气隙的电场,气隙的击穿电压应保持不变。其实不然,此时气隙的击穿总是沿着固体介质表面闪络的形式完成,并且此闪络电压总是显著地低于纯气隙的击穿电压。原因如下:

①固体介质表面会吸附气体中的水分形成水膜。水膜中的离子在电场中沿介质表面移动,电极附近逐渐积累起电荷,使介质表面电压分布不均匀,从而使沿面闪络电压低于空气间隙的击穿电压。

②介质表面电阻不均匀和介质表面有伤痕裂纹也会畸变电场的分布,使闪络电压降低。

③固体介质与电极表面接触不良,在它们之间存在气隙。气隙处场强大,极易发生游离,产生的带电质点到达介质表面,会畸变原电场的分布,使闪络电压降低。

越容易吸湿的固体沿面闪络电压越低,如玻璃、陶瓷等。由于表面水分离子沿电场移动需要时间,因此均匀电场中工频电压、直流电压作用下的沿面闪络电压比冲击电压下的沿面闪络电压还要低。

在工程实际中,均匀电场沿面放电的情况很难遇到,更多的是极不均匀电场情况。

2. 极不均匀电场中垂直分量很强时的沿面放电

图 1.21 为高压套管的沿面电场的形式。高压套管的固体介质(瓷套)处于极不均匀电场中,而且电场强度垂直于介质表面的分量要比切线分量大得多。接地的法兰附近的电力线密集、电场最强,不仅有切线分量,还有强垂直分量。

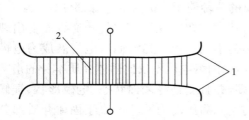

图 1.20　均匀电场的沿面放电
1—电极;2—固体介质

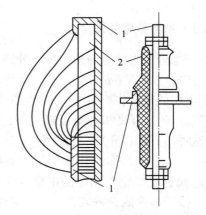

图 1.21　高压套管的沿面电场形式
1—电极;2—固体介质

由于套管法兰附近的电力线最密、电场最强,所以当所加电压还不太高时,此处首先出现电晕放电,如图 1.22(a)所示。随着外加电压的升高,放电逐渐变成由许多平行的火花细线组成的光带,称为刷状放电,如图 1.22(b)所示,此时放电通道中的电流密度还不大,仍属于辉光放电。当电压超过某一临界值后,放电的性质发生变化,个别火花细线则会突然迅速伸长,转变为分叉的树枝状明亮火花通道在不同位置上交替出现,称为滑闪放电,它是高压套管沿面放电的一种特有放电形式,如图 1.22(c)所示。滑闪放电通道中的电流密度已较大,这时电压的微小升高就会导致放电火花伸长到另一电极,造成套管表面气体的完全击穿,即沿面闪络。通常,沿面闪络电压比滑闪放电电压高得不多。

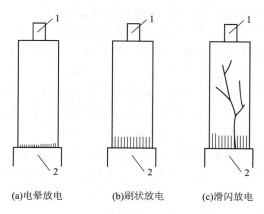

(a)电晕放电　　　　(b)刷状放电　　　　(c)滑闪放电

图 1.22　高压套管表面放电示意图

1—导杆;2—法兰

为了提高套管的闪络电压,可以采取以下措施:

①减小套管的体积电容,调整其表面的电位分布,如增大固体介质的厚度,特别是加大法兰处套管的外径,也可采用介电常数较小的介质。

②适当减小绝缘表面电阻,如在套管靠近法兰处涂半导体漆或半导体釉,可以使沿面的最大电位梯度减小,防止滑闪放电的出现,使电压分布变得均匀。

③在瓷套的内壁上喷铝,以消除气隙两端的电位差,防止空气隙在强电场下出现游离放电现象。

3.极不均匀电场中垂直分量很弱时的沿面放电

如图 1.23 所示的支柱绝缘子沿瓷面的电场切线分量较强,而垂直分量很弱。这种绝缘子的两个电极之间的距离较长,其间的固体介质(电瓷)本身是不可能被击穿的,可能出现的只有沿面闪络。

与前两种情况相比,这时的固体介质处于极不均匀电场中,其平均闪络场强显然要比均匀电场时低得多;但另一方面,由于界面上的电场垂直分量很弱,因而不会出现热电离和滑闪放电。这种绝缘子的干闪络电压基本随极间距离的增大而提高,其平均闪络场强大于前一种有滑闪放电时的情况。

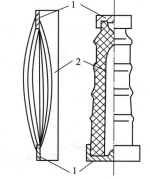

图 1.23　支柱绝缘子的

沿面电场形式

1—电极;2—固体介质

提高支柱绝缘子的沿面闪络电压可采用以下措施:

①增高支柱绝缘子,即加大极间距离。但要注意,支柱绝缘子表面电压分布不均匀,闪络电压并不与高度成比例增加。

②装设均压环,改善电压分布,提高闪络电压。

### 1.6.3　绝缘子的干闪与湿闪

绝缘子的电气性能通常用闪络电压来衡量。绝缘子表面状态不同时,其闪络电压也不同。

闪络电压通常分为干闪电压、湿闪电压和污闪电压三种。干闪电压是指表面清洁而且干燥时绝缘子的闪络电压,它是户内绝缘子的主要性能。湿闪电压是指洁净的绝缘子在淋雨情况下的闪络电压,它是户外绝缘子的主要性能。

为了避免在淋雨情况下整个绝缘子表面都被雨水淋湿,设计时都将绝缘子的形状做成伞状,并且为了增大沿面闪络距离,在其下表面做成几个凸起的棱。这样在淋雨时,只会在绝缘子串的上表面形成一层不均匀的导电水膜,而下表面仍保持干燥状态,绝大部分外加电压将由干燥的表面承受,因此绝缘子的湿闪电压显著低于干闪电压(约低 15%～20%)。绝缘子伞裙突出主干直径的宽度与伞间距离之比通常为 1:2。伞裙宽度的进一步增大并不能使湿闪电压再提高,因为这种情况下放电已离开瓷表面而在伞边缘的空气间隙中发生。

由于在淋雨状态下沿绝缘子串的电压分布(主要按电导分布)比较均匀,所以绝缘子串的湿闪电压基本上按绝缘子串的长度呈线性增加。另一方面,由于干燥情况下绝缘子串电压分布不均匀,绝缘子串的干闪电压梯度将随绝缘子串长度增加而下降。因此,随着绝缘子串长度的增加,其湿闪电压将会逐渐接近其干闪电压,甚至超过干闪电压,如图 1.24 所示。

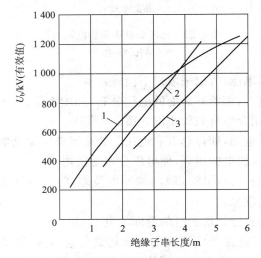

图 1.24　悬式绝缘子串湿闪电压和干闪电压的比较
1—干闪电压;2—湿闪电压(πM-4.5);3—湿闪电压(πM-8.5)

### 1.6.4　绝缘子的污闪

**1. 污闪的危害**

线路和变电所的外绝缘在运行中除了要承受电气应力和机械应力外,还会受到环境应力的作用,其中包括雨、露、霜、雪、雾、风等气候条件和工业粉尘、废气、自然盐碱、灰尘、鸟粪等污物的污染。在干燥情况下,污物的电阻很大,对运行没有过多的影响。但在大气湿度较高,特别是在雨、雾、凝露、融雪、融冰等不利的天气条件下,绝缘子表面的污物被润湿,表面电导和泄漏电流剧增,闪络电压明显降低,甚至可以在工作电压下发生闪络。由这种闪络所造成的事故称为污闪事故。

污闪事故虽然不像雷害事故那样频繁,但由污闪所造成的损失要比雷害大得多。这是因为诱发污闪的条件(如污秽层、雾、雨、雪等)往往长期而广泛地存在,如果采用重合闸措施,污闪处的电弧有可能重燃,甚至使绝缘子炸裂,所以污闪事故重合闸的成功率是极低的。污闪事故一旦发生,往往会造成大面积长时间停电,检修恢复时间长,严重影响电力系统的安全运行。

2. 污闪的过程

污闪是一个非常复杂的过程,以盘形悬式绝缘子为例说明。

(1)绝缘子表面积污。绝缘子表面积污的过程一般是渐进的,但有时也是急速的。外绝缘表面的积污程度与所在地区的环境污秽程度有关,并且与污秽的化学成分有关。

(2)污层的湿润。当绝缘子表面积污后,又遇合适的湿润条件时,染污绝缘表面变成导电层,表面绝缘能力下降。空气中的水分有各种形式,如大雨、中雨、小雨、细雨、雾、露、雪等。经大量测试表明,以雾的威胁最为严重。

(3)局部电弧的产生与发展。当绝缘子积污和湿润以后,在运行电压作用下,流过绝缘子表面的泄漏电流增大,产生焦耳热使水分蒸发。在电流密度大、污层电阻高的局部区域(如铁脚、铁帽附近)热效应较显著,污层可能被烘干,形成干区。干区隔断了泄漏电流,使作用电压集中于干区两端而形成高场强,引起空气碰撞电离,在铁脚和铁帽周围出现局部放电现象。这种局部放电具有不稳定性、时断时续的性质,也称为闪烁放电。大部分泄漏电流经闪络放电的通道流过,很容易使之形成局部电弧。随后弧足支撑点附近的湿污层很快被烘干,这意味着干区的扩大,电弧被拉长。若此时电压不足以维持电弧的燃烧,电弧熄灭。再加上交流电流每一周期波形都有两次过零,更促使电弧呈现"熄灭—重燃"或"延伸—收缩"的交替变化。一圈烘干带意味着多条并联的放电路径,当一条电弧因拉长而熄灭时,又会在另一条距离较短的旁路上出现。所以就外观而言,好像电弧在绝缘子的表面上不断旋转,这样的过程在雾中可能持续几个小时,还不会造成整个绝缘子的沿面闪络。绝缘子表面这种不断延伸发展的局部电弧现象俗称"爬电"。一旦局部电弧达到某一临界长度时,弧道温度已很高,弧道的进一步伸长就不再需要更高的电压,而由热电离予以维持,直到延伸到贯通两极,完成污秽状态下的沿面闪络。

可见,在污秽放电过程中,局部电弧不断延伸直至贯通两极,所需的外加电压只要维持弧道就够了,而不像干闪需要很高的电场强度来使空气发生激烈的碰撞游离才能出现。这就是污闪电压要比干闪和湿闪电压低得多的原因。

3. 防污闪的措施

(1)增加爬电距离。爬电距离是指两极间的沿面最短距离。增加爬电距离可直接加大沿面电阻,抑制电流,提高闪络电压。增大爬电距离的措施:①改进绝缘子结构,使大风和下雨时容易自行清扫,降低污染,即采用所谓的防污型绝缘子以增大泄漏距离;②增加绝缘子片数,此方法会增加绝缘子串长度,从而减小了风偏时的空气距离,为此可采用V形串来固定导线。

(2)加强清扫或采取带电水冲洗。定期或不定期清扫,人工除去绝缘子表面污物,可以提高闪络电压。针对我国的污染情况与气象状况,清扫量最有效的季节在积污严重而降水尚未到来的冬季。带电水冲洗一般只适用于设备集中、交通方便的变电站。带电水冲洗必须注意冲洗方法,否则有可能引起闪络。对输电线路一般采用停电人工清扫,人工上塔,用布擦拭等方法。

(3)绝缘子表面涂憎水性材料。涂上一层憎水性材料后,受潮的污层不易形成连续的导电水膜,抑制了泄漏电流,从而可提高闪络电压。比如RTV涂料就是一种长效防污涂料,其寿命大大超过硅油、地蜡等一般涂料。

(4)采用新型的合成绝缘子。合成绝缘子出现于20世纪60年代,随后发展很快,其防污性能比普通的瓷绝缘子要好得多。合成绝缘子由承受外力负荷的芯棒(兼内绝缘)和保护芯棒免受大气环境侵袭的伞套(外绝缘)通过粘接层组成的复合结构绝缘子。目前,合成绝缘子在电力系统中得到了广泛的应用。

# 复习思考题

1. 气体中带电粒子的产生和消失有哪些主要方式?

2. 什么是自持放电? 简述汤逊理论的自持放电条件。

3. 汤逊理论与流注理论的主要区别在哪里? 简述它们各自的适用范围。

4. 非自持放电与自持放电的主要区别是什么?

5. 电晕放电属于自持放电还是非自持放电? 简述电晕放电有何危害及用途。

6. 极不均匀电场中的放电有何特性? 比较"棒—板"气隙极性不同时电晕起始电压和击穿电压的高低,简述其理由。

7. 雷电冲击电压下间隙击穿有何特点? 冲击电压作用下放电时延包括哪些部分? 用什么来表示气隙的冲击击穿特性?

8. 什么叫伏秒特性? 伏秒特性有何实用意义?

9. 保护设备与被保护设备的伏秒特性应如何配合? 简述其原因。

10. 操作冲击电压下间隙的击穿有什么特点?

11. 影响气体间隙击穿电压的因素有哪些? 提高气体间隙击穿电压的主要措施有哪些?

12. 影响沿面闪络电压的主要因素有哪些?

13. 分析套管的沿面闪络过程,提高套管沿面闪络电压有哪些措施?

14. 试分析绝缘子串的电压分布及改进电压分布的措施。

15. 什么是绝缘子的污闪? 防止绝缘子污闪的措施有哪些?

# 2　液体和固体电介质的击穿特性

液体介质和固体介质广泛用作电气设备的内绝缘。应用得最多的液体介质是变压器油，而成分相似、品质更高的电容器油和电缆油分别用于电力电容器和电力电缆中；应用得最常见的固体介质有绝缘纸、纸板、云母、塑料等，而用于制造绝缘子的固体绝缘介质有电瓷、玻璃和硅橡胶等。

电介质的电气特性主要表现为它们在电场作用下的导电性能、介电性能和电气强度，它们分别以四个主要参数来表示，即电导率 $\gamma$（或绝缘电阻率 $\rho$）、介电常数 $\varepsilon$、介质损耗角正切 $\tan\delta$ 和击穿场强 $E_b$。

一切电介质在电场的作用下都会出现极化、电导和损耗等电气物理现象。一般气体的极化、电导和损耗都很微弱，可以忽略不计。所以需要注意的只有液体和固体介质的极化、电导和损耗等特性。

## 2.1　电介质的极化

### 2.1.1　电介质极化的概念

任何结构的电介质在没有外电场作用时，内部的正、负电荷处于相对平衡状态，整体上对外没有极性。当有外电场作用时，电介质中的正、负电荷将沿着电场方向作有限的位移或者转向而形成电矩，这种现象称为电介质的极化。极化使得电介质的表面出现电荷，其中靠近正极的表面出现负电荷，靠近负极的表面出现正电荷。

电介质极化的强弱可用介电常数 $\varepsilon$ 的大小来表示。它与该电介质分子的极性强弱有关，并受温度、外加电场频率等因素的影响。具有极性分子的电介质称为极性电介质。极性电介质即使没有外电场的作用，其分子本身也具有电矩。由中性分子构成的电介质称为中性电介质。

如图 2.1 所示的平行板电容器，当两极板之间为真空时，在极板间施加直流电压 $U$，两极

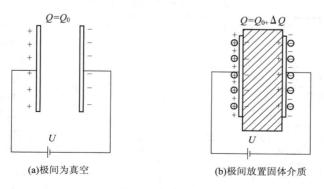

(a)极间为真空　　　　(b)极间放置固体介质

图 2.1　极化现象

板上分别充有正、负电荷,其电荷量为

$$Q_0 = C_0 U \tag{2.1}$$

式中　$C_0$——真空电容器的电容量,其计算公式为

$$C_0 = \frac{\varepsilon_0 A}{d} \tag{2.2}$$

其中　$\varepsilon_0$——真空的介电常数,$\varepsilon_0 = 8.86 \times 10^{-14}$ F/cm,

$A$——极板面积,cm$^2$,

$d$——极间距离,cm。

如果在此极板间填充其他电介质,这时在外加的直流电场作用下,电介质中的正、负电荷将沿电场方向作有限的位移或转向,从而使电介质表面出现与极板电荷相反极性的束缚电荷,即电介质发生极化。由于外施直流电压 $U$ 不变,为保持极板间的电场强度不变,这时必须再从电源吸取一部分电荷 $\Delta Q$ 到极板上,以抵消束缚电荷的作用。可见,由于极板间电介质的加入,导致极板上的电荷量从 $Q_0$ 增加到 $Q$,即

$$Q = Q_0 + \Delta Q = CU \tag{2.3}$$

式中　$C$——加入电介质后两极板间的电容量,其计算公式为

$$C = \frac{\varepsilon A}{d} \tag{2.4}$$

其中　$\varepsilon$——加入电介质的介电常数。

显然,这时电容量 $C$ 比两极板间为真空时的电容量 $C_0$ 增大了。对于同一平行板电容器,放入其中的电介质不同,介质极化的程度也不同,表现为极板上的电荷量 $Q$ 的不同。因此,$Q/Q_0$ 的值反映了在相同条件下不同介质极化现象的强弱。

$$\frac{Q}{Q_0} = \frac{CU}{C_0 U} = \frac{C}{C_0} = \frac{\dfrac{\varepsilon A}{d}}{\dfrac{\varepsilon_0 A}{d}} = \frac{\varepsilon}{\varepsilon_0} = \varepsilon_r \tag{2.5}$$

式中　$\varepsilon_r$——电介质的相对介电常数。

$\varepsilon_r$ 是表征电介质在电场作用下极化现象强弱的指标,$\varepsilon_r$ 值越大,电介质的极化特性越强。$\varepsilon_r$ 值由电介质的材料决定,并与温度、频率等因素有关。真空的相对介电常数 $\varepsilon_r = 1$。各种气体电介质因分子间距离很大,密度很小,极化程度很弱,因此各种气体的 $\varepsilon_r$ 值均可视为 1。在工频电压下、温度为 20 ℃时,常用的液体、固体电介质的 $\varepsilon_r$ 一般在 2~6 之间,见表 2.1。

表 2.1　常用电介质的 $\varepsilon_r$ 值

| 材料类别 | | 名称 | $\varepsilon_r$ 值(工频,20℃) | 材料类别 | | 名称 | $\varepsilon_r$ 值(工频,20℃) |
|---|---|---|---|---|---|---|---|
| 气体介质<br>(标准大<br>气条件) | 中性 | 空气<br>氮气 | 1.000 58<br>1.000 60 | 固体介质 | 中性或<br>弱极性 | 石蜡<br>聚苯乙烯<br>聚四氟乙烯<br>松香<br>沥青 | 2.0~2.5<br>2.5~2.6<br>2.0~2.2<br>2.5~2.6<br>2.6~2.7 |
| | 极性 | 二氧化硫 | 1.009 | | | | |
| 液体介质 | 弱极性 | 变压器油<br>硅有机液体 | 2.2<br>2.2~2.8 | | 极性 | 纤维素<br>胶木<br>聚氯乙烯 | 6.5<br>4.5<br>3.0~3.5 |
| | 极性 | 蓖麻油<br>氯化联苯 | 4.5<br>4.6~5.2 | | | | |
| | 强极性 | 酒精<br>水 | 33<br>81 | | 离子型 | 云母<br>电瓷 | 5~7<br>5.5~6.5 |

### 2.1.2　电介质极化的形式

最基本的电介质极化形式有电子式极化、离子式极化和偶极子极化三种,另外还有夹层极化和空间电荷极化等。

#### 1.电子式极化

电介质中的原子、分子或离子中的电子在外电场的作用下,使电子轨道相对于原子核产生弹性位移,正、负电荷作用中心不再重合而形成感应偶极矩的过程称为电子式极化,如图 2.2 所示。

#### 2.离子式极化

固体无机化合物大多属于离子式结构,如云母、陶瓷等。在离子式结构的电介质中,无外加电场作用时,由于晶体的正、负离子对称排列,各个离子对的偶极矩互相抵消,平均偶极矩为零,对外不呈现电极性。有外加电场作用时,除了促使各离子内部产生电子式极化外,正、负离子还将发生方向相反的偏移,使平均偶极矩不再为零,介质呈现极化的过程,称为离子式极化或离子位移极化,如图 2.3 所示。

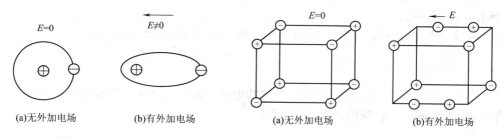

图 2.2　电子式极化　　　　　　　图 2.3　离子式极化

#### 3.偶极子极化

在胶木、橡胶、纤维素、蓖麻油、氯化联苯等极性电介质中,分子中的正、负电荷作用中心不重合,就单个分子而言,已具有偶极矩,称为偶极子。没有外电场作用时,由于分子的不规则热运动,各极性分子偶极矩的排列是杂乱无章的,宏观上对外不呈现电矩;有外电场作用时,偶极子受到电场力的作用而发生定向旋转,较有规则的排列,整个介质的偶极矩不再是零,对外呈现极性,这种极化就是偶极子极化,又称转向极化,如图 2.4 所示。

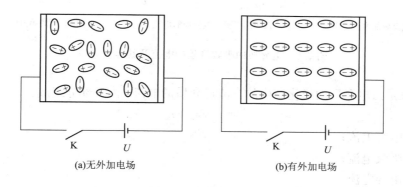

图 2.4　偶极子极化

## 2.2　电介质的电导

### 2.2.1　电介质电导的概念

任何电介质都不可能是理想的绝缘体,电介质内部总存在一些自由的或联系较弱的带电质点。在电场作用下,电介质中的带电质点沿电场方向定向移动构成电流的现象,称为电介质的电导。任何电介质都具有一定的电导,并存在一定的导电性。表示电导特性的物理量是电导率 $\gamma$,它的倒数是电阻率 $\rho$。

电介质电导与金属电导有着本质的区别。电介质的电导主要是由离子造成的,包括介质本身和杂质分子离解出的离子(主要是杂质离子),是离子性电导;而金属的电导则是由金属导体中的自由电子造成的,是电子电导。电介质的电导很小,其电导率在 $10^{-9}(1/\Omega \cdot cm)$ 以下;而金属的电导很大,其电导率在 $10^{5}(1/\Omega \cdot cm)$ 以上。电介质的电导随温度的升高而增大,具有正温度系数,这是因为随温度升高,分子间的相互作用力减弱,同时离子的热运动加剧,改变了原来受束缚的状态,这有利于离子的迁移,使得电导增大;而金属的电导随温度的升高而降低,具有负温度系数。

由于电导与电阻互为倒数关系,所以工程上常用的是电介质的绝缘电阻。

### 2.2.2　吸收现象

电介质在直流电压 $U$ 作用下,流过电介质的电流 $i$ 随时间的变化逐渐衰减,最终达到某个稳定值,这种现象称为吸收现象,如图 2.5 所示。

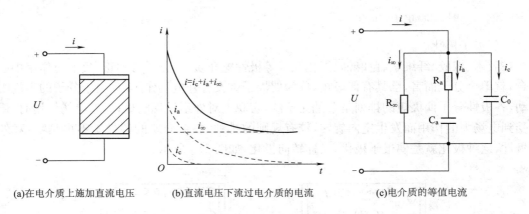

(a)在电介质上施加直流电压　　(b)直流电压下流过电介质的电流　　(c)电介质的等值电流

图 2.5　电介质中吸收现象的电流及其等值电路

吸收现象是由电介质的极化产生的。流过介质的电流 $i$ 由三部分组成:

$$i = i_c + i_a + i_\infty \tag{2.6}$$

式中　$i_c$——电容电流;

　　　　$i_a$——吸收电流;

　　　　$i_\infty$——电导电流。

电容电流 $i_c$ 是由无损极化产生的电流,由于无损极化建立所需时间很短,所以 $i_c$ 很快衰减到零;吸收电流 $i_a$ 是由有损极化产生的电流,由于有损极化建立所需时间较长,所以 $i_a$ 缓慢衰减到零；电导电流 $i_\infty$ 是不随时间变化的恒定分量。

根据上述分析，可以得到电介质的等值电路，如图 2.5(c)所示。它由 3 条并联支路组成：含有电容 $C_0$ 的支路代表无损极化引起瞬时充电的电容电流支路；含有电阻 $R_a$ 和电容 $C_a$ 串联的支路代表有损极化引起的吸收电流支路；含有电阻 $R_\infty$ 的支路代表电导电流支路。

电介质在直流电压 $U$ 的作用下，开始由于各种极化过程的存在，流过的电流较大，然后随着极化过程的结束，电流逐渐衰减而趋于一稳定值 $I_\infty$，即泄漏电流。与这个稳定值所对应的电阻就称为电介质的绝缘电阻，记为 $R_\infty$。

$$R_\infty = \frac{U}{I_\infty} \tag{2.7}$$

电介质的绝缘电阻决定了电介质泄漏电流的大小。过大的泄漏电流在介质中流通会引起介质发热，加速绝缘老化。可以通过测量介质绝缘电阻的大小来判断绝缘的优劣状况。由于电介质中的电流 $i$ 完全衰减至稳定的泄漏电流 $I_\infty$ 所对应的吸收过程往往需要时间，通常测量绝缘电阻时应施加电压 1 min 或 10 min(如大型电机)后可测得稳定数据。

### 2.2.3　各类电介质电导的特点

**1. 气体电介质的电导**

气体电介质的工作场强低于击穿场强时，其电导率 $\gamma$ 为 $10^{-16} \sim 10^{-15}(1/\Omega \cdot cm)$，绝缘电阻很大，泄漏电流很小，是良好的绝缘体。气体的电导主要是电子电导，通常可以忽略不计。

**2. 液体电介质的电导**

构成液体电介质电导的主要因素有两种：离子电导和电泳电导。离子电导是由液体本身分子或杂质的分子离解出来的离子造成的；电泳电导是由液体介质中的胶体质点(如树脂、炭渣、悬浮状水滴等)吸附电荷后形成带电胶粒产生的。

中性和弱极性液体在纯净时电导很小，当含有杂质和水分时，电导显著增加，绝缘性能下降，其电导主要由杂质离子构成。极性液体和强极性液体电介质分解作用很强，离子数多，电导很大，一般情况下不能用作绝缘材料。可见，液体的分子结构、极性强弱、纯净程度、介质温度等对电导影响很大。表 2.2 列出了部分液体电介质的电导率 $\gamma$。

**表 2.2　液体电介质的电导率 $\gamma$**

| 液体种类 | 液体名称 | 温度(℃) | 电导率 $\gamma$(S/cm) | 纯净程度 |
|---|---|---|---|---|
| 中性 | 变压器油 | 80 | $0.5 \times 10^{-12}$ | 未净化 |
| | | 80 | $2 \times 10^{-15}$ | 净化 |
| | | 80 | $10^{-15}$ | 两次净化 |
| | | 80 | $0.5 \times 10^{-15}$ | 高度净化 |
| 极性 | 二氯联苯 | 80 | $10^{-11}$ | 工程应用 |
| | 蓖麻油 | 20 | $10^{-12}$ | 工程应用 |
| 强极性 | 水 | 20 | $10^{-7}$ | 高度净化 |
| | 乙醇 | 20 | $10^{-8}$ | 净化 |

3. 固体电介质的电导

固体介质的电导分为体积电导和表面电导，这与绝缘电阻的体积电阻和表面电阻是相对应的。

在固体介质上加电压时，介质的内部有电流流过，这是固体介质的体积电导。体积电导主要是由固体介质本身的离子和杂质离子构成的离子电导。非极性和弱极性固体电介质的电导主要是由杂质离子造成的，纯净介质的电阻率 $\rho$ 可达 $10^{17} \sim 10^{19}$ $\Omega \cdot cm$。偶极性固体电介质因本身分子能离解，所以其电导是由其本身和杂质离子共同造成的，电阻率较小，最高可达 $10^{15} \sim 10^{16}$ $\Omega \cdot cm$。离子性电介质电导的大小和离子本身的性质有关。结构紧密、洁净的离子性电介质，电阻率 $\rho$ 为 $10^{17} \sim 10^{19}$ $\Omega \cdot cm$；结构不紧密且含单价小离子（$Na^+$、$K^+$）的离子性电介质的电阻率 $\rho$ 仅为 $10^{13} \sim 10^{14}$ $\Omega \cdot cm$。

在固体介质上加电压时，介质的表面有电流流过，这是固体介质的表面电导。固体介质的表面电导主要由表面吸附的水分和污物引起。固体介质表面干燥、清洁时的电导很小。介质表面很薄的一层水膜就能造成明显的电导，且水膜越厚表面电导越大。如果其中还有污物，则表面电导增大就更加显著。介质吸附水分的能力与自身结构有关。石蜡、聚苯乙烯、硅有机物等非极性和弱极性电介质，其分子与水分子的亲和力小于水分子的内聚力，水分不易在其表面形成水膜，表面电导率很小，这种固体电介质称为憎水性介质；玻璃、陶瓷等离子性电介质和偶极性电介质，其分子与水分子的亲和力大于水分子的内聚力，水分容易在其表面形成水膜，表面电导率很大，这种固体电介质称为亲水性介质。

采取使电介质表面洁净、干燥或涂敷石蜡、有机硅、绝缘漆等措施，可以降低固体电介质的表面电导。

# 2.3　电介质的损耗

## 2.3.1　电介质损耗的概念

任何电介质在电场中都会有能量的损耗。在外加电压作用下，电介质在单位时间内消耗的能量称为电介质损耗。

电介质损耗包括电导损耗和极化损耗。电导损耗是由电介质中的泄漏电流引起的。气体、液体和固体电介质中都存在这种形式的损耗。电介质中的电导损耗通常很小，但当电介质受潮、脏污或温度升高时，电导损耗会急剧增大。极化损耗是由有损极化（如偶极子极化和夹层极化）引起的。

介质的能量损耗最终会引起介质的发热，温度升高，使介质的电导增大，泄漏电流增加，损耗进一步增大，如此形成恶性循环。长期的高温作用会加速绝缘的老化过程，直至绝缘击穿。可见，介质的损耗特性对其绝缘性能影响极大。

同一电介质在不同类型的电压作用下的损耗不同。在直流电压下，由于介质中没有周期性的极化过程，而一次性极化所损耗的能量可以忽略不计，所以电介质中的损耗就只有电导损耗，此时用电介质的电导率即可表达其损耗特性；在交流电压下，除了电导损耗外，还存在由于周期性反复进行的极化而引起不可忽略的极化损耗，因此需要引入一个新的物理量——介质损耗因数 $\tan\delta$ 来反映电介质的能量损耗特性。

### 2.3.2　介质损耗因数 tanδ

电介质并联等值电路[图 2.6(a)]既适用于直流电压,也适用于交流电压。图 2.6(b)中,δ 为功率因数角 $\varphi$ 的余角,称为介质损耗角。

$\tan\delta = \dfrac{I_R}{I_C}$ 是一个无量纲的量,它与绝缘的几何尺寸无关,只反映介质本身的性能。因此,在高电压工程中常把 tanδ 作为衡量电介质损耗特性的一个基本参数,称为介质损耗因数或介质损耗角正切值。表 2.3 列出了常用液体和固体电介质在工频电压下 20 ℃时的 tanδ 值。

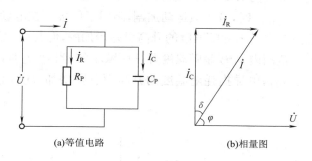

(a)等值电路　　　　　　　　(b)相量图

图 2.6　电介质的并联等值电路及相量图

表 2.3　常用液体和固体电介质在工频电压下 20 ℃时的 tanδ(％)值

| 名称 | tanδ(％) | 名称 | tanδ(％) |
|---|---|---|---|
| 变压器油 | 0.05～0.5 | 聚四氟乙烯 | <0.02 |
| 蓖麻油 | 1～3 | 聚苯乙烯 | 0.01～0.03 |
| 油浸电缆纸 | 0.5～8 | 软聚氯乙烯 | 5～15 |
| 沥青云母带 | 0.2～1 | 环氧树脂 | 0.2～1 |
| 聚乙烯 | 0.01～0.02 | 酚醛树脂 | 1～10 |
| 交联聚乙烯 | 0.02～0.05 | 电瓷 | 2～5 |

### 2.3.3　各类电介质损耗的特点

**1.气体电介质的损耗**

气体分子间的距离很大,相互间的作用力很弱,所以在极化过程中不会引起损耗。如果外加电压还不足以引起电离过程,则气体中只存在很小的电导损耗(其 tanδ $<10^{-8}$),受温度和频率的影响都不大。因此,实际工程中常用气体作为标准电容器的介质。不过当外加电压达到气体的起始放电电压 $U_0$ 时,气体中将发生局部放电,损耗将急剧增加,如图 2.7 所示。这种情况常发生在固体或液体介质中含有气泡的场合,因为固体和液体介质的 $\varepsilon_r$ 都要比气体介质的 $\varepsilon_0$ 大得多,所以即使外加电压还不高时,气泡中也可能出现很大的电场强度,导致局部放电。

2. 液体电介质的损耗

中性和弱极性液体电介质的极化损耗很小,其损耗主要由电导引起。随温度的上升,电导按指数规律增加。如变压器油在 20 ℃时的 $\tan\delta\leqslant0.5\%$,70 ℃时 $\tan\delta\leqslant2.5\%$。电缆油和电容器油的性能更好一些,高压电缆油在 100 ℃时的 $\tan\delta\leqslant0.15\%$。

极性液体介质(如蓖麻油、氯化联苯等)除了电导损耗外,还存在极化损耗,$\tan\delta$ 值与温度、频率的关系如图 2.8 所示。

图 2.8 中曲线 1 为电源频率为 $f_1$ 的情况。当温度较低($t<t_1$)时,电导损耗和极化损耗都很小,随温度的升高偶极子转向容易,从而使极化损耗显著增加,同时电导损耗也随温度升高而略有增加,因此在这一范围内 $\tan\delta$ 随温度升高而增大;当 $t=t_1$ 时,总的介质损耗达到最大值;当温度继续升高($t_1<t<t_2$)时,分子热运动加剧,阻碍了偶极子在电场作用下规则排列,极化损耗减小,在此阶段虽然电导损耗随温度的升高仍是增加的,但其增加的程度比极化损耗减小的程度小,因此在这一范围内 $\tan\delta$ 是随温度升高而减小的;当 $t=t_2$ 时,总损耗达到最小值;当温度进一步升高($t>t_2$)时,电导损耗随温度的升高而急剧增加,此时总损耗以电导损耗为主,也随之急剧增大。

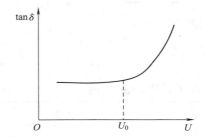 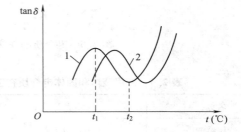

图 2.7 气体的 $\tan\delta$ 与外加电压的关系　　图 2.8 极性介质 $\tan\delta$ 与温度和频率的关系

1—对应于频率 $f_1$ 的曲线;2—对应于频率 $f_2$ 的曲线($f_1<f_2$)

当电源频率增高时,图 2.8 中曲线 2 为电源频率为 $f_2$ 的情况。整条 2 曲线相当于右移 1 曲线,这是因为在较高的频率下,偶极子来不及充分转向,要使转向极化充分进行,就必须减小黏滞性即升高温度。

3. 固体电介质的损耗

在电气设备中常用的固体绝缘材料主要有云母、陶瓷、玻璃等无机绝缘材料和聚乙烯、聚苯乙烯、聚氯乙烯、纤维素、胶木等有机绝缘材料。

云母是一种优良的绝缘材料,结构紧密,不含杂质时没有显著的极化过程,在各种频率下的损耗均主要由电导引起。云母介质损耗小,耐高温性能好,是理想的电机绝缘材料。云母的缺点是机械性能差,所以一定要先用黏合剂和增强材料加工成云母制品才能使用。

陶瓷既有电导损耗,也有极化损耗。20 ℃、50 Hz 下电瓷的 $\tan\delta$ 值为 $2\%\sim5\%$。含有大量玻璃相的普通电瓷的 $\tan\delta$ 较大,而以结晶相为主的超高频电瓷的 $\tan\delta$ 很小。

玻璃也具有电导损耗和极化损耗,总的介质损耗大小与玻璃的成分有关,含碱金属氧化物($Na_2O$、$K_2O$ 等)的玻璃损耗较大,加入重金属氧化物(BaO、PbO 等)能使碱玻璃的损耗下降一些。

聚乙烯、聚苯乙烯、聚四氟乙烯等都是非极性有机电介质，如果不含极性杂质，它们都只有电子式极化，损耗仅取决于电导。如聚乙烯在 $-80 \sim +100$ ℃ 的温度范围内，$\tan\delta$ 的变化范围是 $0.01\% \sim 0.02\%$。这种优良的绝缘特性可保持到高频的情况，并且聚乙烯具有高化学稳定性、高弹性、不吸潮、机械加工简便等优点，是很好的固体绝缘材料，可用于制造高频电缆、海底电缆、高频电容器等。聚乙烯的缺点是耐热性能较差，温度较高时会软化变形。

聚氯乙烯、纤维素、酚醛树脂、胶木、绝缘纸等均属于极性有机电介质，显著的极化损耗使这类电介质具有较大的介质损耗，它们的 $\tan\delta$ 约为 $0.1\% \sim 1.0\%$，甚至更大。极性有机电介质的 $\tan\delta$ 与温度和频率的关系与极性液体介质相似。

# 2.4　液体电介质的击穿特性

液体电介质主要有天然的矿物油和人工合成油两大类，此外还有蓖麻油等植物油。目前使用最多的是从石油中提炼出来的矿物绝缘油，通过不同程度的精炼，可得到分别用于变压器、断路器、电缆及电容器等高压电气设备中的变压器油、电缆油和电容器油等。用于变压器中的绝缘油同时也起散热的作用，用于某些断路器中的绝缘油有时也兼作灭弧媒质，而用于电容器的绝缘油同时起储能媒质的作用。

与气体电介质相似，液体电介质在强电场（高电压）作用下，也会出现由绝缘介质转变为导体的击穿过程，但对其击穿机理的研究远不及对气体电介质的研究那么充分。这是因为工程中实际使用的液体介质并不是完全纯净的，往往含有水分、气体、固体微粒和纤维等杂质，它们对液体介质的击穿过程有很大影响。

## 2.4.1　液体电介质的击穿机理

1. 纯净液体电介质的击穿

（1）电击穿理论

纯净液体电介质的电气强度很高，其击穿机理与气体电介质的击穿机理相似，都是由电作用造成的，属于电击穿的性质。在液体介质中，由于外界的高能射线或局部强电场的作用或阴极上的强电场发射等原因，介质中总存在有一些初始电子，在电场作用下向阳极做加速运动并积累能量，与液体分子发生碰撞产生碰撞游离，形成电子崩导致液体电介质失去绝缘能力而发生击穿。

由于液体电介质的密度远比气体电介质的密度大，所以电子在其中的自由行程很短，不容易积累起产生碰撞游离所需的动能。因此纯净液体电介质的耐电强度比常态下气体电介质的耐电强度高得多，击穿场强可达 $1\ 000$ kV/cm（幅值）以上。纯净液体的密度增加时，击穿场强会增大；温度升高时，液体膨胀，击穿场强会下降。由于电子崩的产生和空间电荷层的形成需要一定的时间，当电压作用时间很短时，击穿场强将提高，因此液体介质的冲击击穿场强高于工频击穿场强，即冲击系数 $\beta > 1$。

（2）气泡击穿理论

当纯净液体电介质承受较高的电场强度时，在其中会有气泡产生。产生气泡的原因主要是：①电子在电场作用下运动所形成的电子流会使液体发热而分解出气泡；②电子在电场中运动会与液体电介质分子发生碰撞而导致液体分子解离产生气泡；③由于电极表面粗糙等原因导致局部电场集中处发生电晕放电而使液体加热汽化产生气泡。

在交流电压下,气泡中的电场强度与油中的电场强度按各自的介电常数 $\varepsilon_r$ 成反比分配,因而在气泡上分配到较大的场强,但气体的击穿场强又比液体介质的击穿场强低得多,所以气泡必先发生电离。气泡电离后温度升高、体积膨胀,电离进一步发展。与此同时,电离产生的带电粒子又不断撞击液体分子,使液体分解出气体,扩大了气体通道。如果许多电离的气泡在电场中排列成连通两电极的"小桥",击穿就可能在此通道中发生。

气泡击穿理论依赖于气泡的形成、发热膨胀、气体通道的扩大并排列成"小桥",过程中有热量产生的属于热击穿范畴。

2. 工程用液体电介质的击穿

气泡击穿理论可以推广到由其他悬浮杂质引起的击穿,从而较好地解释变压器油等工程用液体介质的击穿过程。

工程用液体电介质的提纯工艺相当复杂,且设备在制造和运行过程中难免产生一些杂质,杂质的存在使液体的击穿场强大大降低,约为 $120\sim200$ kV/cm(幅值)。如工程用变压器油中所含杂质主要有:油与大气接触时从大气中吸收的气体和水分,脱落的纸或布的纤维以及油质劣化分解出的气体、水分和聚合物等,这些杂质的介电常数和电导率均与变压器油不同,因而会畸变油中电场的分布,影响油的击穿场强。杂质的存在使工程用液体电介质的击穿具有新的特点,一般用"小桥"理论来说明其击穿过程。

"小桥"理论认为,由于液体电介质中水和纤维的 $\varepsilon_r$(分别为 81 和 $6\sim7$)比油的 $\varepsilon_r$($1.8\sim2.8$)大得多,这些杂质很容易极化并沿电场方向定向排列成杂质小桥。这时会发生两种情况:

(1)如果杂质小桥尚未接通电极,则纤维等杂质与油串联,由于纤维的 $\varepsilon_r$ 大,含水分纤维的电导大,使其端部油中电场强度显著增高并引起电离,于是油分解出气体,气泡扩大,电离增强,这样下去必然会出现由气体小桥引起的击穿。

(2)如果杂质小桥接通电极,因小桥的电导大而导致泄漏电流增大,发热严重,促使水分汽化,气泡扩大,发展下去也会出现气体小桥,使油隙发生击穿。

工程用变压器油即使击穿也有自恢复的特性,这是因为由"小桥"引起的火花放电会使纤维烧毁,水滴汽化,油的扰动以及油具有一定的灭弧能力等原因,使得介质的绝缘强度得以恢复。

### 2.4.2 影响液体电介质击穿电压的因素

液体电介质击穿电压的大小既与其自身品质的优劣,也与温度、电压等外界因素有关。

1. 液体电介质本身品质的影响

液体电介质的品质取决于其所含杂质的多少。含杂质越多,液体的品质越差,击穿电压越低。对于液体电介质,通常用标准油杯按标准试验方法测得的工频击穿电压来衡量其品质的优劣。

我国采用的标准油杯如图 2.9 所示,极间距离为 2.5 mm,电极是直径为 25 mm 的一对圆盘形铜电极,为了减弱其边缘效应,电极的边缘被加工成半径为 2.5 mm 的半圆,使电极间的电场近乎均匀。

我国规定不同电压等级电气设备中所用变压器油的电气强度应符合表 2.4。

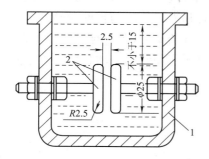

图 2.9　我国采用的标准油杯(单位:mm)
1—绝缘杯体;2—黄铜电极

表 2.4　变压器油应的电气强度要求

| 额定电压等级(kV) | 用标准油杯测得的工频击穿电压有效值(kV) | |
|---|---|---|
| | 新油不低于 | 运行中的油不低于 |
| 15 及以下 | 25 | 20 |
| 20~35 | 35 | 30 |
| 63~220 | 40 | 35 |
| 330 | 50 | 45 |
| 500 | 60 | 50 |

可见,变压器油在标准油杯和标准试验条件下的击穿场强在 20~60 kV 之间,相应的击穿场强有效值为 80~240 kV/cm,约为空气击穿场强的 4~10 倍。

必须指出,在标准油杯中测得的油的耐电强度只能作为对油的品质的衡量标准,不能用此数据直接计算在不同条件下油间隙的耐受电压,因为同一种油在不同条件下的耐电强度有很大差别。

2. 温度的影响

变压器油的击穿电压与油温的关系比较复杂,随电场的均匀程度、油的品质及电压类型的不同而异。

均匀电场油间隙的工频击穿电压与温度的关系如图 2.10 所示。曲线 1 为纯净油,油温升高,有利于碰撞电离,击穿电压稍有下降。曲线 2 为潮湿的油,油中水分的状态视温度的情况而异:①油温在 0 ℃ 以下时,水滴冻结成冰粒,油也将逐渐凝固,使击穿电压升高;②当温度由 0 ℃ 开始上升时,一部分水分从悬浮态转化为溶解态,使击穿电压上升;③温度为 0~5 ℃ 范围内,全部水分转化为乳浊状态,导电"小桥"最易形成,出现击穿电压最小值;④但温度超过 80 ℃ 时,水开始汽化产生气泡,引起击穿电压下降,从而在 60~80 ℃ 范围内出现击穿电压的最大值。

在极不均匀电场中,工频击穿电压随油温的上升稍有下降,水滴等杂质对工频击穿电压的影响较小。这是因为在高场强区的电晕放电现象会造成油的扰动,妨碍了贯通性小桥的形成。

无论在均匀电场还是不均匀电场中,随油温的上升,冲击击穿电压均单调地稍有下降,水滴等杂质的影响也很小。这是因为冲击电压作用时间太短,杂质来不及形成"小桥"。

3. 电场均匀度的影响

保持油温不变,改善电场的均匀度,能使优质油的工频击穿电压显著增大,也能大大提高其冲击击穿电压。品质差的油由于含杂质较多,改善电场对提高其工频击穿电压的效果较差;而在冲击电压下,因杂质来不及形成"小桥",杂质对击穿电压的影响很小,所以改善电场总能显著提高其冲击击穿电压。

4. 电压作用时间的影响

油隙的击穿需要一定的时间,所以击穿电压会随电压作用时间的增加而下降,加电压时间还会影响油的击穿性质。

　　如图 2.11 所示,当电压作用时间小于毫秒级(如雷电冲击电压)时,油的击穿属于电击穿性质,击穿电压比较高,且影响油隙击穿电压的主要因素是电场的均匀程度,杂质在其中的影响还不能显示出来;当电压作用时间更长时,油中的杂质开始聚集,且有足够的时间在间隙中形成"小桥",油隙的击穿开始出现热过程,击穿电压随电压作用时间的增长而显著下降,属于热击穿的性质。

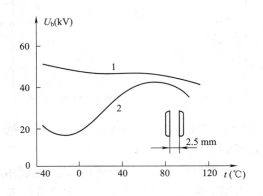

图 2.10　均匀电场油间隙的工频击穿电压与温度的关系
1—干燥的油;2—潮湿的油

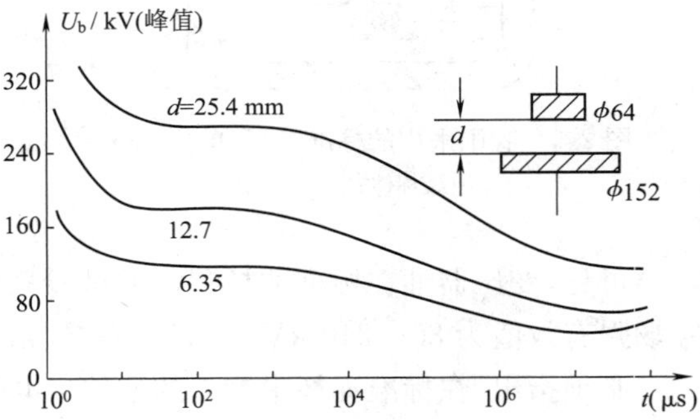

图 2.11　变压器油的击穿电压
峰值与电压作用时间的关系

　　5. 油压的影响

　　不论电场是否均匀,工业纯变压器油的工频击穿电压总是随油压的增大而增大,尤其在均匀电场中更为明显。这是因为随着压力的增加,油中气体的溶解度会随之增大,且气泡发生局部放电的起始电压也相应提高。但如果将油进行脱气处理,则其工频击穿电压就几乎与油压无关。

　　由于油中的气泡等杂质不影响冲击击穿电压,所以油压的大小不影响油隙的冲击击穿电压。

### 2.4.3　提高液体电介质击穿电压的措施

　　1. 提高及保持油的品质

　　工程用油中的杂质对油隙的工频击穿电压有很大的影响。设法减少杂质的影响,提高油的品质是提高击穿电压的首要措施。常用方法如下:

　　(1)过滤。用滤纸可以过滤油中的纤维等固体杂质,吸附大部分水分和有机酸。如果先在油中加吸附剂(白土、硅胶等)吸附油中的水分和有机酸,再进行过滤,效果更佳。工程上常用压滤机进行过滤,恢复变压器油的绝缘性能。

　　(2)防潮。充油的电气设备在制造、检修及运行过程中都必须注意防止水分的侵入。绝缘部件在浸油前必须采用烘干、抽真空等方法进一步除去水分。在设备制造和检修过程中,应尽量减少内绝缘物质暴露在空气的时间,防止水分和杂质的侵入。有些电气设备(如变压器)的油绝缘不能完全与空气隔绝时,要在空气进口处装设带有干燥剂的呼吸器、充氮保护或在油枕中采用塑料气囊,防止潮气与油面直接接触。

　　(3)祛气。常用的方法是将油加热后在真空中喷成雾状,油中所含的气体和水分挥发并被抽走,并在真空状态下将油注入电气设备中。

2. 采用油—屏障式绝缘

在绝缘设计中,采用油—屏障式绝缘能显著提高油隙的击穿电压。油—屏障式绝缘是以变压器油为主要电介质,在油隙中放置若干屏障以改善电场分布和阻止杂质小桥的形成。"油—屏障"式绝缘主要有以下三种形式。

(1)覆盖层。覆盖层是紧紧包在小曲率半径电极上的薄固体绝缘层(如电缆纸、黄蜡布、漆膜等),其厚度一般不足 1 mm,所以不会引起油中电场的改变。它的主要作用是阻止杂质小桥直接接触电极,减小了流经杂质小桥的泄漏电流,阻碍了杂质小桥中热击穿过程的发展。显然,覆盖层的作用与杂质小桥密切相关。油的品质越差、电场越均匀、电压作用时间越长,杂质小桥对油隙击穿电压的影响越大,采用覆盖层的效果也越显著。在均匀电场中,击穿电压可提高 70%~100%;在极不均匀电场中,击穿电压可提高 10%~15%。由于采用覆盖层花费不多而收效明显,所以在各种充油电气设备中很少采用裸导体。

(2)绝缘层。当覆盖层的厚度增大到能分担一定的电压时,即成为绝缘层。绝缘层不仅能像覆盖层那样阻断杂质小桥,而且能降低电极表面附近的最大电场强度,使整个油隙的击穿电压大大提高。绝缘层通常只用在不均匀电场中,包在曲率半径较小的电极上。变压器的高压引线、屏蔽环以及充油套管的导电杆上都包以较厚的绝缘层。

(3)屏障。屏障是在油隙中放置的尺寸较大、形状与电极相应、厚度为 1~5 mm 的层压纸板或层压布板。它既能阻碍杂质小桥的形成,又能像气体介质中的屏障那样拦住一部分带电粒子,使原有电场变得比较均匀,从而提高油隙的击穿电压。在稍不均匀电场中放置屏障,可将击穿电压提高 25% 以上;在极不均匀电场中放置屏障效果更为显著,可将击穿电压提高 2 倍甚至更高。

在较大的油隙中合理地布置多重屏障,将油隙分隔成多个较短的油隙,可以使击穿电压得到进一步提高。但屏障间的距离不宜太小,因为这不利于油的循环冷却,屏障的间距一般应大于 6 mm;屏障的厚度也不宜过大,因为固体介质的介电常数比变压器油大,其总厚度的增加会引起油中电场强度的增大,通常屏障的厚度不大于整个油隙长度的 1/3。

在电力变压器、油断路器、充油套管等设备中广泛采用"油—屏障"式绝缘。当屏障表面与电力线垂直时,效果最好。图 2.12 为变压器内部广泛采用的这种薄纸筒、小油道的绝缘结构,大大提高了油的耐电强度,缩小了变压器的尺寸。

图 2.12　变压器内部绝缘结构
1—包覆盖层;2—包绝缘层;3—屏障

# 2.5　固体电介质的击穿特性

高压电气设备中常用的固体电介质主要有陶瓷、云母、绝缘纸、环氧树脂、玻璃纤维板、硅橡胶、塑料等。固体电介质与气体、液体电介质的击穿特性有所不同:固体电介质的固有耐电强度极高(空气为 $3\sim4$ kV/mm,液体为 $10\sim20$ kV/mm),击穿过程极复杂,且击穿后会在其击穿路径上留下不可恢复的放电痕迹(如烧穿或熔化的通道、裂缝等),从而永远丧失其绝缘性能,固体电介质为非自恢复绝缘。

## 2.5.1　固体电介质的击穿

在电场作用下,固体电介质的击穿主要有电击穿、热击穿和电化学击穿三种形式。

### 1. 电击穿

固体电介质的电击穿是指仅由于电场的作用而直接使介质破坏并丧失绝缘性能的现象。固体电介质内部存在少量的带电粒子,它们在强电场作用下加速,并与固体介质晶格结点上的原子(或离子)发生碰撞电离形成电子崩。当电子崩足够强时,固体电介质的晶格结构被破坏,电导增大而最终导致击穿。

在介质的电导(或介质损耗)很小,又有良好的散热条件以及介质内部不存在局部放电的情况下,固体电介质的击穿一般为电击穿。

电击穿的主要特征是:电压作用时间短;击穿电压高(击穿场强达 $10^5\sim10^6$ kV/m);击穿电压几乎与环境温度无关;介质发热不显著;电场的均匀度对击穿电压有显著影响。

### 2. 热击穿

热击穿是由于固体电介质内部热不稳定过程造成的。当固体电介质受到电压作用时,介质由于内部损耗而发热。如果在某一温度下,单位时间内的发热量等于散热量时,介质处于热稳定状态,温度不再上升,绝缘性能不致破坏。但如果散热条件不利或电压达到某一临界值,使介质单位时间内的发热量大于散热量时,介质的热稳定状态就遭到破坏,其温度不断升高;而介质的电导又具有正温度系数,即温度越高,电导越大,这就使泄漏电流进一步增大,损耗发热也随之增大,最终温升过高,电介质发生分解、熔化、碳化或烧焦,绝缘性能完全丧失,电介质即被击穿。这种与热过程相关的击穿称为热击穿。

当绝缘本身存在局部缺陷时,缺陷处损耗增大,温升增高,热击穿就容易发生在这种绝缘有局部缺陷处。

热击穿的主要特征是:击穿电压与电压作用时间有关,因为热击穿是一个热量积累的过程,电压作用时间越长,击穿电压越低(击穿场强约为 $10^3\sim10^4$ kV/m);介质温度特别是局部温度有明显的升高;击穿电压随环境温度的升高而下降;击穿电压与电场的均匀程度关系不大,而与介质的散热条件密切相关。

### 3. 电化学击穿

固体电介质在长期工作电压的作用下,由于介质内部发生局部放电等原因,使绝缘劣化、电气强度逐步下降并引起击穿的现象为电化学击穿。电化学击穿是一个复杂的缓慢过程,电介质的内部或边缘处存在的气泡、气隙等长期在工作电压作用下会发生电晕或局部放电现象。局部放电产生的臭氧、二氧化氮等气体会对介质起氧化和腐蚀作用;局部放电过程中带电粒子撞击介质引起局部温升,加速介质氧化并增大电导和介质损耗,甚至局部烧焦绝缘;带电粒子的撞击还可能切断电介质的分子结构,导致介质破坏。在临近热击穿的最终阶段,可能因劣化处温度过高而以热击穿形式完成,也可能因介质劣化后电气强度下降而以电击穿的形式完成。

电化学击穿是固体电介质在电压长期作用下劣化、老化而引起的,它与固体电介质本身的制造工艺、工作条件等有密切关系。电化学击穿的击穿电压比电击穿和热击穿的击穿电压更低,甚至可能在工作电压下发生,对此应引起足够的重视。

### 2.5.2　影响固体电介质击穿电压的因素

**1.电压作用时间**

如果电压作用时间很短(0.1 s 以下),固体介质的击穿往往是电击穿,其击穿电压较高。随着电压作用时间的增长,击穿电压将下降,如果在加压后几分钟到数小时才引起击穿,则热击穿往往起主要作用。不过二者有时很难分清,例如在工频交流 1 min 耐压试验中的试品击穿,往往是电和热双重作用的结果。

图 2.13 是常用的油浸电工纸板的击穿电压与电压作用时间的关系。图中的纵坐标是标幺值,它以 1 min 工频击穿电压(峰值)为基准。

电击穿与热击穿的分界时间约为 $10^5 \sim 10^6$ $\mu s$ 之间。电压作用时间小于此值的击穿属于电击穿,此时热与化学的影响还来不及起作用;电压作用时间大于此值后,热过程和电化学作用使得击穿电压明显下降,属于热击穿;当电压作用时间更长时,由于绝缘老化,绝缘性能下降,发生的是电化学击穿。不过 1 min 击穿电压与更长时间的击穿电压相差不多,所以通常可将 1 min 工频试验电压作为基础来估计固体介质在工频电压作用下长期工作时的热击穿电压。

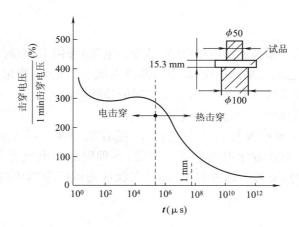

图 2.13　油浸电工纸板的击穿电压与电压作用时间的关系

**2.电场均匀程度**

均匀电场中,固体介质的击穿电压比较高,且随介质厚度增加近似成线性增加;不均匀电场中,固体介质的击穿电压有所降低,并且介质厚度的增加将使电场更不均匀,击穿电压也不再随厚度成线性增加。当介质的厚度增加到影响介质散热时,介质可能发生热击穿,此时继续靠增加电介质的厚度来提高击穿电压就没有意义了。

**3.温度**

如图 2.14 所示,温度较低时,固体电介质的击穿属于电击穿,电击穿的击穿电压较高,且与温度几乎无关；温度高到某一温度 $t_0$ 时，电击穿转为热击穿，温度越高热击穿电压越低。不同固体介质的耐热性能和耐热等级不同，它们由电击穿转为热击穿的临界温度一般也不同。

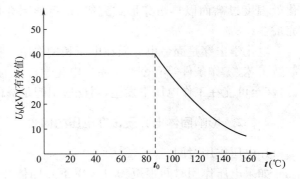

　　如果介质周围媒质的温度高并且散热条件不利，热击穿电压将会更低。因此，以固体绝缘作绝缘材料的电气设备，如果某处局部温度过高，在工作电压下就会有热击穿的危险。

图 2.14　工频电压下电瓷的击穿电压与温度的关系

　　4. 电压种类

　　相同条件下，固体电介质在直流、交流和冲击电压下击穿电压往往不同。在直流电压下，固体电介质的损耗（电导损耗）比工频交流电压下的损耗（电导损耗、极化损耗）小，介质发热少，因此直流击穿电压比工频击穿电压（幅值）高；在冲击电压下，由于电压作用时间极短，热的效应和电化学的影响来不及起作用，因此击穿电压比工频和直流下都高。所以，在工频交流电压下，介质的击穿电压最低，对介质耐电强度的考验最严格。

　　5. 受潮

　　固体电介质受潮后击穿电压的下降程度与材料的性质有关。不易吸潮的材料，如聚乙烯、聚四氟乙烯等中性介质受潮后，其击穿电压仅下降 1/2 左右；易吸潮的极性介质，如棉纱、纸等纤维材料受潮后，其击穿电压仅为干燥时的几百分之一，这是因为电导率和介质损耗大大增加的缘故。所以，高压绝缘结构在制造时应注意除去水分，在运行中应注意防潮，并定期检查受潮情况。

　　6. 累积效应

　　固体电介质在幅值不很高的过电压（特别是冲击电压）作用下，有时虽未形成贯穿性的击穿通道，但在介质内部已出现局部损伤，发生局部放电留下的碳化、烧焦或裂缝等痕迹是不可恢复的。在多次冲击或工频试验电压下，介质内部的局部损伤会逐步发展，最终导致击穿电压下降。这种现象称为固体电介质的累积效应。

　　以固体电介质作主要绝缘材料的电气设备，随着施加冲击或工频试验电压次数的增多，可能因雷击效应而使其击穿电压下降。因此，在确定这类电气设备耐压试验时加电压的次数和试验电压值时，应考虑这种累积效应，在设计固体绝缘结构时，应保证一定的绝缘裕度。

　　7. 机械负荷

　　固体电介质在使用时可能受到机械负荷的作用，使电介质发生裂缝，造成击穿电压的显著下降。

### 2.5.3　提高固体电介质击穿电压的措施

　　1. 改进制造工艺

　　应尽可能地清除固体电介质中残留的杂质、气泡、水分等，使介质尽可能均匀致密，这可以通过精选材料、改善工艺、真空干燥、浸绝缘油或漆等方法实现。

2.改进绝缘设计

变压器应采用合理的绝缘结构,使各部分的绝缘强度与其所承担的电场强度有适当的配合;改善电极形状及表面光洁度,尽可能使电场分布均匀;改善电极与电介质的接触状态,消除接触处的气隙或使该气隙不承受电位差。

3.改进绝缘的运行条件

在电气设备的运行中,应防止潮气侵入,防止尘污和各种有害气体的侵蚀,加强散热冷却,防止臭氧及有害气体与绝缘材料的接触。

## 2.6　组合绝缘的电气强度

高压电气设备的绝缘除应具有优异的电气性能外,还应同时具有良好的热性能、机械性能及其他的物理、化学特性。单一品种的电介质很难同时满足上述要求,所以实际的电气设备绝缘结构都不是采用单一的电介质,而是由多种电介质组合而成。例如变压器的外绝缘是由套管的瓷套和周围的空气组成的,而其内绝缘则是由纸、布袋、胶木筒、变压器油等多种固体和液体电介质组合而成;电机中的绝缘是由云母、胶粘剂、补强材料和浸渍剂等材料组合而成。

### 2.6.1　绝缘的组合原则

组合绝缘的电气强度不仅取决于所用各种电介质的绝缘强度,而且还与电介质之间的相互配合有关。其配合原则如下:

(1)组合绝缘的常见形式是由多种电介质构成的层叠绝缘。在层叠绝缘中,应尽可能使各层绝缘所承受的电场强度与其电气强度成正比,而各层绝缘所承受的电压又与绝缘材料的特性和作用电压的类型有关。例如,在直流电压作用下,各层绝缘分担的电压与其绝缘电阻成正比,即各层中的电场强度与其电导率成反比;在工频交流和冲击电压作用下,各层绝缘所分担的电压与各层的电容成反比,即各层中的电场强度与其介电常数成反比。因此,在直流电压下,应把电气强度高、电导率大的材料用在电场最强的地方;而在工频交流电压下,应把电气强度高、介电常数大的材料用在电场最强的地方。

(2)将多种电介质进行组合应用时,应注意使它们各自的优缺点进行互补,扬长避短、相辅相成,使总体的电气强度得到加强。

(3)在组合绝缘的结构设计中,各部分的温度可能存在较大的差异,应注意这种温度差异对各层介质的电气特性和电压分布的影响。

(4)应注意采取合理的工艺,处理好每层介质的接缝及介质与电极界面的过渡处理。层叠式组合绝缘很多是每层由绝缘纸带或胶带进行缠绕,要求每层缠绕时要有一定的搭接长度(一般为50%,即上层带的中间压在下层带的缝隙上),用以充分排除气隙,防止沿绝缘带的边缘发生局部放电。在介质与电极的交界面上,由于电极表面的凹凸不平导致局部强电场,为此常采用半导体屏蔽层作为过渡层以均匀电场,实现电场强度的平稳过渡,消除局部放电。

### 2.6.2　常见的组合绝缘形式

1.油—屏障式绝缘

在电力变压器、油断路器、充油套管等设备中广泛采用"油—屏障"式绝缘结构,这种组合绝缘是以油为主要电介质。"油—屏障"式绝缘是通过在油隙中放置若干屏障以改善电场分布和阻止杂质小桥的形成,达到提高电气强度的目的。通常,"油—屏障"式绝缘的电气强度比没有屏障时提高 30%～50%。在"油—屏障"式绝缘结构中,固体介质有三种不同的形式:覆盖层、绝缘层和屏障。

**2. 油纸绝缘**

油纸绝缘广泛用于电缆、电容器、电容式套管等电力设备中。绝缘纸或纸板含有大量的空隙,一般情况下电气强度并不高,但通过真空干燥和油浸后所形成的纸与油的组合绝缘却可以使这两种介质优势互补,大大提高其整体绝缘性能。通过绝缘纸和绝缘油的配合互补,油纸绝缘的短时击穿场强可高达 $500\sim600$ kV/cm,远超过了单一绝缘油(击穿场强约为200 kV/cm)和绝缘纸(击穿场强约为 $100\sim150$ kV/cm)的电气强度。与油—屏障式绝缘是不同的是,这种组合绝缘是以绝缘纸为主体,绝缘油只是用作填充空隙的浸渍剂。

油纸绝缘的较大缺点是易受污染、受潮,特别是在与大气相通的情况下,即便经过了细致的真空干燥和浸渍处理,它仍会逐渐吸潮劣化,且吸潮后击穿场强显著降低。

## 2.7　电介质的老化

电气设备的绝缘介质在长期运行过程中,由于电、热、化学、机械力、大气条件等各种因素的影响,不可避免地会产生各种物理变化和化学变化,如固体介质软化或熔解等形态变化、低分子化合物及增塑剂的挥发等物理变化;致使其机械强度逐渐降低,绝缘性能逐渐劣化,这种现象称为电介质的老化。氧化、电解、电离、生成新物质等化学变化。

促使绝缘老化的原因很多,主要有热、电和机械力的作用,此外还有水分(潮气)、氧化、各种射线、微生物等因素的作用。它们往往同时存在、彼此影响、相互加强,进而加速老化过程。

### 2.7.1　电 老 化

电老化是指在外加高电压或强电场作用下发生的老化。介质电老化的主要原因是介质内部的局部放电现象。

在高压电气设备的绝缘内部不可避免地存在有某些缺陷,如固体绝缘中的气隙或液体绝缘中的气泡,缺陷处的局部场强达到一定值时将发生局部放电现象。局部放电引起固体介质腐蚀、老化、损坏的原因:①放电过程中形成的氧化氮、臭氧等对绝缘将产生氧化和腐蚀作用;②游离产生的带电质点对绝缘介质的撞击会对绝缘结构产生破坏作用;③局部放电产生时的介质局部温升,会使得介质加速氧化、局部电导和介质损耗增加,严重时甚至出现局部烧焦现象。

### 2.7.2　热 老 化

在高温的作用下,电介质在短时间内就会发生明显的劣化,即使温度不太高,但在长期受热情况下,电介质的绝缘性能也会发生不可逆的劣化,这一现象称为热老化。

液体电介质的热老化主要是氧化过程所致,氧化使得酸价升高、颜色加深、黏度增大,出现沉淀物,绝缘性能下降。固体电介质的热老化则是介质在受热情况下发生了热裂解、氧化裂解及低分子挥发物逸出等所致,使得固体介质变硬、变脆、失去弹性,机械强度降低;

或变软、发黏、变形,失去机械强度,同时介质电导和介质损耗增大,击穿电压降低,绝缘性能下降。

热老化的进程与电介质的工作温度密切相关。温度越高,热老化过程越快。各种电介质都有一定的耐热性能,电介质的最高允许温度是由其耐热性能决定的。为了保证绝缘具有一定经济合理的工作寿命,在运行中电介质的温度一般不允许超过其规定最高允许温度。国际电工委员会将各种电工绝缘材料按其耐热程度划分为 7 个耐热等级,并确定了各级绝缘材料的最高持续工作温度(表 2.5)。

表 2.5　绝缘材料耐热等级

| 耐热等级 | 极限温度(℃) | 绝缘材料 |
|---|---|---|
| O | 90 | 木材、纸、纸板、棉纤维、天然丝;聚乙烯、聚氯乙烯;天然橡胶 |
| A | 105 | 油性树脂漆及其漆包线;矿物油和进入其中或经其浸渍的纤维材料 |
| E | 120 | 酚醛树脂塑料;胶纸板、胶布板;聚酯薄膜;聚乙烯醇缩甲醛漆 |
| B | 130 | 沥青油漆制成的云母带、玻璃漆布、玻璃胶布板;聚酯漆;环氧树脂 |
| F | 155 | 聚酯亚胺漆及其漆包线;改性硅有机漆及其云母制品及玻璃漆布 |
| H | 180 | 聚酰亚胺漆及其漆包线;硅有机漆及其制品;硅橡胶及其玻璃布 |
| C | >180 | 聚酰亚胺漆及薄膜;云母;陶瓷、玻璃及其纤维;聚四氟乙烯 |

如果实际工作温度超过表中的规定值,介质将迅速老化、寿命缩短。使用温度越高,寿命越短。实验表明,A 级绝缘材料的工作温度超过规定值 8 ℃时,寿命约缩短一半,通常称为热老化的 8 ℃规则;B 级绝缘和 H 级绝缘则分别适用 10 ℃规则和 12 ℃规则。

电气设备绝缘的寿命取决于材料的老化,并且与负荷情况密切相关。对同一设备,如果允许负荷大,则投资效益高,但设备温升较高,绝缘老化快,寿命短;反之,欲使设备寿命长,应将使用温度规定较低,允许负荷较小,但投资效益下降。综合考虑,为获得最佳经济效益,应规定电气设备经济合理的正常使用期限,对大多数电力设备(发电机、变压器、电动机等),认为使用期限定为 20～25 年较合适。根据这个预期寿命,就可以定出该设备的标准使用温度。在此温度下,该设备的绝缘性能保证在上述正常使用期限内安全工作。

### 2.7.3　其他影响因素

机械应力对绝缘老化的速度有很大的影响。例如,电机绝缘在制造过程中可能多次受到机械力的作用,在运行过程中又长期受到电动力和机械振动的作用,它们会加速绝缘的老化,缩短电机的寿命。

机械应力过大还可能使固体介质内部产生裂缝或气隙而导致局部放电。例如瓷绝缘子的老化往往与机械应力有明显的关系,通常悬式绝缘子串中最易损坏的元件是靠近横担的那一片,而该片绝缘子在串中分到的电压并不高,不过受到的机械负荷却是最大的。

环境条件对绝缘的老化也有明显的影响,例如紫外线的照射会使包括变压器油在内的一些绝缘材料加速老化,有些绝缘材料不宜用于日照雨淋的户外条件。对在湿热地区应用的绝缘材料还应注意其抗生物(霉菌、昆虫等)作用的性能。

## 复习思考题

1. 试比较电介质中各种极化的性质和特点。
2. 说明绝缘电阻、泄漏电流、表面泄漏的含义。
3. 电介质导电与金属导电的本质区别是什么?
4. 什么是绝缘的吸收现象? 它有什么实际意义? 如何根据吸收现象判断绝缘的状况?
5. 说明介质损耗角正切 $\tan\delta$ 的物理意义,其与电源频率、温度和电压的关系。
6. 说明变压器油的击穿过程以及影响其击穿电压的因素。
7. 影响液体电介质击穿电压的主要因素有哪些?
8. 提高液体电介质击穿电压的措施有哪些?
9. 纯净液体介质的电击穿理论和气泡击穿理论的本质区别是什么?
10. 说明固体电介质的击穿形式和特点。
11. 固体电介质的电击穿和热击穿有什么区别?
12. 提高固体电介质击穿电压的措施有哪些?
13. 在电容器中,为什么要选择介电常数较高的材料作为绝缘介质?
14. 说明造成固体电介质老化的原因和固体绝缘材料耐热等级的划分。

# 第2篇 电气设备绝缘试验

电力系统中使用的变压器、互感器、断路器、隔离开关等各种电气设备的导电部分要用气体、液体、固体绝缘材料或它们的组合形式与接地的外壳或支架隔离开,以保持设备的正常运行。这些绝缘材料在电场的作用下,会发生各种物理现象,如极化、损耗、电离、击穿放电等。为了检验电气设备绝缘的耐电强度,了解绝缘缺陷的性质和发展程度,需要在各个环节对电气设备的绝缘进行试验。

绝缘的缺陷一般可分为两类:一类是集中性的缺陷,或称为局部性缺陷,如悬式绝缘子的开裂;发电机绝缘局部磨损、挤压破裂等;另一类是分布性的缺陷,或称为整体性缺陷,如电机、变压器、套管等绝缘中的有机材料的受潮、老化、变质等。无论存在哪类缺陷,绝缘的某些特性都会发生一定的变化,通过测定绝缘的某些特性参数就可以把绝缘中隐藏的缺陷检查出来。

绝缘试验按照其对被试绝缘的危险性可分为两类:非破坏性试验与破坏性试验。

(1)非破坏性试验(绝缘特性试验)

非破坏性试验是指在绝缘上施加较低的电压或用其他不会损伤绝缘的方法来测量绝缘的各种特性(如介质损耗试验、局部放电测试试验等),进而判断绝缘内部的缺陷情况。绝缘缺陷的性质不同其各种特性的变化程度也不同的,所以需要测定绝缘的多种特性并进行综合分析比较后,才能对缺陷的性质和发展程度作出正确的判断,所以非破坏性试验又称为绝缘特性试验。这类试验主要包括绝缘电阻测量、直流泄漏电流测量和介质损失角正切值测量及局部放电测量等。

(2)破坏性试验(耐压试验)

破坏性试验是在绝缘上施加规定的比工作电压高得多的试验电压,直接检验绝缘的电气强度,试验中有可能给绝缘造成一定的损伤。这类试验可以检查出危险性较大的集中性缺陷,当设备绝缘存在严重缺陷时,在试验过程中可能发生击穿。由于试验能直接反映绝缘的耐压水平,又称为耐压试验。破坏性试验主要包括交流耐压试验、直流耐压试验、雷电冲击耐压试验及操作冲击耐压试验。

绝缘特性试验和耐压试验各有优缺点。绝缘特性试验能检查出缺陷的性质和发展程度,但不能推断出绝缘的耐压水平。耐压试验能直接反映绝缘的耐压水平,但不能揭示绝缘内部缺陷的性质,两类试验相辅相成、缺一不可。通常为避免给绝缘造成不必要的损伤,应先做绝缘特性试验,发现问题并加以消除后再做耐压试验。

# 3 绝缘试验的基本原理

绝缘试验按电气设备停电与否分为停电试验和在线监测。停电试验是在电气设备停电、退出运行的情况下进行的上述绝缘特性试验和耐压试验。停电试验是常规的、传统的绝缘预防性试验方法。在线监测是在电气设备不停电的正常运行情况下,对设备的绝缘状况进行连续、实时的监测。在线监测是自动进行的,是基于计算机网络、先进的传感器技术和专家诊断系统之上的综合体系。

# 3.1 绝缘电阻和吸收比的测量

绝缘电阻是一切电介质的绝缘结构和绝缘状态最基本的综合性特性参数。在一定的直流电压 $U$ 的作用下,绝缘中的泄漏电流 $I$ 与绝缘电阻 $R_\infty$ 成反比关系,即 $R_\infty = \dfrac{U}{I}$。绝缘电阻越大,泄漏电流越小;反之,绝缘电阻越小,泄漏电流越大。泄漏电流的大小决定于绝缘的状况:对于良好洁净的绝缘,其带电质点数量很少,泄漏电流很小,绝缘电阻很大;对于存在受潮、贯通性的集中性缺陷、脏污等状况不良的绝缘,其带电质点数量急剧增多,泄漏电流明显增大,绝缘电阻明显减小。所以,通过测量绝缘电阻的大小反映绝缘泄漏电流的情况,可以了解绝缘的状况。测量绝缘电阻对于发现电气设备绝缘是否存在整体受潮、整体劣化和贯通性缺陷较为有效。

许多电气设备的绝缘大多是组合绝缘或层式结构,例如电机绝缘中用的云母带是用胶把纸或绸布和云母片黏合而制成;变压器绝缘中用的油和纸等。这些绝缘结构在直流电压下均有明显的吸收现象,使外电路中有一个随时间而衰减的吸收电流。如果在电流衰减过程中的两个瞬间测得两个电流值或两个相应的绝缘电阻值,则利用其比值(吸收比)可以检测绝缘是否严重受潮或存在局部缺陷。

## 3.1.1 吸收现象和吸收比

在一定的外加直流电压 $U$ 的作用下,绝缘中的电流存在随时间的延长而逐渐减小并趋于稳定值(泄漏电流 $I$)的现象。当试品容量较大时,这种电流逐渐减小的过程会变得非常缓慢,可达数分钟甚至更长。这是由于绝缘在充电过程中逐渐"吸收"电荷,称为吸收现象;对应的电流称为吸收电流。

如图 3.1 所示,对于状况良好的绝缘,由于其泄漏电流 $I_1$ 较小,在电压作用下电流趋于稳定值的吸收过程较长,吸收现象明显;而对于状况不良的绝缘,由于其泄漏电流 $I_2$ 较大,在电压作用下电流趋于稳定值的吸收过程较短,吸收现象不明显,如图 3.1(a)所示。由于绝缘的电阻与电流成反比,因此绝缘的电阻也存在类似的吸收现象。不同的是,绝缘电阻 $R_\infty$ 是随时间的延长而逐渐增大并趋于稳定值,如图 3.1(b)所示。

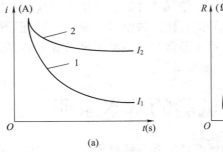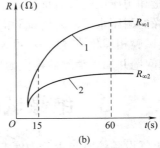

图 3.1　绝缘在直流电压作用下的吸收现象
1—状况良好的绝缘;2—状况不良的绝缘

可以利用吸收现象来判断绝缘的状况。图 3.1(b)中,状况良好的绝缘,由于吸收现象明显,加压 15 s 时的电阻值与加压 60 s 时的电阻值相差较大;而状况不良的绝缘,由于吸收现象不明显,加压 15 s 时的电阻值与加压 60 s 时的电阻值相差不大。通常采用吸收比来反映绝缘的吸收现象。吸收比 $K$ 是指加压 60 s 时绝缘的电阻值 $R_{60}$ 与加压 15 s 时绝缘的电阻 $R_{15}$ 之比,即

$$K=\frac{R_{60}}{R_{15}} \tag{3.1}$$

由式(3.1)可知,$K$ 值越大,吸收现象越明显,绝缘状况越好。《电力设备预防性试验规程》中规定:$K \geqslant 1.3$ 为绝缘干燥;$K < 1.3$ 为绝缘受潮。一般,$K$ 值接近于 1 时认为绝缘严重受潮或有其他缺陷。

吸收比是同一被试品的两个绝缘电阻之比,它与被试品绝缘的尺寸无关,同类设备的吸收比可使用同样的判断标准;而绝缘电阻与被试品绝缘的尺寸有关,即便是同类设备,其他条件都相同但型号不同时,绝缘电阻值也不相同,所以只有同型号设备间的绝缘电阻对较才有意义。

利用吸收比来判断电机、变压器、电容器等电容量较大的电气设备的绝缘受潮情况很有效。需要指出的是,有时绝缘的一些集中性缺陷已经很严重,以至于在耐压试验时被击穿,但在耐压试验之前测出的绝缘电阻值和吸收比却很高。这是因为这些缺陷虽然严重,但还没有贯穿的缘故。因此,单凭绝缘电阻和吸收比来判断绝缘状况是不可靠的。

### 3.1.2　兆欧表的工作原理与使用

绝缘电阻和吸收比的测量通常采用兆欧表(又称摇表),兆欧表的原理接线如图 3.2 所示。手摇直流发电机(常用交流电机通过半导体整流代替)为电源,额定电压一般有 500 V、1 000 V、2 500 V 和 5 000 V 等。测量机构由两个互相垂直、绕向相反的线圈和指针组成。电压线圈 LV、电流线圈 LA 和指针均固定在同一轴上,并处于同一永久磁场中。由于没有弹簧和游丝的反作用力矩,当线圈中没有电流通过时,指针可指任意位置。兆欧表有 3 个出线端,即线路端 L、接地端 E、屏蔽端 G,被测绝缘接在 L 和 E 之间。

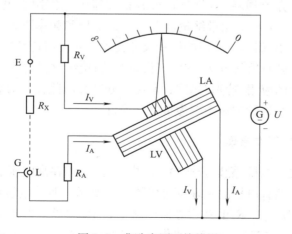

图 3.2　兆欧表原理接线图

测量套管绝缘电阻的接线图如图 3.3 所示。试验时将 E 端接于套管的法兰,将 L 端接于导电芯柱。为了保证测量的精确,避免由于套管表面受潮等引起的测量误差,可在导电芯柱附近的套管表面缠上几匝裸铜丝(或加一金属屏蔽环),并将它接到兆欧表屏蔽端 G。

测量绝缘电阻时规定以加电压 60 s 时测得的数值为该被试品的绝缘电阻值。当被试品中存在贯穿的集中性缺陷时,反映泄漏电流的绝缘电阻值将明显下降,在用兆欧表测量时便很容易发现。

### 3.1.3　测量结果分析

测量绝缘电阻和吸收比能发现绝缘中的贯穿性导电通道、受潮、表面脏污等缺陷,因为存在此类缺陷时绝缘电阻会显著降低;但不能发现绝缘中的局部损伤、裂缝、分层脱开、内部含有气隙等局部缺陷,这是因为兆欧表的电压较低,在低电压下这类缺陷对测量结果实际上影响很小。

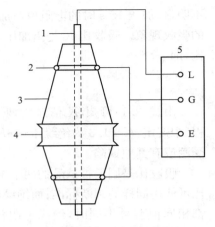

图 3.3　测量套管绝缘电阻的接线图
1—芯柱;2—屏蔽环;3—瓷体;
4—法兰;5—绝缘电子表

在绝缘预防性试验中所测得的被试品的绝缘电阻值应等于或大于一般规程所允许的数值。但对于许多电气设备,反映泄漏电流的绝缘电阻值往往变动很大,它与被试品的体积、尺寸、空气状况等有关,往往难以给出一定的判断绝缘电阻的标准。通常把处于同一运行条件下,不同相的绝缘电阻值进行比较,或者把本次测得的数据与同一温度下出厂或交接时的数值及历年的测量记录相比较,与大修前后和高电压试验前后的数据相比较,与同类型的设备相比较,同时还应注意环境的可比条件。比较结果不应有明显的降低或有较大的差异,否则应引起注意,对重要的设备必须查明原因。

## 3.2　介质损耗因数的测量

介质损耗因数又称介质损耗角正切值 $\tan\delta$,指交流电压作用下电介质中电流的有功分量与无功分量的比值,它是一个无量纲量。在一定的电压和频率下,$\tan\delta$ 能反映电介质内单位体积中能量损耗的大小,而与电介质的体积尺寸无关。介质损耗角正切 $\tan\delta$ 的测量是判断绝缘状况的一种比较灵敏有效的方法,在电气设备制造、绝缘材料的鉴定以及电气设备的绝缘试验等方面得到了广泛的应用,特别对受潮、老化等分布性缺陷比较有效,对小体积设备比较灵敏。$\tan\delta$ 的测量是绝缘试验中一个较为重要的项目。

### 3.2.1　西林电桥的基本原理

西林电桥是一种交流电桥,配以合适的标准电容器,可以在高电压下测量电气设备绝缘的 $\tan\delta$ 和电容值。$QS_1$ 型西林电桥的原理接线如图 3.4 所示。西林电桥由 4 个桥臂组成:桥臂 1 为被试品,图 3.4 中用 $C_x$ 及 $R_x$ 的并联等值电路来表示;桥臂 2 为高压标准无损电容器 $C_N$,一般为 50 pF,它是用空气或其他压缩气体作为介质(常用氮气),其 $\tan\delta$ 值很小,可计为零;桥臂 3、桥臂 4 为装在电桥本体内的操作调节部分,包括可调电阻 $R_3$、可调电容 $C_4$ 及与其并联的固定电阻 $R_4$。外加交流高压电源的电压一般为 10 kV,接到电桥的对角线 $CD$ 上,在另一对角线 $AB$ 上则接上平衡指示仪表 P,P 一般为振动式检流计。

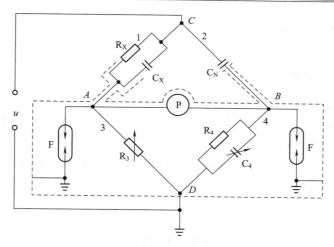

图 3.4　西林电桥原理接线

当调节电桥平衡时,在电桥面板上 $C_4$ 的数值就直接以 $\tan\delta(\%)$ 来表示,读取数值极为方便。

为了避免外界电场与电桥各部分之间的杂散电容对电桥产生干扰,电桥本体必须加以屏蔽(如图 3.4 中的虚线所示),由被试品和标准无损电容器连到电桥本体的引线也要使用屏蔽导线。在没有屏蔽时,由高压引线到 $A$、$B$ 两点间的杂散电容分别与 $C_X$ 与 $C_N$ 并联,将会影响电桥的平衡。加上屏蔽后,上述杂散电容变为高压对地的电容,与整个电桥并联,并不影响电桥的平衡,但加上屏蔽后,屏蔽与低压臂 3、4 间也有杂散电容存在,如果要进一步提高测量的标准度,必须消除它们的影响。在一般情况下,由于低压臂的阻抗及电压降都很小,这些杂散电容的影响可以忽略不计。用西林电桥测量 $\tan\delta$ 时,常有以下两种接线方式。

1. 正接线

如图 3.4 所示,电桥的 $C$ 点接到电源的高压端,$D$ 点接地,这种接线方式称为正接线。正接线由于桥臂 1 与桥臂 2 的阻抗 $Z_X$ 和 $Z_N$ 的数值比 $Z_3$ 和 $Z_4$ 大得多,外加高电压大部分降落在桥臂 1 及桥臂 2 上,在调节部分 $R_3$ 及 $C_4$ 上的电压降通常只有几伏,对操作人员没有危险。为了防止被试品或标准电容器发生击穿时在低压臂上出现的高电压,在电桥的 $A$、$B$ 点和接地的屏蔽间接有放电管 F,以保证人身和设备的安全,F 的放电电压约为 $100\sim200$ V。

正接线测量的准确度较高,试验时较安全,对操作人员无危险,但这种接线方式要求被试品两端对地绝缘,故此种接线适用于试验室中,不适用于现场实验。

2. 反接线

现场电气设备的外壳大都是接地的,当测量一极接地被试品的 $\tan\delta$ 时,可采用如图 3.5 所示的反接线方式,即把电桥的 $D$ 点接到电源的高压端,而将 $C$ 点接地。

在反接线中,被试品处于接地端,调节元件 $R_3$、

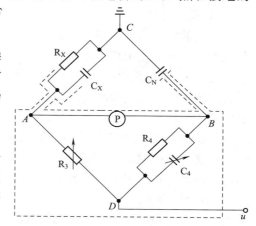

图 3.5　西林电桥反接线原理图

$C_4$处于高压端,因此电桥本体(图 3.4 虚线框内)的全部元件对机壳必须具有高绝缘强度,调节手柄的绝缘强度更应能保证人身安全,国产便携式西林电桥的接线就属于这种方式。

### 3.2.2　测量结果分析

测量 $\tan\delta$ 能发现绝缘中存在的大面积分布性缺陷,如绝缘普遍受潮、绝缘油或固体有机绝缘材料老化、穿透性导电通道、绝缘分层等,但对绝缘中的个别局部的非惯性缺陷不易发现。

根据 $\tan\delta$ 测量结果对绝缘状况进行分析判断时,除与试验规程规定值比较外,还应与以往的测试结果及处于同样运行条件下的同类设备相比较,观察其发展趋势。即使 $\tan\delta$ 未超过标准,但与过去或同类型其他设备相比,$\tan\delta$ 有明显增大,都必须进行处理,以免在运行中发生绝缘事故。

# 3.3　局部放电的测量

局部放电是指电气设备绝缘系统中有部分绝缘被击穿的电气放电现象,是由绝缘局部区域内的弱点所造成的。常用的固体绝缘不可能做得十分纯净致密,总会不同程度地包含一些分散性的异物,如各种杂质、水分、小气泡等。在外加电压作用下,这些异物附近将出现比周围更高的电场强度。当外加电压高到一定程度时,这些部位的电场强度超过了该处杂质的电离场强,使之产生电离,即发生局部放电。

局部放电的存在虽然不会使电气设备的绝缘立即发生贯穿性击穿,但它所产生的物理和化学效应却会引起绝缘缺陷进一步扩大,导致绝缘的长期耐电强度降低,到达一定程度后甚至导致绝缘的击穿和损坏。因此,根据绝缘在不同电压下的局部放电强度和变化趋势,就能判断绝缘内部是否存在局部缺陷,预示绝缘的状况,估计绝缘电老化的速度。局部放电的测量是绝缘试验的一项重要内容。按《电力设备预防性试验规程》规定,对于变压器、互感器、套管、电容器等电气设备的绝缘预防性试验,都要进行局部放电的测量。

### 3.3.1　局部放电的检测方法

1. 非电检测法

(1)噪声检测法

用人的听觉检测局部放电是最原始的方法之一,显然这种方法灵敏度很低,且带有试验人员的主观因素。改用超声波探测仪等作非主观性的声波和超声波检测,常被用作放电定位。

近年来,采用超声波探测仪的情况越来越多,其特点是抗干扰能力相对较强、使用方便,可以在运行中或耐压试验时检测局部放电,适合预防性试验的要求。超声波探测仪进行局部放电的工作原理是:当绝缘介质内部发生局部放电时,在放电处产生的超声波向四周传播,直达电气设备外壳的表面,在设备外壁贴装压电元件,在超声波的作用下,压电元件的两个端面上会出现交变的束缚电荷,引起端部金属电极上电荷的变化或在外电路中引起交变电流,由此指示设备内部是否发生了局部放电。

(2)光检测法

沿面放电和电晕放电常用光检测法进行测量,且效果很好。绝缘介质内部发生局部放电时会释放光子而产生光辐射。不过,测量局部放电所发出的光量只有在透明介质的情况下才能实现,有时可用光电倍增器或影像亮化器等辅助仪器来增加检测灵敏度。

（3）化学分析法

用气相色谱仪对绝缘油中溶解的气体进行气相色谱分析，是 20 世纪 70 年代发展起来的试验方法。通过分析绝缘油中溶解的气体成分和含量，能够判断设备内部隐藏的缺陷类型。其优点是能够发现充油电气设备中一些用其他试验方法不易发现的局部性缺陷（包括局部放电）。例如，当设备内部有局部过热或局部放电等缺陷时，其附近的油就会分解而产生烃类气体及 $H_2$、$CO$、$CO_2$ 等，它们不断溶解到油中。局部放电所引起的气相色谱特征是 $C_2H_2$ 和 $H_2$ 的含水量较大。这种方法灵敏度高，操作简便，且设备不需停电，适合绝缘在线诊断，获得了广泛应用。

2. 电气检测法

（1）脉冲电流法

设在固体或液体绝缘内部存在一个气隙或气泡，如图 3.6（a）所示。气体的介电系数小，则其中的电场强度大，而气体的耐电强度又较低，因此当外加电压达一定值时，气泡中将产生局部放电。图 3.6（b）为局部放电的等值电路，$C_0$ 为气泡的电容，$C_1$ 为绝缘与气泡串联部分的电容，$C_2$ 为绝缘完好部分的电容，K 为想象的开关，气泡放电相当于开关闭合，R 为放电通道的电阻。

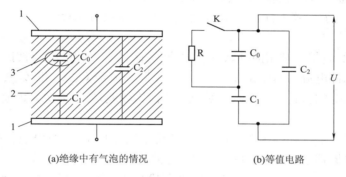

(a)绝缘中有气泡的情况　　　　　　　(b)等值电路

图 3.6　绝缘中的局部放电示意图

1—电极；2—绝缘；3—气泡

假设当电源电压 $u$ 上升到某一数值 $U$ 时，刚好使气泡产生局部放电，则气泡上的电压为 $U_0 = \dfrac{C_1 U}{C_0 + C_1}$。放电时相当于 K 闭合，$C_0$ 通过电阻 R 放电，使 $U_0$ 迅速下降；同时 $C_2$ 通过 R 对 $C_1$ 充电，致使电极间（即 $C_2$ 上）的电压也快速下降，并发生电荷的转移。当 $U_0$ 下降到很小时，气泡中的放电电流降为零，局部放电停止，相当于开关 K 打开。然后，外加电压又对电容 $C_0$ 重新充电，当气泡上的电压充至 $U_0$ 时，便又产生局部放电。如此循环下去，就形成脉冲状的放电电流，两极间的电压也产生脉冲状的变化。

据此，在被试品上加以交流电压，并在电路中接入相应的指示仪表，就可以测量被试品发生局部放电的放电脉冲峰值、放电次数、平均放电电流值和波形等，以判断绝缘中的缺陷情况。

脉冲电流法是基于局部放电具有脉冲特征来实现的。当发生局部放电时，试品两端会出现一个瞬时的电压脉动，并在检测回路中引起高频脉冲电流，因此在回路中的检测阻抗上就可以取得代表局部放电的脉冲信号，从而进行测量。这种方法测量的是脉冲的视在放电量，灵敏度高，是目前电工委员会推荐的局部放电测试的通用方法之一。

①直接法

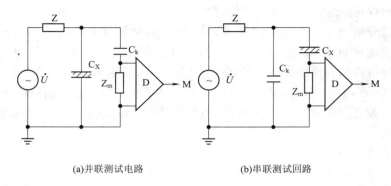

(a)并联测试电路　　　　　　　　(b)串联测试回路

图 3.7　直接法测量局部放电的基本回路

　　图 3.7 中表示直接法的两种基本电路。图中，$C_X$ 为被试品；$C_k$ 为无局部放电的并联耦合电容，给高频脉冲电流提供低阻抗的通路；在电源回路中串入低通滤波器 Z，它允许工频电流流通而将高频电流阻断，使工频回路和高频回路完全隔开。这样，高频脉冲电流就在 $C_X$、$C_k$ 和检测阻抗 $Z_m$ 中流通。当被试品 $C_X$ 中因局部放电而产生脉冲电流时，脉冲电流流经检测阻抗 $Z_m$，$Z_m$ 上的电压送至放大器 D，放大后的信号再送到测量仪器 M(示波器、脉冲电压表、脉冲计数器)中进行测量。

　　图 3.7(a)中 $Z_m$ 直接与被试品并联，称为并联法；图 3.7(b)中 $Z_m$ 与被试品串联，称为串联法。二者对高频脉冲电流的回路是相同的，都是串联地流经 $C_X$、$C_k$ 和 $Z_m$ 三个元件，在理论上二者的灵敏度是相等的。直接法的缺点是抗干扰能力较差，要求电源为无放电电源。

②平衡法

　　为了提高对外界干扰的抑制能力，可利用电桥平衡原理采用西林电桥测量局部放电。平衡法测量局部放电原理电路如图 3.8 所示，$C_X$ 为被试品，电桥调谐在 50 Hz，以使电桥在电源频率下平衡。当 $C_X$ 产生局部放电时，电桥的平衡状态被破坏。局部放电所形成的脉冲电流将使 $A$、$B$ 点间的电压也产生脉冲变化，该脉冲经放大器 D 后送入示波器。用示波器可以显示放电波形，也可以观测放电幅值。外界的干扰会在桥式电路的两臂上都产生干扰脉冲，而在示波器所测得的却是两臂上脉冲的差值，因此这种方法可以明显降低外界干扰的影响，一般可将原干扰的影响降低至 1/30。

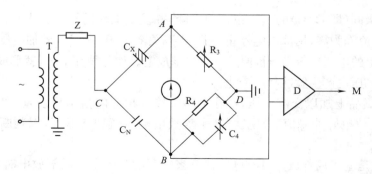

图 3.8　平衡法测量局部放电原理电路

　　但是当电源频率发生变化时，在被试品的介质损耗与标准电容器的介质损耗不相等的情况下,平衡法并不能理想地消除外界干扰影响。为了克服这一缺点,可以采用改进的平衡电桥,它用一个与被试品有相同介质损耗角正切值的电容器(辅助试品)代替西林电桥的标准电容器。由于被试品与辅助试品的 tanδ 相等(两者的电容量不必相等),则在所有电源频率下电桥都能平衡。如果被试品或辅助试品发生放电,电桥的 A、B 点间就产生电压脉冲送至检测回路,因而两者都可以充任被试品。如果两者同时发生放电,则 A、B 点间检测到的电压脉冲有可能抵消,但是两者同时发生局部放电的概率是非常小的。为了确保被检测出的脉冲信号是被试品的而非辅助试品的,就应选择没有局部放电的辅助试品。

(2)无线电干扰测量法

由于局部放电会产生频谱很宽的脉冲信号(从几千赫到几十兆赫),所以可以利用无线电干扰仪测量局部放电的脉冲信号。

(3)介质损耗法

由于局部放电伴随着能量损耗,所以可以利用电桥来测量被试品的 tanδ 随外加电压的变化,由局部放电损耗变化来分析被试品的状况。

### 3.3.2　测量结果的分析判断

局部放电试验与其他绝缘试验的主要区别在于它能检测出绝缘中存在的局部缺陷。局部放电的强度比较小时,说明绝缘中的缺陷不太严重;局部放电的强度比较大时,则说明缺陷已扩大到一定程度,而且局部放电对绝缘的破坏作用加剧。试验规程规定了某些设备在规定电压下的允许视在放电电荷量,可将测量结果与规定值进行比较。如果规程中没有给出规定值,则应在实践中积累数据,以获取判断标准。例如《电力设备预防性试验规程》中对互感器和套管进行局部放电试验的规定如下:

(1)固体绝缘互感器:电压为 $1.1U_m/\sqrt{3}$ 时,放电量不大于 100 pC。$U_m$ 为设备的最高运行电压。

(2)充油互感器:电压为 $1.1U_m/\sqrt{3}$ 时,放电量不大于 20 pC。

(3)110 kV 及以上新套管的放电量:油纸电容式套管放电量不大于 20 pC;胶纸电容式套管放电量不大于 400 pC。

## 3.4　工频交流耐压试验

工频交流耐压试验是检验电气设备绝缘强度的最有效和最直接的方法。它可以用来确定电气设备绝缘的耐受水平,判断电气设备能否继续运行,是避免在运行中发生绝缘事故的重要手段。

工频交流耐压试验时,对电气设备绝缘施加比工作电压高得多的试验电压,这些试验电压反映了电气设备的绝缘水平。耐压试验能够有效地发现导致绝缘耐电强度降低的各种缺陷。为避免试验时损坏设备,试验必须在一系列非破坏性试验之后再进行,只有经过非破坏性试验并合格后,才允许进行工频交流耐压试验。

工频交流耐压试验作为基本试验,如何选择恰当的试验电压值是一个重要的问题。如果试验电压过低,则设备绝缘在运行中的可靠性也降低,在过电压作用下发生击穿的可能性增加;如果试验电压选择过高,则在试验时发生击穿的可能性以及产生的累积效应都将增加,从而增加检修的工作量和检修费用。一般考虑到运行中绝缘的老化及累积效应、过电压的大小等,对不同设备需加以区别对待,这主要由运行经验来决定。我国有关国家标准以及部颁《电力设备预防性试验规程》中,对各类电气设备的试验电压都有具体的规定。

按国家标准规定,在进行工频交流耐压试验时,在绝缘上施加的工频试验电压要持续 1 min,这个时间的长短既保证了全面观察被试品的情况,又能使设备隐藏的绝缘缺陷来得及暴露出来。试验的加压时间不宜太长,以免引起不应有的绝缘损伤,使本来合格的绝缘发生热击穿。运行经验表明,凡经受得住 1 min 工频交流耐压试验的电气设备,一般都能保证安全运行。

### 3.4.1 工频交流耐压试验的设备及接线

工频交流耐压试验所需的试验电压可由两种方法产生:一是用高压试验变压器直接产生工频高电压;二是利用串联谐振产生工频高电压。

1. 用高压试验变压器直接进行高电压试验

工频耐压试验的原理电路如图 3.9 所示,T 为试验变压器,用来升高电压;TA 为调压器,用来调节试验变压器的输入电压;F 为保护球隙,用来限制试验时可能产生的过电压,以保护被试品,其放电电压调整为试验电压的 1.1 倍;$R_1$ 为保护电阻,用来限制被试品突然击穿时在试验变压器上产生的过电压及限制流过试验变压器的短路电流,$R_1$ 的值一般取 0.1~1 Ω;$R_2$ 为球隙保护电阻,用来限制球隙击穿时流过球隙的短路电流,以保护球隙不被灼伤,它可以防止由于球隙击穿而产生的截波电压和瞬时振荡电压加在试品上,还可以防止球隙高压侧的某些部分发生局部放电时在球隙上造成振荡电压而使球隙误动作,$R_2$ 的值一般取 0.1~5 Ω;$C_X$ 为被试品。此外,为保护试验设备,试验变压器低压回路还应有过电流保护及监视电压、电流的电压表和电流表,它们一般装在一个控制台内。

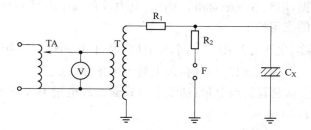

图 3.9 工频耐压试验的原理电路图

进行工频交流耐压试验时,试验变压器或其串接装置的输出电压必须能从零到额定值间连续可调,为此应在其与电源间接入调压设备。常用的调压设备主要有以下几种:

(1)自耦调压器

自耦调压器具有调压范围广、漏抗小、对波形的畸变小、体积小、质量轻、价格低等优点,在试验变压器容量不大时(单相不超过 10 kV·A)普遍采用。由于它是利用移动碳刷接触调压,调压时容易发热,所以容量不能做得太大,一般用于 10 kV 以下试验变压器调压。

(2)移圈式调压器

移圈式调压器一般有三个绕组套在闭合 E 字形铁芯上,其中两个为匝数相等、绕向相反互相串联地固定绕组,另一个为套在这两绕组之外的短路绕组,通过移动短路绕组的位置而改变铁芯中的磁通分布,从而实现输出电压的调整。移圈式调压器最大的特点是由于不存在滑动触头,容量可以做得很大(国内生产的容量可达 2 250 kV·A),但由于两固定绕组各自形成的主磁通不能完全通过铁芯形成闭磁路,所以它的漏抗较大,且随短路绕组的位置而异,从而使输出波形产生不同程度的畸变。这种调压方式广泛用于对容量要求较大、对波形要求不十分严格的场合。

移圈式调压器的原理接线和结构如图 3.10 所示。辅助绕组 1 和主绕组 2 分别安放于中间铁芯柱的上、下两个部分。这两个绕组的匝数相等但绕向相反,串联起来构成一次绕组。主绕组 2 的外面是补偿绕组 3,它与主绕组 2 异名端相连,其作用是补偿调压器内部的电压降,保证调压器的输出电压达到要求值。最外面是可以上下移动的短路线圈 4。

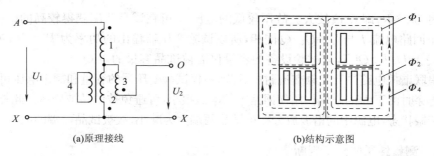

图 3.10　移圈式调压器的原理接线及结构示意图

1—辅助绕组;2—主绕组;3—补偿绕组;4—短路线圈

当调压器空载时,给其输入端加上电源电压 $U_1$ 后,若短路绕组 4 不存在,则辅助绕组 1 和主绕组 2 上的电压各为 $U_1/2$。由于这两个绕组的绕向相反,它们产生的主磁通 $\Phi_1$ 和 $\Phi_2$ 不能沿铁芯闭合,只能通过非导磁材料自成闭合回路。实际上由于短路绕组的存在,铁芯中的磁通分布将随短路线圈位置的不同而发生变化。当短路线圈处于最下端时,主绕组 2 产生的磁通 $\Phi_2$ 几乎完全被短路线圈产生的反磁通 $\Phi_4$(沿铁芯闭合)所抵消,主绕组 2 上及补偿绕组 3 上的电压接近于零,输出电压 $U_2 \approx 0$;当短路线圈处于最上端时,情况正好相反,辅助绕组 1 上的电压降为零,电源电压 $U_1$ 降落在主绕组上,输出电压 $U_2$ 约等于 $U_1$ 与补偿绕组上电压之和。当短路线圈由最下端连续而平稳地向上移动时,输出电压即由零逐渐均匀地升高,这样就实现了调压。

(3)感应调压器

感应调压器的结构与绕线式异步电动机相似,但其转子处于制动状态,作用原理又与变压器相似。它是通过改变转子与定子的相对位置实现调压。这种调压器容量可以做得很大,但漏抗较大,且价格较贵,一般很少采用。

2.利用串联谐振进行高电压试验

在现场交流耐压试验中,当被试品的试验电压较高或电容值较大,试验变压器的额定电压或容量不能满足要求时,可采用串联谐振进行高电压试验。试验的原理接线图和等值电路如图 3.11 所示。等值电路中 R 为代表整个试验回路损耗的等值电阻,L 为可调电感和电源设备漏感之和,C 为被试品电容,U 为试验变压器空载时高压端对地电压。

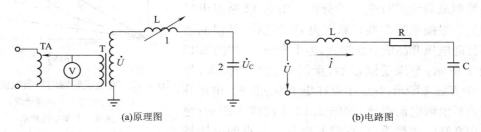

图 3.11　串联谐振试验线路原理图

1—外加可调电感;2—被试品

当调节电感使回路发生谐振时，$X_L = X_C$，被试品上的电压 $U_C$ 为：

$$U_C = IX_C = \frac{U}{R} \cdot \frac{1}{\omega C} = \frac{1}{\omega CR}U = QU \qquad (3.2)$$

式中　　$Q$——谐振回路的品质因数，$Q = \dfrac{\omega L}{R}$。

谐振时 $\omega L \gg R$，即 $Q$ 值较大。故用较低的电压 $U$ 可在试品两端获得较高的试验电压 $U_C$。谐振时高压回路电流 $I$ 与 $U = U_C/Q$ 同相，所以试验变压器输出的功率为 $P = UI$，被试品的无功功率为 $Q_C = U_C I = QUI$，故试验设备的容量仅需被试品容量的 $1/Q$。

利用串联谐振电路进行工频交流耐压试验，不仅试验变压器的容量和额定电压可以降低，而且被试品击穿时由于 L 的限流作用使回路中的电流很小，可避免被试品被烧坏。此外，由于回路处于工频谐振状态，电源中的谐波成分在被试品两端大为减小，故被试品两端的电压波形较好。

### 3.4.2　测量结果的分析判断

在试验过程中，被试品有发出响声，分解出气体、冒烟，电压表指针剧烈摆动，电流表指示急剧增大等异常现象，应查明原因。这些现象如果确定是出现在绝缘部分，则认为被试品存在缺陷或击穿。如果被试品在保持规定的时间内没有出现上述现象，可认为该被试品的工频交流耐压试验是合格的。

## 3.5　直流泄漏电流的测量和直流耐压试验

### 3.5.1　直流泄漏电流的测量

在直流电压下测量绝缘的泄漏电流与绝缘电阻的测量在原理上是一致的。但在泄漏电流的测量试验中，针对不同电压等级的设备绝缘施加相应的试验电压，该试验电压（一般高于 10 kV）比兆欧表测量绝缘电阻的额定输出电压高，并且可以任意调节，这使得绝缘本身的弱点更容易暴露；在测量直流泄漏电流中所采用的微安表的准确度比兆欧表高，使得测量数据更加准确，并且可以在加压过程中随时监视泄漏电流值的变化。所以，测量直流泄漏电流对于发现绝缘的缺陷比测量绝缘电阻更为灵敏有效。经验表明，测量泄漏电流更能有效地发现设备绝缘贯通的集中性缺陷、整体受潮、贯通的部分受潮以及一些未贯通的集中性缺陷如开裂、破损等。

通过泄漏电流的测量，可以将泄漏电流与试验电压的关系绘制成曲线进行全面的分析。图 3.12 是发电机绝缘的典型泄漏电流曲线。状况良好的绝缘，其泄漏电流较小且随电压升高成直线增大，但上升较小，如图 3.12 中直线 1 所示；绝缘受潮以后，泄漏电流增加很大，如图 3.12 中直线 2 所示；绝缘中存在集中性缺陷时，电压升到一定值后泄漏电流激增，如图 3.12 中曲线 3 所示；绝缘的集中性缺陷越严重，出现泄漏电流激增点的电压越低，如图 3.12 中曲线 4 所示。

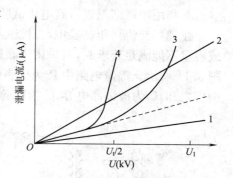

图 3.12　发电机绝缘的泄漏电流曲线
1—绝缘良好；2—绝缘受潮；
3—绝缘中有集中性缺陷；
4—绝缘中有危险的集中性缺陷

利用上述规律，在一定的试验电压范围内，对绝缘施加不同的直流电压，测出相应的泄漏电流,通过泄漏电流的大小以及泄漏电流随电压的变化关系,可以全面的分析和判断绝缘状况。

### 3.5.2　直流耐压试验

直流耐压试验是对电气设备的绝缘施加比额定电压高出一定值的直流试验电压,并持续一定的时间,观察绝缘是否发生击穿或其他异常情况。

直流耐压试验与泄漏电流的测量在试验方法上是一致的,但作用不同。直流耐压试验是考验绝缘的耐电强度,其试验电压更高,属破坏性试验;而泄漏电流的测量是在较低的电压下检查绝缘的状况,属非破坏性试验。因此,直流耐压试验对于发现绝缘内部的集中性缺陷更有特殊意义,目前在发电机、电动机、电缆、电容器等设备的绝缘预防性试验中广泛应用这一试验。

直流耐压试验与工频交流耐压试验相比,主要有以下特点:

(1)与交流耐压试验相比,直流耐压试验设备轻小。这是因为在直流高电压作用下,绝缘介质中只有很小的泄漏电流流通。对于一些电容量较大的试品(例如电缆、电容器等),进行直流耐压试验所需试验设备的容量较小,试验设备体积小、质量轻,便于在现场进行试验;而进行工频高电压试验时,由于在交流高电压下流过绝缘的是电容电流,数值较大,需要较大容量的试验变压器,这在现场试验很不方便。

(2)直流耐压试验对绝缘的损伤程度比交流耐压试验小。在绝缘上施加直流高电压时,绝缘内部的介质损耗较小,即使长时间加直流高压也不会使绝缘强度显著降低。例如,内部含有气泡的被试绝缘介质在直流高压作用下,气泡中发生局部放电。在外电场的作用下,局部放电产生的正、负电荷分别向两极移动,停留中气泡壁上,如图 3.13 所示。这使得气泡内的电场减弱,从而抑制了气泡中局部放电过程的继续进行。但在交流电压作用下,每当电压改变一次方向,气泡内的局部放电不但不会减弱,反而会因气泡内的电场加强而加剧局部放电的发展。因此,做交流耐压试验时,每个半周里都要发生局部放电,这扩大绝缘介质的局部缺陷,导致绝缘性能进一步下降。所以,直流耐压试验的试验电压更高,加压的时间也可以较长,一般为 5～10 min。

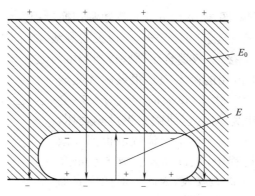

图 3.13　气泡中局部放电情况

$E_0$—外电场;$E$—局部放电形成的反电场

(3)在进行直流耐压试验时,可以同时测量泄漏电流,并根据泄漏电流随所加电压的变化特性来判断绝缘的状况,以便及早发现绝缘中的集中性缺陷或受潮。

(4)在直流试验电压下,绝缘内的电压分布由电导决定,因而与交流运行电压下的电压分布不同,所以它对交流电气设备绝缘的考验不如交流耐压试验那样接近会实际。

需要指出,一般直流耐压试验同雷电冲击耐压一样,通常都采用负极性试验电压。

### 3.5.3 试验接线

1. 测量直流泄漏电流

泄漏电流试验接线如图 3.14 所示,图中交流电源经调压器接到试验变压器 T 的初级绕组上,其电压用电压表 PV1 测量;试验变压器输出的交流高压经高压整流元件 V(一般采用高压硅堆)接在稳压电容 C 上,为了减小直流高压的脉动幅度,C 值约为 0.1 μF,不过当被试品 $C_X$ 是电容量较大的发电机、电缆等设备时,也可不加稳压电容。R 为保护电阻,以限制初始充电电流和故障短路电流不超过整流元件和变压器的允许值,通常采用水电阻,其值可按 10 Ω 选取。整流所得的直流高压可用高压静电电压表 PV2 测得,而泄漏电流则以接在被试品 $C_X$ 高压侧或接地侧的微安表来测量。

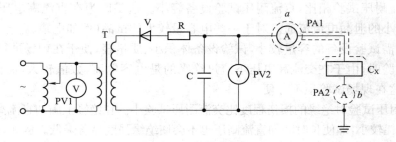

图 3.14 泄漏电流试验接线图

微安表接于高压侧(图 3.14 中 a 处)的接线方式适用于被试绝缘一极接地,且接地线不易解开的情况。此时微安表处于高压端,不受高压对地杂散电流的影响,测量值较准确。但为了避免由微安表到被试品的连线上产生的电晕及沿微安表绝缘支柱表面的泄漏电流流过微安表,需将微安表及从微安表至被试品的引线屏蔽起来。微安表读数和切换量程有些不便,并应特别注意安全。

若将微安表接在接地侧(图 3.14 中 b 处),读数和切换量程安全、方便,而且高压部分对外界物体的杂散电流入地时都不会流过微安表,所以无需屏蔽,测量比较精确。但这种接线方式要求被试绝缘的两极都不能接地,仅适合于那些接地端可与地分开的电气设备。

还应注意,测量泄漏电流用的微安表是很灵敏和脆弱的仪表,而试验电压总是存在脉动,试验时交流分量就会通过微安表,使微安表指针摆动,甚至使微安表过热烧坏,这是因为它只反映直流数值,而实际上交流数值也流经微安表的线圈,并且在试验过程中,被试品发生放电或击穿都会有不允许的冲击电流流进微安表,因此需对微安表加以保护。常用的微安表保护回路如图 3.15 所示。

微安表上需要并联一保护用的放电管 V,当流过微安表的电流超过某一定值时,增加电阻 $R_1$ 上的电压降将引起

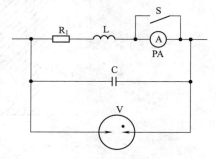

图 3.15 微安表保护回路

V 的放电而达到保护微安表的目的;电感线圈 L 在试品意外击穿时能限制冲击电流并加速放电管 V 的动作,其值在 0.1~1.0 H 的范围内;并联电容 C 用以旁路交流分量,减少微安表指

针的摆动,使表的指示更加稳定。为了尽可能减小微安表损坏的可能性,它平时用开关 S 加以短接,只在需要读数时才打开 S。

2.直流耐压试验

直流耐压试验接线与直流泄漏电流的测量相同,操作方法也一样,二者往往是共同进行,先测量泄漏电流,然后进行直流耐压试验。但在作直流耐压试验时需注意:直流耐压试验属于鉴定绝缘耐电强度的破坏性试验,需在其他各项非破坏性试验完成并且通过之后,才能进行;直流耐压试验的试验电压应根据有关试验标准的规定,并结合运行经验来确定;直流耐压试验大多采用在试验电压下 5~10 min 的耐压时间,有的可达 15 min。

### 3.5.4　测量结果的分析和判断

对泄漏电流测量结果的分析和判断,与绝缘电阻和吸收比的测量类似。所测得的泄漏电流值不应超出《电力设备预防性试验规程》(以下简称《规程》)的规定值,若明显超出,应查明原因。所测得的泄漏电流值与历次测量结果比较、与同类设备比较、与三相同一设备的其他相比较,均不应有明显差异,否则应查明原因,并设法消除。

通过泄漏电流与试验电压的关系曲线,可进一步分析绝缘的状况。如果泄漏电流随电压增长较快或急剧上升,则表明绝缘状况不良或内部有缺陷。

对于直流耐压试验,应从以下几方面来进行分析判断:被试品是否发生击穿;微安表指示有无周期摆动;泄漏电流随高电压时间延长的变化情况;高电压前后绝缘电阻值的变化;被试品是否发热等。

# 3.6　绝缘油中溶解气体的气相色谱分析

在充油电气设备中,如果存在局部过热或局部放电等情况,绝缘油和固体绝缘材料将分解产生气体,而这些气体会不断地溶解于绝缘油中。多年的实践证明,利用气相色谱分析仪对绝缘油中溶解气体的组分及其含量进行分析测试,可有效判断变压器和其他充油电气设备内部的潜伏性故障,并可以在设备运行中不停电取油样,是目前变压器油常规实验中使用最频繁也最有效地一个试验方法。

### 3.6.1　绝缘油中溶解的气体

未经运行的新绝缘油中,由于空气的溶解,油中一般含有 $O_2$ 约 30%、$N_2$ 约 70% 和 $CO_2$ 约 0.3% 的气体。

正常运行的绝缘油,因油和固体绝缘材料的缓慢分解、氧化,会产生少量的 $CO_2$、$CO$ 以及烃(碳氢)类气体,但其数量与故障所产生的气体量相比要少得多。当电气设备内部发生故障时,主要是局部过热和局部放电,由于绝缘油和固体绝缘材料的分解速度大大加快,油中所产生 $CO$、$CO_2$、$H_2$ 以及烃类气体的含量显著增加。在故障初期,可以通过分析油中溶解的这些气体,及早确定设备的内部故障。

充油电气设备的内部故障有许多种,各种故障所产生的气体有相同的也有特殊的。一般认为对判断故障有意义的特征气体是:氢气($H_2$)、一氧化碳($CO$)、二氧化碳($CO_2$)、甲烷($CH_4$)、乙烷($C_2H_6$)、乙烯($C_2H_4$)、乙炔($C_2H_2$)、氧($O_2$)、氮($N_2$)等气体。其中每种气体对于判断故障的意义各有不同,但又相互联系,可归纳如下:

①绝缘油在 300~800 ℃高温下,会分解产生大量的 $CH_4$、$C_2H_4$ 等烃类气体,但不会产生 CO 和 $CO_2$;

②绝缘油在电弧的作用下,产生的气体大部分是 $H_2$ 和 $C_2H_2$,也含有少量的 $CH_4$ 和 $C_2H_4$;

③绝缘油中发生电晕放电时,产生的气体主要是 $H_2$,也含有少量的 $C_2H_2$;

④绝缘纸等固体绝缘材料在 120~150 ℃长期加热下,产生 $CO_2$ 和 CO,尤以 $CO_2$ 为主;

⑤绝缘纸等固体绝缘材料在 300~800 ℃时,除产生 CO 和 $CO_2$ 外,还会产生氢和烃类气体,但在低温和高温时,$CO_2/CO$ 的比值不同,低温时大,高温时小,即在高温时产生的 CO 要多些。

可见,在故障情况下并不是所有的各种气体成分都同时增长,有部分气体并不增加或不明显增加,与故障性质密切相关的气体则显著增加,这取决于故障的性质和类型。当油中某些特征气体的含量达到一定浓度时,根据相关气体的比值情况,就可以判断设备内部是否存在故障和故障的性质及类型。油中各种溶解气体对应的故障性质见表 3.1。

**表 3.1　油中各种溶解气体对应的故障性质**

| 被分析的气体 | | 分析目的 |
|---|---|---|
| 推荐检测的气体 | $O_2$ | 了解脱气程度和密封(或漏气)情况,严重过热时 $O_2$ 会因极度消耗而明显减少 |
| | $N_2$ | 在进行 $N_2$ 测定时,可了解 $N_2$ 的饱和程度,与 $O_2$ 的比值可更准确地分析 $O_2$ 的消耗情况;<br>在正常情况下,$N_2$、$O_2$ 和 $CO_2$ 之和还可估算出油的总含气量 |
| 必测的气体 | $H_2$ | 与甲烷之比可判别并了解过热温度,或了解是否有局部放电情况和受潮情况 |
| | $CH_4$ | 了解过热故障的热点温度情况 |
| | $C_2H_6$ | |
| | $C_2H_4$ | |
| | $C_2H_2$ | 了解有无放电现象或存在极高的热点温度 |
| | CO | 了解固体绝缘的老化情况或内部平均温度是否过高 |
| | $CO_2$ | 与 CO 结合,可了解固体绝缘有无过热分解 |

### 3.6.2　气相色谱分析方法

气相色谱分析的方法是先按一定的技术要求,取得运行中电气设备的油样,然后将油样经喷嘴喷入真空罐内,使油中溶解的气体释放出来,再将脱出的气体压缩至常压,用注射器抽取被试气样,使用专用的色谱仪进行分析。

图 3.16 为 102-GD 型色谱仪的工作原理及流程图。图中 $N_2$、$H_2$ 为载气,在色谱仪管中带动被试气样一起流动。气样进口为进样口 Ⅰ、Ⅱ 两处,柱 Ⅰ 和柱 Ⅱ 为色谱柱,是根填满各种吸附剂的细长不锈钢管或玻璃管。气样以混合气体的形式从管子的一端进入色谱柱,由载气带动向前流动。在此过程中,由于吸附剂对混合气体中各种气体的吸附作用大小不一,吸附作用小的气体以较大的速度向前移动,而吸附作用大的气体则移动较慢。因此,各种气体流出色谱柱时有先有后,这样就使混合的各种气体按流出色谱柱的时间先后而得以分离。

色谱柱 Ⅰ 内装碳分子筛吸附剂,可分离出 $H_2$、$O_2$、CO、$CO_2$、$CH_4$;色谱柱 Ⅱ 内装微球硅胶吸附剂,它能使烃类气体分离出来,例如 $CH_4$、$C_2H_6$、$C_2H_4$、$C_2H_2$ 等。

混合气体经色谱柱分离后,通过鉴定器来检测各种气体的含量,鉴定器能将各种气体的含量转变为电信号输出。102-GD 型色谱仪采用热导池和氢焰两种鉴定器。

　　(1)热导池鉴定器是利用各种气体的导热系数不同的原理制成的。它是在一个金属池腔的参考臂中安置一根钨丝电阻,事先通以一定的电流使其发热,并达到稳定的平衡状态。当被检测气体流过金属池腔的测量臂时,由于气体的成分和含量不同,其导热系数也不同,就破坏了原来传热与散热的平衡状态,引起钨丝的温度变化,从而改变了钨丝的电阻值,反映到输出端,就出现了一个相应的电信号,而电信号的大小决定于被检测气体的成分和含量。

　　(2)氢焰鉴定器是一个离子室,室内有氢焰燃烧和一个收集电极。当被检测气体进入离子室,就被其中氢焰燃烧的高温电离,并在电场作用下使离子奔向收集电极而形成电流。这一电流的大小即反映了被检测气体的含量。这种鉴定器的灵敏度很高,适用于作微量分析。但它只能直接分析在氢焰中可以电离的有机气体(例如 $CH_4$、$C_2H_4$、$C_2H_2$ 等),而对于在氢焰中不电离或很少电离的无机气体(例如 $O_2$、$N_2$、$CO$、$CO_2$ 等),则需要将其通过转化炉由镍催化剂转化为有机气体,才能由氢焰鉴定器检测。

　　被分析的各种气体经过鉴定器将其含量变为电信号输出后,再由记录仪(图中未画出)记录下来,并按先后次序排列成一个个的脉冲尖峰图称为色谱图,如图 3.17 所示。色谱图中一个脉冲峰表示一种气体成分,而峰的高度或面积则反应了该气体的含量。所以,从色谱图上对被分析的气体既可以定性分性,又可以定量分析。

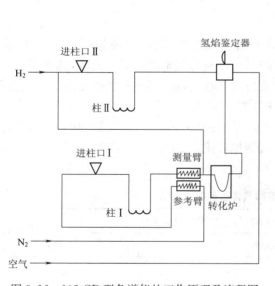

图 3.16　102-GD 型色谱仪的工作原理及流程图

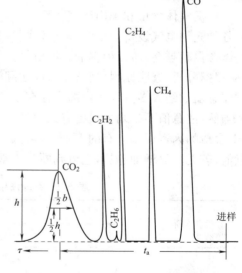

图 3.17　典型色谱图

### 3.6.3　故障判断

1.特征气体法

　　电气设备中导致绝缘油和固体绝缘材料分解产生的气体的故障,可以分为过热性故障和放电性故障两类,它们各自会产生某些特征气体。

　　一般,过热性故障将产生大量的烃类气体;弱放电性故障(例如局部放电、电晕放电等)将使 $H_2$、$CH_4$ 的含量增加;强放电性故障(例如火花放电、电弧放电等)将使 $C_2H_2$、$H_2$ 的含量增加;当故障涉及固体绝缘材料时,则会引起 $CO$、$CO_2$ 含量的明显增加。在实际应用中,每次色谱分析后提供的测定值至少有 7 种气体组分,在进行故障分析判断时,要注意那些能反映故障性质的特征气体的含量和变化。

(1)烃类气体

烃类气体是设备内部裸金属过热引起油分解的特征气体,它主要是 $CH_4$、$C_2H_4$,其次是 $C_2H_6$。在正常运行的绝缘油中没有或很少有这种烃类气体,所以如果油中这类气体含量增加,必然是内部故障产生的,而且这种故障属于油中裸金属过热的性质。例如,分接开关接触不良、引线焊接不良,铁芯多点接地等。$C_2H_2$ 是设备内部放电性故障的特征气体。正常的绝缘油中不含有这种气体。发现出现这种气体时,就应注意监视其增长情况,如果增长很快,则说明设备中存在严重的放电性故障。

(2)$H_2$

设备内部发生各种性质的故障都要产生 $H_2$,但是如果其他气体的含量均很小,只有当 $H_2$含量偏高时,则可能是设备进水。

(3)CO 和 $CO_2$

设备内的固体绝缘材料在高温下分解要产生大量的 CO 和 $CO_2$,但是设备长期正常运行过程中,由于固体绝缘材料的老化,也会产生 CO 和 $CO_2$,这种正常老化现象并非故障。因此,利用 CO 和 $CO_2$ 的指标来进行分析判断不具有确定性。因此,应多加关注这两种气体的增长速度,以加强判断。

2. 依据气体含量和采用产气速率法

各种充油电气设备油中溶解气体含量的注意值见表 3.2。故障性质越严重,则油中溶解的气体含量就越高,所以根据油中溶解气体的绝对值含量与规定的注意值比较,凡大于注意值者,应根据分析,查明原因;当气体浓度达到注意值时,应进行跟踪分析,查明原因。事实表明,超过注意值的绝大多数设备内部都存在不同程度的故障。

当然,注意值不是划分设备有无故障的唯一标准。例如,影响电流互感器和电容型套管油中 $H_2$ 含量的因素很多。有的 $H_2$ 含量虽低,但若增加较快,也应引起注意;有的仅 $H_2$ 含量超过注意值,若无明显增加趋势,也可判断为正常。

表 3.2　绝缘油中溶解气体含量的注意值

| 设备名称 | 气体含量超过下列任一值时应引起注意 | |
|---|---|---|
| | 气体总类 | 含量($\mu L/L$) |
| 电力变压器 | 总烃 | 150 |
| | $C_2H_2$ | 5 |
| | $H_2$ | 150 |
| 63 kV 以上互感器 | 总烃 | 100 |
| | $H_2$ | 150 |
| | $C_2H_2$ | 3 |
| 110 kV 及以上套管 | $H_2$ | 500 |
| | $CH_4$ | 100 |
| | $C_2H_2$ | 5 |

注:总烃是指甲烷($CH_4$)、乙烷($C_2H_6$)、乙烯($C_2H_4$)、乙炔($C_2H_2$)4 种烃类气体的总和。

### 3. 比值法

油的热分解温度不同,烃类气体各组分的相互比例不同。任一特定的气态烃的产气率随温度而变化。在某一特定温度下,有一最大产气率,但各气体组分达到它的最大产气率所对应的温度不同。利用产生的各种组分气体浓度的相对比值,作为判断产生油裂变的条件,就是目前使用的“比值法”。但需注意,只有根据各组分含量的注意值或产气速率的注意值判断可能存在故障时,才能进一步用比值法判断其故障性质。不同故障类型气体组合特征见表 3.3。

表 3.3　不同故障类型气体组合特征

| 故障类型 | 气体的组合特征 |
| --- | --- |
| 裸金属过热 | 总烃高,CO、$C_2H_2$ 均在正常范围 |
| 金属过热并涉及固体绝缘 | 总烃高,开放式变压器 $CO>300\ \mu L/L$,$C_2H_2$ 在正常范围 |
| 固体绝缘过热 | 总烃在 $100\ \mu L/L$ 左右,开放式变压器的 $CO>300\ \mu L/L$ |
| 金属过热并有放电 | 总烃高,$C_2H_2>500\ \mu L/L$,$H_2$ 含量较高 |
| 火花放电 | 总烃不高,$C_2H_2>10\ \mu L/L$,$H_2$ 含量较高 |
| 电弧放电 | 总烃高,$C_2H_2$ 含量高并成为总烃的主要成分,$H_2$ 含量也高 |

注:1. $H_2$ 含量大于 $100\ \mu L/L$ 而其他指标均为正常,有多种原因应具体分析;
　　2. 在电弧放电故障中,若 CO、$CO_2$ 含量也高,则可能放电故障已涉及固体绝缘;但在突发性的电性故障中,有时 CO、$CO_2$ 含量并不一定高,应结合气体继电器的气样分析后作出判断。

## 3.7　绝缘的在线监测

电气设备绝缘的预防性试验是定期将设备停电进行试验,而绝缘的在线监测是在设备运行过程中对其绝缘的某些特征参数进行测量。预防性试验只能周期性地检查绝缘的状况,试验合格的设备在进行下次试验的间隔期内仍可能发生绝缘事故。绝缘的在线监测能实时或根据需要简便地监测各种电气绝缘参数,及时发现绝缘中潜伏的缺陷,判断设备的绝缘状态,对于保证电力设备的可靠运行和推动检修模式由“定期检修”向“状态检修”发展都具有重要的意义。

### 3.7.1　绝缘在线监测系统的组成

一般绝缘状态的在线监测系统主要是针对 35 kV 及以上电压等级变电所电气设备以及发电厂的大型发电机、电动机等。系统可对发电机、电动机、变压器、互感器、耦合电容器、避雷器、套管、断路器等设备的绝缘状况实施在线检测和诊断。

绝缘在线监测系统一般由以下 6 部分构成。

(1)信号的变送

信号的变送由相应的传感器来完成,传感器从电气设备上监测出反映绝缘状态的物理量,统一转换为合适的电信号后送至后续单元。常用的传感器有温度传感器、电流传感器、振动传感器和气体传感器等。

(2)信号的预处理

对传感器变送来的信号进行滤波等预处理,可对混叠在信号中的噪声进行抑制,以提高信噪比。

(3)数据采集

对经过预处理后的信号进行采集,并将其转换为数字信号后送往数据处理单元。数据采集单元主要由采样保持电路和模数转换器组成。

（4）信号的传输

对便携式监测与诊断系统，由于是就地监测和诊断，不需要将信号传输到远离被监测设备的地方，只需对信号进行适当的变换和隔离即可。对于固定式的监测和诊断系统，因其数据处理单元一般远离被监测的设备，所以需配置专门的信号传输单元。为避免长距离传送电信号时受到外界电磁干扰，一般采用光纤信号传输系统。其特点是先将电信号转换为光信号，用光纤将光信号传送到目的地后再转换为电信号。

（5）数据处理

对所采集的数据进行处理和分析，例如进行平均处理、数字滤波、时域或频域分析等，其目的是进一步抑制噪声，提高信噪比，以获得真实可靠的数据。

（6）诊断

对处理后的数据和历史数据、判据及其他信息进行比较、分析后，对设备绝缘的状态或故障部位作出诊断。

变电站存在许多需要监测的设备，各设备的数据采集和存储通常由各自监测系统的单片机完成，各单元机分散在现场各被测设备的附近，并通过信号传输系统与主控室的微机相连，各设备的数据处理和诊断由微机完成，这样整个变电站的在线监测系统就成为一个以单片机为下位机和以微机为上位机的计算机分级管理系统。

### 3.7.2 电流的在线监测

电容型设备（如电流互感器、电容式套管、耦合电容器等）的绝缘由多层介质串联而成，正常时的等值电路如图 3.18(a)、(b)所示。当其中某一层存在缺陷时，该层的等值电阻和电容将由原来的 $R_1$、$C_1$ 分别改变为 $R_1'$、$C_1'$，此时的等值电路如图 3.18(c)所示。该层的介质损失角由 $\tan\delta$ 增大为 $\tan\delta'$ 后，随着 $\tan\delta'$ 的增大，整个绝缘的电容变化（$\Delta C/C_0$）、电流变化（$\Delta I/I_0$）、介质损失角正切变化（$\Delta\tan\delta$）如图 3.19 所示。在缺陷发展的过程中，测量 $\Delta I/I_0$ 将比测量另两个参数更灵敏些。

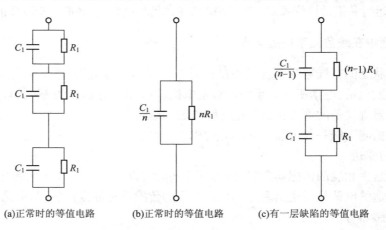

(a)正常时的等值电路    (b)正常时的等值电路    (c)有一层缺陷的等值电路

图 3.18　电容型设备绝缘的等值电路

对于对称三相系统中分别接于不同相的三个同类设备，当三相平衡时三相电流的总和近似为零。当其中某一设备有了绝缘缺陷后，流过该设备绝缘的电流将增大，从而导致流过三台设备的电流之和也增大，通过监测该电流和的变化 $\Delta I$，可以获得比监测单台设备更高的灵敏度。由于原始状态下三者的绝缘特性差异很小,流过它们的电流之和近似为零。监测单台电容型设备绝缘的电流变化时,可利用环形铁芯结构的电流互感器套在设备接地线上来抽取流过绝缘的电流信号。这种抽取信号的方法既不改变设备原有的接线方式,同时也使测量电路与主电路分开,避免了主电路中危险的过电压损坏测量设备。若要监测三台同类设备绝缘的电流和,可将电流互感器套于三台设备中性点与地的连线上,如图 3.20 所示。将电流互感器的输出接入计算机监测系统的信号预处理单元,经信号采集、数据处理等程序后,即可实现对电流变化的在线监测。

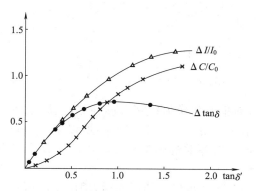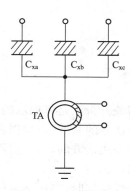

图 3.19　$\Delta C/C_0$、$\Delta I/I_0$ 及 $\Delta\tan\delta$ 测量值随局部缺陷 $\tan\delta'$ 的变化　　图 3.20　测中性点不平衡电流原理图

　　除电容型设备外,氧化锌避雷器也可通过监测流过其阀片的阻性电流和总电流来了解它的运行状况。当氧化锌阀片老化或由于结构不良、密封不严而使避雷器内部构件或阀片受潮时,流过阀片的阻性电流和总电流都将增大,特别是阻性电流能更灵敏地反映阀片的状况。在避雷器的对地引下线中套一环形铁芯的电流互感器,并配计算机监测系统,可监测流过避雷器阀片的总电流。如果再利用互感器抽取避雷器上的电压信号,并利用谐波分析技术,则可从总电流中分离出阻性电流。

### 3.7.3　$\tan\delta$ 的在线监测

　　$\tan\delta$ 的在线监测是通过抽取流过被试品的电流和被试品两端的电压信号,比较这两种波形的相位差,然后求出介质损失角 $\delta$,从而求出 $\tan\delta$。测量在工作电压下绝缘的 $\tan\delta$,也可仍用西林电桥的原理,但由于通常配套的标准电容器工作电压仅 10 kV,因而需要手动接入电压互感器 TV,其原理接线图如图 3.21 所示。

　　在求取 $\tan\delta$ 时有多种方法,如方波比较法、谐波分析法等。方波比较法是将抽取的电压、电流信号 $(u,i)$ 分别用过零转换的

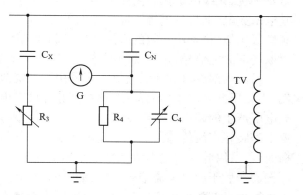

图 3.21　电桥法在线监测 $\tan\delta$ 的原理接线图

方法先转变为方波 a、b,然后将这两个方波相"与"得到方波 c,即反映了这两种波形的相位差 $\varphi$,如图 3.22 所示。利用计算机的时钟脉冲可测得方波 c 所含的时钟脉冲数,如果再测出电压信号半个周期($\pi$ 弧度)内的时钟脉冲数,则由 $\delta=\dfrac{\pi}{2}-\varphi$ 可求出对应于 $\delta$ 的时钟脉冲数,进而求出 $\delta$ 的大小。

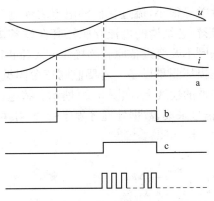

图 3.22　方波比较法测量 tanδ 的原理

谐波分析法是将抽取的电压和电流波形同步地转换为数字波形存储,然后用傅氏变换求出两个信号的基波,再根据基波的初相角差求出。由于 δ 一般都很小,所以 $\tan\delta \approx \delta$,谐波分析法不受高次谐波的影响,也不受测量系统所产生的零漂的影响。因此可以达到比较高的稳定性和测量精度。

在线检测时,电压信号可由电压互感器的二次侧再经分压后获得,但由于电压互感器存在角误差,二次侧电压并不能真实地反映一次电压,所以利用这种方法抽取电压信号会给 tanδ 的测量带来误差,特别在 δ 很小时误差可能很显著,故应特别注意电压互感器的角差;电流信号的抽取一般也用前述的环形铁芯电流互感器,为保证测量 tanδ 的精度,要求电流互感器的角差要小,且温度稳定性好。

### 3.7.4　局部放电的在线监测

1. 变压器局部放电的在线监测

局部放电是一种窄脉冲信号,其频谱范围很宽,幅值很小,各种频率的干扰(如架空线上的电晕干扰、无线电干扰和高频通信干扰等)都会对局部放电的在线监测产生严重的影响,特别是电晕放电、电弧放电等脉冲性放电干扰,其波形和频谱与变压器等设备的局部放电的波形和频谱很相似,很难用一般的方法加以抑制和消除。因此,如何从具有较强干扰的信号中有效地提取局部放电信号,是实现局部放电在线监测的关键。

目前局部放电的在线监测大多采用脉冲电流检测法和超声波检测法相结合。以变压器为例,当变压器内部发生局部放电时,其脉冲放电电流通过油箱壁及接地线流入地中,同时局部放电所产生的超声波也经变压器油传至油箱壁。在变压器接地线上加装电流传感器,在油箱壁上安装超声波传感器。由于超声波在油中的传播速度 $v = 1\ 400$ m/s,远远低于电信号的传播速度,所以脉冲放电电流几乎是在局部放电产生的同时就被检测到,而超声波信号因传播速度慢而滞后于放电电流信号,滞后的时间为 $\Delta t$。用 $\Delta t$ 乘以超声波在油中的传播速度 $v$,就可以推算出局部放电点离超声波传感器探头安装点的距离 $l$。

$$l = v\Delta t \qquad (3.3)$$

在油箱壁上分别安装几个超声波传感器,测出放电点到各个传感器间的距离,就可以准确定位变压器内部的局部放电点。

视在放电量则由电流传感器所获得的脉冲电流信号,经过数字滤波技术处理后求得。

2. GIS 的在线监测

由于 $SF_6$ 全封闭组合电器变电所(GIS)内部的工作场强较高,当绝缘存在缺陷时就可能形成局部放电。局部放电的主要形式有：高电位导体表面缺陷引起的电晕性局部放电；绝缘件和导体交界面的夹气层中的局部放电；浇注绝缘中气泡的局部放电；导电微粒引起的局部放电等。在 GIS 中长期出现局部放电是不允许的，因为在多材料系统中，局部放电时产生的气体分解物会与固体绝缘材料发生反应，在绝缘表面产生覆盖层，降低沿面放电电压。而在单材料系统中，气体分解物也会使放电变得不稳定，降低击穿电压。短时存在稳定的局部放电，对绝缘能力的影响不大，因此在过电压短时作用下或在耐压试验时，有时出现局部放电是允许的。绝缘气体的气压越高，对局部放电降低沿面放电电压或击穿电压的影响越强烈，所以 GIS 中 $SF_6$ 气体的气压在 $0.2\sim0.5$ MPa 为宜。

　　GIS 局部放电在线监测的方法很多，例如化学监测法、超声波法、脉冲电流法、光学法等，下面主要介绍化学监测法。

　　化学监测法是用变色指示剂测试因局部放电而使 $SF_6$ 分解产生的气体，从而判断 GIS 是否发生局部放电及其程度。当 GIS 内部发生局部放电时，因局部放电形成的高温将产生金属蒸气（如铜蒸气），这些金属蒸气与周围的 $SF_6$ 起化学反应，可以产生化学性质很活跃的 $SF_4$，$SF_4$ 与气体中的水分再发生化学反应而产生 $SOF_2$、$HF$、$SO_2$ 等活跃气体。因此，通过测定氢离子 $H^+$ 或氟离子 $F^+$ 均可推断 $SF_6$ 的分解情况。测试时，可选择一种灵敏度高、变色清晰的溴甲酚红紫指示剂（呈紫红色），这种指示剂随 $H^+$ 浓度的变化而变色。这种测试元件包括一支充有 $Al_2O_3$ 粉和指示剂碱溶液的玻璃管，将含有分解气体的气样通过该测试元件，从其玻璃管内指示剂颜色的变化，即可了解局部放电的情况。

　　在现场可用图 3.23 所示的气体检测器来对 GIS 局部放电进行在线监测。

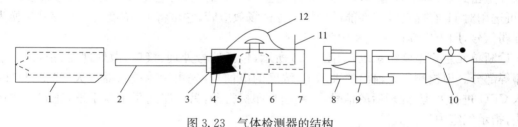

图 3.23　气体检测器的结构

1—探头透视筒；2—检测元件；3—固定检测器用的 O 形环；4—接检测元件用的管接头；5—流量调节阀；
6—检测器本体；7、8—适配器；9—专用连接器；10—$SF_6$ 装置的截止阀；11—拆卸适配器用杆；12—起降用纽带

　　测试方法为：整定好检测器的探头，把它装在 GIS 的气体道口，然后打开 GIS 的管道口和气体检测器的流量调节阀，使试样气体流过探头，流量为 5 L/min，当流到 6 min 时（30 L），便开始会有分解气体，检测元件的气体流入侧就会慢慢变黄。根据变色的长度，按图 3.24 可求出分解气体的浓度，进而判断 GIS 局部放电的程度。

### 3.7.5　油中气体含量的在线监测

　　目前，我国对变压器油中气体含量的在线监测装置主要有两类：油中 $H_2$ 含量在线监测装置和油中气体（乙炔）含量在线监测装置。

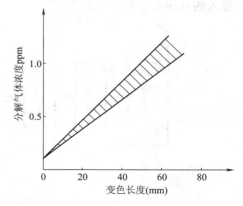

图 3.24　测试元件的灵敏度

1. 对变压器油中氢气含量的在线监测

由于 $H_2$ 的化学键能最低，所以在变压器内部，无论是放电性故障还是过热性故障，最容易产生 $H_2$。若能找到一种对 $H_2$ 有一定灵敏度、又具有较好稳定性的敏感元件，在变压器运行时监测其油中 $H_2$ 含量的变化并及时预报，便能发现早期故障。

变压器油中氢气含量在线监测装置的监测原理如图 3.25 所示，它主要由氢气分离单元、检测单元和诊断单元组成。

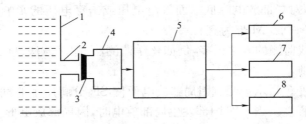

图 3.25 氢气监测装置原理图

1—变压器；2—排油阀；3—透膜；4—气室；5—检测单元；6—声报警；7—光报警；8—记录仪

氢气分离单元的主要部件是透膜，安装在变压器排油阀出口处。透膜可选用聚四氟乙烯，其作用是不渗油而只渗透油中溶解的气体。因氢气最先产生，所以透膜首先将油中的氢气透析出来，送到气室。

氢气检测单元主要包括气室和 $H_2$ 敏感元件。气室的作用是储集由透膜透析过来的气体，要求气室密封好、容积合适。$H_2$ 敏感元件是监测装置的关键，它将气体含量信号转换为电信号，可选用对 $H_2$ 有优良响应性能的钯栅半导体场效应管，它可将 $H_2$ 浓度大小的信号转换为电的强弱信号，用于连续检测气室中氢气的浓度。

诊断单元主要是微机系统，如图 3.26 所示，包括信号处理、接口、微处理器、报警、显示及打印等部分。由检测单元输出的表示 $H_2$ 浓度的电信号，先由运算放大器放大，经 A/D 转换，进入 CPU 进行处理，处理后的信号，一路送打印机打印，另一路送预报警系统，还有一路送到表头，指示气室中的含氢量。

根据实际需要，诊断单元可设置预警值和报警值。例如，设置预警值为 1 000 $\mu L/L$，报警值为 2 000 $\mu L/L$，当气室中的氢气浓度达到 1 000 $\mu L/L$ 时，发出预警信号，例如绿灯亮；当气室中的氢气浓度达到 2 000 $\mu L/L$ 时，发出报警信号，例如红灯闪烁，蜂鸣器同时发出音响，并在接入的打印机上打印出结果。

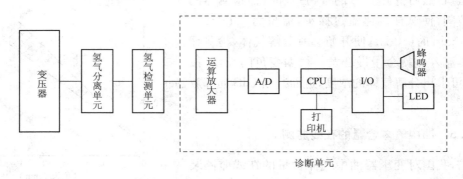

图 3.26 氢气监测装置方框图

2.变压器油中气体含量的在线监测

对变压器油中 $H_2$ 含量的在线监测,可以判断运行中的变压器有无故障,但不能分辨出故障的类型。因此,在监测油中 $H_2$ 含量的基础上,又研制出了变压器油中气体含量的在线监测装置,用以判断运行中的变压器内部是否发生故障以及发生何种类型的故障。

图 3.27 为变压器油中气体含量的在线监测装置原理示意图,它也由气体分离单元、检测单元和诊断单元三部分组成。

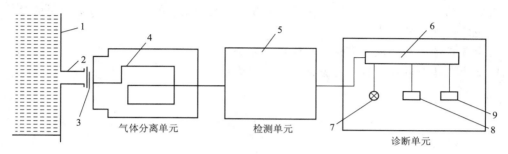

图 3.27　变压器油中气体含量的在线监测装置原理图
1—变压器;2—排油阀;3—透膜;4—测量管;5—检测器;
6—微处理器;7—灯群;8—打印机;9—温度表

气体分离单元包括氟聚合物透膜、集存透析气体的测量管以及安装在变压器排油阀上的控制阀。变压器排油阀通常在打开位置。检测单元通过一直通管与气体分离单元相连,利用空气载流型轻便气相层析仪对管中的各种透析气体进行定量测试。检测单元输出的各气体的定量信号送入诊断单元,油中各气体浓度和气体的总浓度值由微处理器进行运算处理,各运算结果由灯信号和打印机打印显示。

近年来,对变压器油中溶解气体的在线监测技术发展较快,监测装置的灵敏度也越来越高,已能通过在线监测分析出 $H_2$、$O_2$、$N_2$、$CH_4$、$C_2H_2$、$C_2H_6$、$CO$、$CO_2$ 等气体含量,甚至有的监测装置已具有智能化的特点,这些装置的投入应用对保证电气设备的安全运行起着重要的作用。

# 复习思考题

1.绝缘试验的目的是什么? 分为哪两类? 各自的特点和应用范围是什么?

2.用兆欧表测量大容量试品的绝缘电阻时,为什么随加压时间的增加兆欧表的读数由小逐渐增大并趋于一稳定值? 兆欧表的屏蔽端子有何作用?

3.测定绝缘材料的泄漏电流为什么用直流电压而不用交流电压?

4.何为吸收比? 绝缘干燥时和受潮后的吸收现象各有什么特点? 为什么可以通过吸收比来发现绝缘的受潮?

5.怎样测量 $\tan\delta$ 的正接线和反接线? 这两种接线各自适用于何种场合? 试述测量 $\tan\delta$ 时干扰产生的原因和消除的方法。

6.试验变压器有何特点? 进行工频交流耐压试验时,对试验变压器的容量有何要求?

7.画出对被试品进行工频耐压试验的原理接线图,说明各元件的名称和作用。被试品试验电压的大小是根据什么原则确定的? 当被试品容量较大时,其试验电压为什么必须在工频试验变压器的高压侧进行测量?

8. 为什么要对试品进行直流耐压实验? 与工频耐压试验相比,直流耐压试验有什么特点?

9. 简述测量电气设备绝缘局部放电的原理。测量的基本方法有哪些?

10. 冲击电压发生器的利用系数是什么? 简述冲击电压发生器的工作原理。

11. 工频高电压主要有哪几种测量方法? 用静电电压表测量工频电压时,测出的是电压的有效值还是最大值?

12. 球隙的保护电阻有何作用? 测量不同波形的电压时,保护电阻可否取同样的数值?

13. 绝缘的在线监测有哪些优点?

14. 电气设备的局部放电有哪些在线监测方法?

15. 油中气体含量在线监测的关键技术有哪些?

# 4  电气设备的绝缘结构与试验

电气设备在运行中的可靠性,在很大程度上取决于其绝缘结构的可靠性,而对绝缘状况的监视和判断,最重要的手段就是绝缘试验。

## 4.1  电力变压器的绝缘结构与试验

### 4.1.1  电力变压器的绝缘结构

目前,除了少量的干式变压器外,广泛采用的是油浸式变压器。其中绝缘油起着绝缘和散热的双重作用。每台油浸式变压器都要用大量的油、纸等绝缘材料。变压器绝缘对变压器的体积、质量、造价以及运行中对绝缘的维护有很大的影响,对变压器可靠运行的影响更为突出。在变压器所发生的事故中,大部分是由于绝缘问题造成的。有对 110 kV 及以上的变压器所发生的事故作过统计分析,发现其中由绝缘引起的事故占 80% 以上。因此,正确研究和处理变压器的绝缘问题,是保证变压器安全可靠运行的重要环节。

1. 变压器绝缘的分类

通常将变压器油箱内的绝缘称为内绝缘,包括变压器油及浸在油中的绝缘纸、纸板等。内绝缘可分为主绝缘和纵绝缘,它们分别是指绕组对地(包括相间)以及绕组内部的绝缘。变压器油箱以外的绝缘称为外绝缘,主要是指套管沿面的绝缘及套管上部带电部分对地和套管间的空气间隙。其绝缘分类情况如图 4.1 所示。

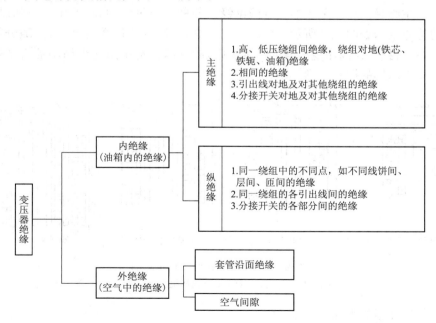

图 4.1  油浸式变压器绝缘分类

### 2.变压器绝缘的结构

变压器高压绕组的基本结构形式有饼式绕组和圆筒式绕组两种,如图 4.2 所示。饼式绕组是以扁导线连续绕成若干个线饼,各线饼之间利用绝缘垫块的支撑形成径向油道,以便油流动将变压器运行中产生的热量带走,所以饼式绕组散热性能较好。此外,饼式绕组的端面大,便于轴向固定,因此机械强度较高,但饼式绕组在绕制时工艺要求较高。多层圆筒式绕组在绕制时,每一个线匝紧贴着前一个线匝成螺旋状沿绕组高度轴向排列而成,形状像一个圆筒。圆筒式绕组的制造工艺简单,不受容量的限制。但圆筒式绕组的端面小,机械强度较低;另外,层间长而窄的轴向油道不如饼式绕组里的径向油道易于散热。

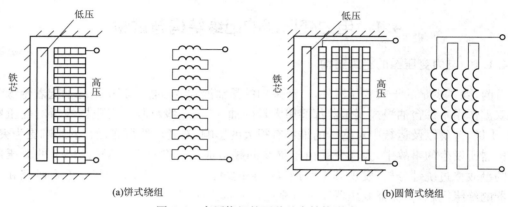

图 4.2　高压绕组的两种基本结构形式

（1）主绝缘

主绝缘是变压器的基本绝缘。变压器绕组间的绝缘、绕组与铁芯柱间的绝缘、绕组与铁轭间的绝缘以及引出线的绝缘等,都属于变压器的主绝缘。

①绕组间、绕组与铁芯柱间的绝缘

变压器的主绝缘主要是采用油—屏障绝缘。各种电压等级的高、低压绕组间以及绕组与铁芯柱间的绝缘结构如图 4.3 所示。电压等级越高,所用的纸筒数目越多,油隙分得越细,其电气强度越高。目前,在高压变压器的主绝缘中,越来越多地采用薄纸筒小油道结构,不过同时应综合考虑变压器的散热问题。

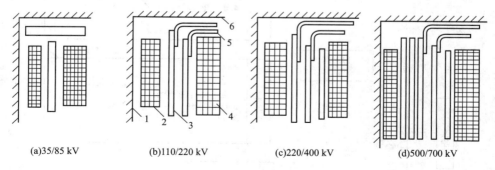

图 4.3　变压器主绝缘结构示意图

1—铁芯;2—低压绕组;3—纸筒;4—高压绕组;5—角环;6—铁轭

②绕组与铁轭间的绝缘

变压器绕组端部与铁轭之间常常是主绝缘的薄弱环节,这是因为绕组端部的电场强度很高,容易发生沿固体介质表面的电晕放电和滑闪放电,表面滑闪和烧焦的发展可能导致绕组端部与铁轭间的绝缘击穿。所以,一方面必须采取措施来改善电场分布(降低端部的电场强度);另一方面则要加强端部处的绝缘。为此,在端部加装绝缘纸筒制成的角环,并增大端部与铁轭间的绝缘距离。

③绕组引线的绝缘

绕组到分接开关或套管等的引线大多采用直径较大的圆导线,包缠一定厚度的绝缘层,并与油箱及其他不同电位处保持足够的绝缘距离,以保证其耐电强度。例如 110 kV 绕组引线最小直径为 10 mm,包缠的绝缘层厚度为 10 mm,与平板电极的距离为 70 mm,与尖角电极的距离则要求为 150 mm。

(2)纵绝缘

变压器的纵绝缘就是同一绕组线匝间的绝缘。通常以导线本身的绝缘来作为匝间绝缘,在油浸式变压器中多采用绝缘漆、棉纱和纸作为导线的绝缘。

用扁导线绕成的饼式绕组,各线饼间是用垫块隔成的径向油道作为绝缘间隙。垫块穿在直撑条上,绕组则直接绕在直撑条上。这样,垫块之间的空隙形成径向油道,而直撑条之间的空隙则形成轴向油道。

### 4.1.2　试验项目

变压器的绝缘试验项目包括:①测量绝缘电阻和吸收比;②测量泄漏电流;③测量介质损耗角正切值;④绝缘油试验;⑤油中溶解气体色谱分析试验;⑥工频交流耐压试验;⑦感应耐压试验。

1.测量绝缘电阻和吸收比

测量绕组的绝缘电阻和吸收比是检查变压器绝缘状况简便而通用的方法,具有较高的灵敏度,并能有效地反映出绝缘整体受潮或贯通性缺陷(如各种短路、接地、瓷件破裂)等问题。

测量时,按表 4.1 的顺序依次测量各绕组对地和对其他绕组间的绝缘电阻和吸收比值。被测绕组所有引线端短接,非被测绕组所有引线端短接并接地。测量时应使用 2 500 V 及以上的兆欧表。

表 4.1　变压器绝缘试验的顺序和测量部位

| 序号 | 双绕组变压器 | | 三绕组变压器 | |
|---|---|---|---|---|
| | 被测绕组 | 接地部位 | 被测绕组 | 接地部位 |
| 1 | 低压 | 高压和外壳 | 低压 | 高压、中压和外壳 |
| 2 | 高压 | 高压和外壳 | 中压 | 高压、低压和外壳 |
| 3 | | | 高压 | 中压、低压和外壳 |
| 4 | 高压和低压 | 外壳 | 高压和中压 | 低压和外壳 |
| 5 | | | 高压、中压和低压 | 外壳 |

注:表中 4、5 项只对 16 000 kV·A 及以上的变压器进行测量。

非被测绕组短路接地,可以测量出被测绕组对地和对非被测绕组间的绝缘状况,同时能避免非被测绕组中剩余电荷对测量的影响。

对绝缘电阻测量结果的分析可采用比较法,主要依靠对变压器的多次试验结果相互进行比较。一般交接试验值不应低于出厂试验值的 70%,大修后及运行中的试验值不应低于

表 4.2 所列数值。

**表 4.2　油浸式变压器绝缘电阻的允许值**　　　　　　　　（单位：MΩ）

| 高压绕组电压等级（kV） | 温度（℃） | | | | | | | |
|---|---|---|---|---|---|---|---|---|
| | 10 | 20 | 30 | 40 | 50 | 60 | 70 | 80 |
| 3～10 | 450 | 300 | 200 | 130 | 90 | 60 | 40 | 25 |
| 20～35 | 600 | 400 | 270 | 180 | 120 | 80 | 50 | 35 |
| 60～220 | 1 200 | 800 | 540 | 360 | 240 | 160 | 100 | 70 |

注：同一变压器，中压和低压绕组的绝缘电阻标准与高压绕组相同。

**表 4.3　油浸式变压器绝缘电阻的温度换算系数 $K_R$**

| 温度差（℃） | 5 | 10 | 15 | 20 | 25 | 30 | 35 | 40 | 45 | 50 | 55 | 60 |
|---|---|---|---|---|---|---|---|---|---|---|---|---|
| 换算系数 $K_R$ | 1.2 | 1.5 | 1.8 | 2.3 | 2.8 | 3.4 | 4.1 | 5.1 | 6.2 | 7.5 | 9.2 | 11.2 |

　　当测量温度不同时，应进行温度换算。由较高的温度向较低的温度换算时，须乘以表 4.3 中对应的系数；反之，由较低的温度向较高的温度换算时，须除以表 4.3 中对应的系数。需要指出的是，在测量绝缘电阻时应取油上层的温度。

　　例如，在预防性试验时，一台 110 kV 变压器油上层的温度为 38 ℃，测得其高压绕组的绝缘电阻值为 1 000 MΩ。与表 4.2 的规定值比较，符合标准。假若要与该变压器安装后的交接试验结果（20 ℃,2 700 MΩ）进行比较，则应换算到同一温度下。其温度差为

$$t_2 - t_1 = 38 - 20 = 18 \quad (\text{℃})$$

根据表 4.3 用插入法计算其换算系数 $K_R$ 为

$$K_R = 1.8 + \frac{2.3 - 1.8}{5} \times 3 = 2.1$$

则换算到 20 ℃时的绝缘电阻为

$$1\ 000 \times 2.1 = 2\ 100 \quad (\text{MΩ})$$

即为交接试验结果的 77.8%。

　　吸收比一般在温度为 10～30 ℃的情况下进行测量。60～330 kV 的变压器要求其吸收比不低于 1.3；35 kV 及以下的变压器要求不低于 1.2；对于 10 kV 以下的配电变压器不作要求，根据经验，配电变压器的吸收比大多等于 1。

　　根据运行经验，变压器受潮或有局部贯通性缺陷时吸收比小于 1.3，整体或局部受潮严重时吸收比接近于 1。但也有这样的情况，$R_{60} = R_{15} = 10\ 000$ MΩ，虽吸收比等于 1，但实际表明其绝缘很好。

　　2. 测量泄漏电流

　　与测量绝缘电阻相同，测量泄漏电流也按表 4.1 的顺序和测量部位进行，试验电压的标准见表 4.4。

**表 4.4　泄漏电流试验电压标准**

| 绕组额定电压（kV） | 3 | 6～15 | 20～35 | 35 以上 |
|---|---|---|---|---|
| 直流试验电压（kV） | 5 | 10 | 20 | 40 |

　　将电压升至试验电压后，读取 1 min 时通过被试绕组的泄漏电流值。

对于试验结果,也主要是通过与历次试验数据进行比较来判断,要求与多次数据比较不应有显著变化。当其数值逐年增大时,应引起注意,这往往是绝缘逐渐劣化所致;若数值与历年比较突然增大时,则可能有严重缺陷,应查明原因。泄漏电流的参考标准见表 4.5。

表 4.5　油浸式变压器泄漏电流的允许值　　　　　　　　　　(单位:$\mu A$)

| 额定电压(kV) | 试验电压(kV) | 温度(℃) | | | | | | | |
|---|---|---|---|---|---|---|---|---|---|
| | | 10 | 20 | 30 | 40 | 50 | 60 | 70 | 80 |
| 20～35 | 20 | 33 | 50 | 74 | 111 | 167 | 250 | 400 | 570 |
| 35 以上 | 40 | 33 | 50 | 74 | 111 | 167 | 250 | 400 | 570 |

与绝缘电阻的测量一样,也取上层油温作为测试温度。

**3.测量介质损耗角正切值**

介质损耗角正切值 $\tan\delta$ 的测量,是变压器交接、大修和预防性试验中的一个重要项目,它能比较灵敏地反映绝缘中的分布性缺陷,尤其是绝缘整体受潮、普遍劣化等,或是严重的局部缺陷。

由于变压器的绝缘结构是由油、纸等多种绝缘材料组成,测量时引线又是经过套管接入绕组的,相当于多个串并联的等值电路,这样测出的 $\tan\delta$ 是一个总的值,这总的 $\tan\delta$ 值在最大的 $\tan\delta$ 与最小的 $\tan\delta$ 之间。因此,为了能对变压器的各部分绝缘状况进行正确的判断,应尽可能进行分解试验。

**(1)测量接线**

变压器的外壳都是接地的,故只能采用西林电桥反接线测量,测量部位仍按表 4.1 进行。按表 4.1 测量双绕组变压器的介质损耗角正切值 $\tan\delta$ 和电容量 $C$ 的接线,如图 4.4 所示,图中的 $C_X$ 接电桥 $C_X$ 点。

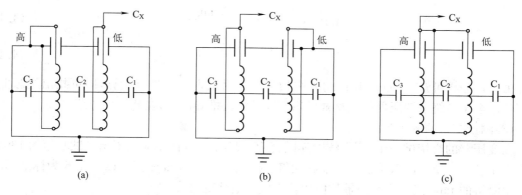

图 4.4　双绕组变压器测量 $\tan\delta$ 和 C 的接线

$C_1$—低压绕组对地的电容;$C_2$—高、低压绕组之间的电容;$C_3$—高压绕组对地的电容

按图 4.4(a)测量时,高压绕组引线端短接后接地,低压绕组引线端短接后接到电桥的 $C_X$ 点,可测得 $C_L$ 和 $\tan\delta_L$;按图 4.4(b)测量时,即低压绕组引线端短接后接地,高压绕组引线端短接后接到电桥的 $C_X$ 点,可测得 $C_H$ 和 $\tan\delta_H$;按图 4.4(c)测量时,即高、低压绕组引线端全部短接后接到电桥的 $C_X$ 点,可测得 $C_{HL}$ 和 $\tan\delta_{HL}$。其下标分别表示:H—高压;L—低压;HL—高压和低压。

测量时被测绕组两端短接,非被测绕组两端短路接地,以避免绕组电感给测量带来误差。

（2）测量数据的计算

按图 4.4（a）接线时，测得的数值为

$$C_L = C_1 + C_2 \qquad\qquad (4.1)$$

$$\tan\delta_L = \frac{C_1 \tan\delta_1 + C_2 \tan\delta_2}{C_L} \qquad\qquad (4.2)$$

按图 4.4（b）接线时，测得的数值为

$$C_H = C_2 + C_3 \qquad\qquad (4.3)$$

$$\tan\delta_H = \frac{C_2 \tan\delta_2 + C_3 \tan\delta_3}{C_H} \qquad\qquad (4.4)$$

按图 4.4（c）接线时，测得的数值为

$$C_{HL} = C_1 + C_3 \qquad\qquad (4.5)$$

$$\tan\delta_{HL} = \frac{C_1 \tan\delta_1 + C_3 \tan\delta_3}{C_{HL}} \qquad\qquad (4.6)$$

式（4.1）～式（4.6）中的 $C_L$ 和 $\tan\delta_L$、$C_H$ 和 $\tan\delta_H$、$C_{HL}$ 和 $\tan\delta_{HL}$ 分别表示低压绕组加压时、高压绕组加压时、高低压绕组加压时测得的电容值和介质损耗角正切值，$C_1$ 和 $\tan\delta_1$、$C_2$ 和 $\tan\delta_2$、$C_3$ 和 $\tan\delta_3$ 分别表示变压器各部分绝缘的电容值和介质损耗角正切值。

将以上各式联立求解，即得

$$C_1 = \frac{C_L - C_H + C_{HL}}{2} \qquad\qquad (4.7)$$

$$C_2 = C_L - C_1 \qquad\qquad (4.8)$$

$$C_3 = C_H - C_2 \qquad\qquad (4.9)$$

$$\tan\delta_1 = \frac{C_L \tan\delta_L - C_H \tan\delta_H + C_{HL} \tan\delta_{HL}}{2C_1} \qquad\qquad (4.10)$$

$$\tan\delta_2 = \frac{C_L \tan\delta_L - C_1 \tan\delta_1}{C_2} \qquad\qquad (4.11)$$

$$\tan\delta_3 = \frac{C_H \tan\delta_H - C_2 \tan\delta_2}{C_3} \qquad\qquad (4.12)$$

由上述分析可知，按照表 4.1 的顺序进行测量，后根据公式进行计算，即可找出绝缘低劣的部位。至于三绕组变压器的计算式可用相同的方法推导出来，在此不作介绍。

（3）测量结果的分析判断

在变压器的交接试验中，测得线圈连同套管一起的 $\tan\delta$ 值不应大于出厂试验值的 130%，或不大于表 4.6 所列的数值。变压器在大修后以及运行中的 $\tan\delta$ 值仍以表 4.6 为标准，并且运行中测得的 $\tan\delta$ 值与历年测量数值比较不应有显著变化。

**表 4.6　油浸式变压器绕组连同套管一起的 $\tan\delta$ 允许值（%）**

| 高压绕组<br>电压等级 | 温度（℃） | | | | | | |
|---|---|---|---|---|---|---|---|
| | 10 | 20 | 30 | 40 | 50 | 60 | 70 |
| 35 kV 及以下 | 1.5 | 2.0 | 3.0 | 4.0 | 6.0 | 8.0 | 11.0 |
| 35 kV 以上 | 1.0 | 1.5 | 2.0 | 3.0 | 4.0 | 6.0 | 8.0 |

注：同一变压器中压和低压绕组的 $\tan\delta$ 标准与高压绕组相同。

由于变压器绝缘的 $\tan\delta$ 值同样与温度有关，故须记录试验时的上层油温。

4.变压器油试验

在变压器中油是绝缘的主要部分,变压器油的质量直接影响到整个变压器的绝缘性能。变压器油在运行过程中,油色会逐渐加深(由微黄变成棕褐色),透明度逐渐降低,黏度增大,并有黑褐色固态或半固态物质(油泥)产生。油泥附着在绕组上,堵塞油道、妨碍散热。水分和脏污将使油的绝缘电阻下降,$\tan\delta$ 值上升,耐电强度下降。因此,运行中变压器应定期进行油试验,以确保安全运行。在取油样和分析试验的过程中如发现有水珠,必须查明原因,并采取有效措施(如干燥、烘烤等)。实践证明,存在这种情况的变压器在运行中极易造成严重事故。

5.气相色谱分析试验

变压器内部的绝缘油及有机绝缘材料在运行过程中热和电的作用下会逐渐劣化和分解,产生少量的各种烃类及 $CO_2$、$CO$ 等气体,这些气体大部分溶解在油中。当存在潜伏性过热或放电故障时,就会加快这些气体的产生速度,随着故障的发展,这些气体在油中的溶解量将越来越多。而气体的组成、含量与故障的类型、严重程度有密切的关系。因此,在变压器运行过程中,定期分析溶解于油中的气体,就能尽早发现其内部存在的潜伏性故障,并随时掌握故障的发展情况。

对运行中容量为 800 kV·A 及以上的变压器每年至少进行一次气相色谱分析试验,在新安装及大修后投运前应作一次分析试验,在投运后的一段时期内应作多次分析试验,以判断该变压器是否正常。当变压器出现异常情况时,应适当缩短分析试验周期。

6.工频交流耐压试验

工频交流耐压试验对考验变压器主绝缘强度,检查主绝缘局部缺陷具有决定作用。它能有效地发现主绝缘受潮、开裂,或在运输过程中由于振动引起绕组松动、移位,造成引线距离不够,以及绕组绝缘物上附着污物等情况。

绕组额定电压为 110 kV 以下的变压器,应进行工频交流耐压试验;110 kV 及以上的变压器,可根据试验条件自行规定;但 110 kV 及以上更换绕组的变压器,应进行工频交流耐压试验。

变压器的工频交流耐压试验电压标准见表 4.7。

**表 4.7　高压电气设备绝缘的工频交流耐压试验电压标准**

| 额定电压 | 最高工作电压 | 1 min 工频耐压试验电压(kV,有效值) | | | | | | | | | | | | | | | | |
| | | 油浸电力变压器 | | 并联电抗器 | | 电压互感器 | | 断路器、电流互感器 | | 干式电抗器 | | 穿墙套管 | | | | 支柱绝缘子、隔离开关 | | 干式电力变压器 | |
| | | | | | | | | | | | | 纯瓷和纯瓷充油绝缘 | | 固体有机绝缘 | | | | | |
| (kV) | (kV) | 出厂 | 交接 | 出厂 | 交接 | 出厂 | 交接 | 出厂 | 交接 | 出厂 | 交接 | 出厂 | 交接 | 出厂 | 交接 | 出厂 | 交接 | 出厂 | 交接 |
| 3 | 3.5 | 18 | 15 | 18 | 15 | 18 | 16 | 18 | 16 | 18 | 16 | 18 | 18 | 18 | 16 | 25 | 25 | 10 | 8.5 |
| 8 | 6.9 | 25 | 21 | 25 | 21 | 23 | 25 | 23 | 21 | 23 | 23 | 23 | 23 | 23 | 21 | 32 | 32 | 20 | 17.0 |
| 10 | 11.5 | 35 | 30 | 35 | 30 | 30 | 27 | 30 | 27 | 30 | 30 | 30 | 30 | 30 | 27 | 42 | 42 | 28 | 24 |
| 15 | 17.5 | 45 | 38 | 45 | 38 | 40 | 36 | 40 | 36 | 40 | 40 | 40 | 40 | 40 | 36 | 57 | 57 | 38 | 32 |
| 20 | 23.0 | 55 | 47 | 55 | 47 | 50 | 45 | 50 | 45 | 50 | 50 | 50 | 50 | 50 | 45 | 68 | 68 | 50 | 43 |
| 35 | 40.5 | 85 | 72 | 85 | 72 | 80 | 72 | 80 | 72 | 80 | 80 | 80 | 80 | 80 | 72 | 100 | 100 | 70 | 60 |
| 63 | 69.0 | 140 | 120 | 140 | 120 | 140 | 126 | 140 | 120 | 140 | 140 | 140 | 140 | 140 | 126 | 165 | 165 | | |
| 110 | 126.0 | 200 | 170 | 200 | 170 | 200 | 180 | 185 | 180 | 185 | 180 | 185 | 135 | 185 | 180 | 265 | 265 | | |

续上表

| 额定电压 (kV) | 最高工作电压 (kV) | 1 min 工频耐压试验电压(kV,有效值) | | | | | | | | | | | | | | | |
|---|---|---|---|---|---|---|---|---|---|---|---|---|---|---|---|---|---|
| | | 油浸电力变压器 | | 并联电抗器 | | 电压互感器 | | 断路器、电流互感器 | | 干式电抗器 | | 穿墙套管 | | | | 支柱绝缘子、隔离开关 | | 干式电力变压器 | |
| | | | | | | | | | | | | 纯瓷和纯瓷充油绝缘 | | 固体有机绝缘 | | | | | |
| | | 出厂 | 交接 | 出厂 | 交接 | 出厂 | 交接 | 出厂 | 交接 | 出厂 | 交接 | 出厂 | 交接 | 出厂 | 交接 | 出厂 | 交接 | 出厂 | 交接 |
| 220 | 252.0 | 395 | 335 | 395 | 335 | 395 | 356 | 395 | 356 | 395 | 395 | 360 | 360 | 360 | 356 | 450 | 450 | | |
| 330 | 363.0 | 510 | 433 | 510 | 433 | 510 | 459 | 510 | 469 | 510 | 510 | 460 | 460 | 460 | 499 | | | | |
| 500 | 550.0 | 680 | 578 | 630 | 578 | 680 | 612 | 630 | 612 | 680 | 680 | 630 | 630 | 630 | 612 | | | | |

注:1. 除干式变压器外,其余电气设备的出厂试验电压是根据现行国家标准《高压输变电设备的绝缘配合》;

　　2. 干式变压器的出厂试验电压是根据现行国家标准《干式电力变压器》;

　　3. 额定电压为 1 kV 及以下的油浸式电力变压器交接试验电压为 4 kV,干式电力变压器为 2.6 kV;

　　4. 油浸式电抗器和消弧线圈采用油浸式电力变压器的试验标准。

(1)试验接线

试验时,被测绕组的所有出线端应短接,非被测绕组所有出线端应短路接地,试验接线如图 4.5 所示。

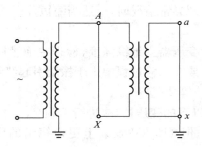

图 4.5　变压器工频交流耐压试验接线

被测变压器的接线如果不正确,不仅影响到试验的准确性,还有可能损害被试变压器的绝缘。图 4.6 列出了两种不正确的接线。

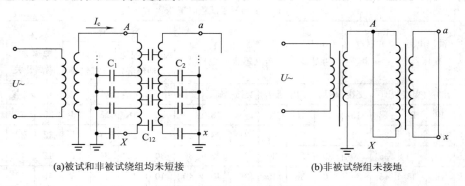

(a)被试和非被试绕组均未短接　　　　　(b)非被试绕组未接地

图 4.6　两种不正确的工频交流耐压试验接线

$C_1$—高压绕组对地的分布电容;$C_2$—低压绕组对地的分布电容;$C_{12}$—高、低压绕组间的分布电容

图 4.6(a)中,由于分布电容 $C_1$、$C_2$、$C_{12}$ 的影响,被测绕组对地及对非被试绕组将有电流流过,而且流过被测绕组各部位的电流不相等,越接近 $A$ 端电流越大,因而沿整个线匝存在着电

位差。由于流过绕组的是电容电流,故越接近 $X$ 端的电位越高,甚至超过所加的试验电压,并且由于非被试绕组处于开路状态,致使被试绕组的电抗较大,故由此而导致 $X$ 端的电位升高是不容忽视的。

图 4.6(b)中,低压绕组处于悬空状态,其对地电位是按电容分布的,如图 4.7 所示。低压绕组对地的电位,取决于高、低压绕组间和低压绕组对地的电容的大小,其值为

$$U_L = \frac{C_{12}}{C_{12}+C_2} U_S$$

式中　$U_L$——低压绕组对地的电位;

　　　$U_S$——高压绕组试验电压。

实际计算表明,低压绕组对地的电位可能达到不能容许的数值,但这时高、低压绕组之间承受的电压又低于试验电压。所以,应注意将非被测绕组短路接地。

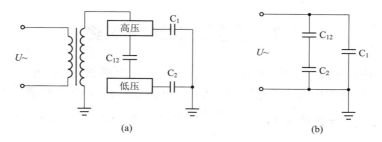

图 4.7　低压绕组悬空时的等值电路

（2）试验结果的分析判断

对工频交流耐压试验结果的分析判断,主要根据仪表指示、放电声音、有无冒烟等异常情况进行。在工频交流耐压试验过程中,若仪表指示不跳动,被测变压器无放电声音,说明被测变压器能承受试验电压而无异常。此外,试验时允许在空气中有轻微放电,或在瓷件外表面有轻微的树枝状火花。

①由仪表的指示判断

如果电流指示突然上升,且有放电声音,与此同时保护球隙发生放电,说明被试变压器内部击穿。如果电流指示突然下降,也表明被试变压器击穿。

②由放电或击穿的声音判断

在工频交流耐压试验的过程中,如果被试变压器内部发出像金属撞击油箱的声音时,一般是由于油隙距离不够或电场畸变(如引线圆弧的半径太小等)导致油隙贯穿性击穿。当重复进行试验时,由于油隙抗电强度恢复,其放电电压不会明显下降。

试验时,若第二次出现的放电声比第一次的小,仪表指示摆动不大,再重复试验时放电又消失,这种现象是油中气泡放电所致。当气泡击穿时,声音轻微断续,电流指示不会有明显的变化。油中气泡所引起的击穿,无论是贯穿性的还是局部性的,在重复试验时均可能消失,这是由于在放电击穿后气泡逸出所致。因此,在进行耐压试验时要注意放气。注油后须静置5~6 h 才能进行耐压试验。

在加压过程中,变压器内部如有"沙沙"的放电声,而电流表的指示又很稳定,这可能是带有悬浮电位的金属件对地放电。例如,变压器在制造或大修过程中,铁芯和接地的夹件未用金属片连接,当两者之间达到一定的电压时,便会产生这种现象。

若出现"哧哧"的或是沉闷的响声,电流表指示突增,当进行重复试验时,放电电压有明显的下降,这往往是内部固体绝缘的爬电,或绕组端部对铁轭爬电。

### 7. 感应耐压试验

工频交流耐压试验只检验了变压器主绝缘,即绕组与绕组之间、绕组对外壳和铁芯等接地部分的绝缘,而不能检验绕组的匝间、层间和段间的纵绝缘。许多大中型变压器中性点是降低绝缘水平的,如 110 kV、220 kV 的变压器,其中性点分别为 35 kV 和 110 kV 的绝缘,称为中性点分级绝缘或称半绝缘的变压器。这种变压器绕组的首末两端对地绝缘强度不同,不能承受同一对地试验电压。所以对分级绝缘的变压器,不能采用一般的工频交流耐压试验。

感应耐压试验就是在变压器低压侧施加比额定电压高一定倍数的电压,靠变压器自身的电磁感应在高压侧绕组上得到所需的试验电压,检验变压器的纵绝缘。对于分级绝缘的变压器,其主绝缘和纵绝缘均由感应耐压试验来考核。

# 4.2　互感器的绝缘与试验

互感器是一种特殊的变压器,分为电流互感器和电压互感器两种。电流互感器是将一次系统中的大电流,按比例变换成额定值为 1 A 或 5 A 的小电流;电压互感器则是将一次系统的高电压,按比例变换成额定值为 100 V 或 $\frac{100}{\sqrt{3}}$ V 的低电压,供给测量仪表、继电保护和自动装置。互感器将测量仪表、保护及自动装置与高压电路隔离,保证了低压仪表、装置以及工作人员的安全。

### 4.2.1　互感器的绝缘结构

#### 1. 电流互感器

电流互感器的结构与变压器相似,也是由铁芯、一次绕组和二次绕组所组成。其一次绕组通常只有一匝或几匝,串接于大电流电路中;二次绕组匝数较多,并且通常有互相独立的几个绕组,分别与测量仪表和继电保护装置的电流线圈相连接,负载阻抗很小;为了满足不同的测量要求,互感器也可具有多个铁芯。因此,电流互感器实质上相当于一台容量很小,励磁电流可忽略不计的短路变压器。

电流互感器的一次绕组串接在高压回路中,处于高电位;二次绕组与测量仪表等相连,处于低电位,所以在其一、二次绕组之间存在很高的电位差。此外,与变电所内的其他电气设备一样,电流互感器绝缘上也将受到各种过电压的作用。

额定电压不很高(10～20 kV)的电流互感器,通常采用浇注式的绝缘结构,其一、二次绕组的绝缘一般是用环氧树脂浇注。浇注式的绝缘具有绝缘性能好、机械强度高、防潮、防盐雾等特点。也有 35 kV 浇注绝缘式的电流互感器,这类电流互感器大都是设备的附属件,例如,附装于 ZN-27.5 型真空断路器上,供测量和保护用的 LCZ-35 型电流互感器就属此类。

额定电压在 35 kV 及以上的电流互感器,大多采用全密封油浸式绝缘结构。这种绝缘结构的电流互感器有"8"字形和"U"字形两种。

①"8"字形结构的电流互感器主要用于 35～110 kV 电压等级,其一次绕组套在绕有二次绕组的环形铁芯上,一次绕组和铁芯上都包有很厚的电缆纸,通常两者厚度相等,然后将两个环一起浸入充满变压器油的瓷套中,如图 4.8 所示。"8"字形结构的绝缘层中电场分布很不均

匀,再加上沿环形包缠纸带,不容易包得均匀、密实,因而这种结构容易出现绝缘弱点。

②"U"字形结构的电流互感器用于 110 kV 及以上电压等级。一次绕组做成"U"字形,主绝缘全部包在一次绕组上,为多层电缆纸绝缘,层间放置同心圆筒形的铝箔电容屏,内屏与线心连接,最外层的屏接地,构成一个同心圆筒形的电容器串。在"U"字形一次绕组外屏的下部两侧,分别套装两个环形铁芯,铁芯上绕着二次绕组,再将其浸入充满变压器油的瓷套中,这种绝缘结构称为电缆电容型绝缘,如图 4.9 所示。保持电容屏各层的电容量相等,可以使主绝缘各层的电场分布均匀,绝缘得到了充分利用,减小了绝缘的厚度。

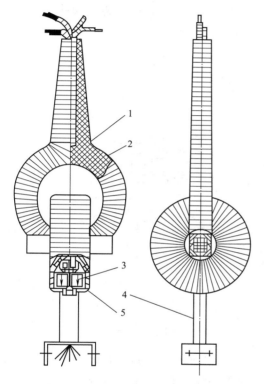

图 4.8　"8"字形绝缘结构

1——一次绕组;2——一次绕组绝缘;

3—二次绕组及铁芯;4—支架;5—二次绕组绝缘

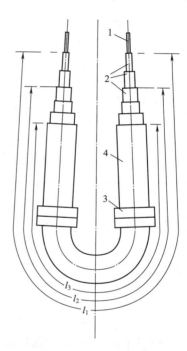

图 4.9　"U"字形绝缘结构

1——一次绕组;2—电容屏;

3—二次绕组及铁芯;4—末屏

**2.电压互感器**

电压互感器的结构、原理和接线都与变压器相同,区别在于电压互感器的容量很小,通常只有几十到几百伏安。电压互感器实质上就是一台小容量的空载降压变压器。

电压互感器的绝缘方式较多,有干式、浇注式、油浸式和充气式等,除此之外还有电容式电压互感器。

①干式(浸绝缘胶)绝缘的绝缘强度较低,只适用于 6 kV 以下的户内配电装置;

②浇注式绝缘紧凑,适用于 3～35 kV 户内配电装置;

③油浸式绝缘的性能好,可用于 10 kV 以上的户内外配电装置;

④充气式绝缘用于 SF$_6$ 全封闭组合电器中。

目前使用较多的是油浸式和电容式结构的电压互感器。

油浸式电压互感器按其结构又可分为普通式和串级式,3～35 kV 的都采用普通式,110 kV

及以上的普遍采用串级式。普通油浸式电压互感器,是将铁芯和绕组浸入充满变压器油的油箱内。串级式电压互感器如图 4.10 所示。其一次绕组分成匝数相等的两部分,分别绕在一个口字形铁芯的上、下柱上,两者相串联,接点与铁芯连接,铁芯与底座绝缘,置于瓷箱内,该瓷箱既起高压出线套管的作用,又代替油箱。每柱绕组为一个绝缘分级,正常运行时每柱绕组对铁芯的电位差只有互感器工作电压的一半,铁芯对地的电位差也是工作电压的一半;而普通结构的互感器,则必须按全电压设计绝缘。二次绕组则绕在下铁芯柱上,并置于一次绕组的外面。为了加强绕在上铁芯柱上的一次绕组和绕在下铁芯柱上的二次绕组间的磁耦合,减小电压互感器的误差,增设了平衡绕组,它分别绕在上下铁芯柱上,并反向相连。采用串级式结构绕组和铁芯是分级绝缘,简化了绝缘结构,节省了绝缘材料,并减轻了质量,降低了造价。

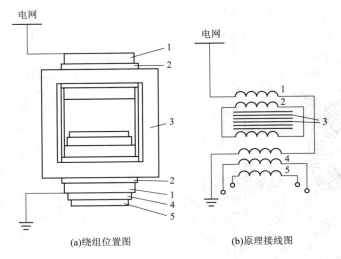

(a)绕组位置图　　　　(b)原理接线图

图 4.10　110 kV 串级式电压互感器的原理结构图

1——一次绕组;2—平衡绕组;3—铁芯;4—二次绕组;5—附加二次绕组

电容式电压互感器实质上是一个电容分压器,其外形如图 4.11(a)所示。它由若干个相同的电容器串联组成,接在高压导线与地之间,其原理接线如图 4.11(b)所示。

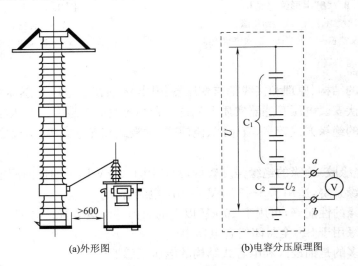

(a)外形图　　　　　(b)电容分压原理图

图 4.11　YDR-110 型电容式电压互感器

YDR-110 型电容式电压互感器主要由电容分压器、电磁装置、阻尼器等组成,采用单柱式叠装结构,上部为电容分压器,下部为电磁装置和安装支架,阻尼器为单独的单元。电容分压器主要由瓷套和置于瓷套中的电容器串(包括主电容器 $C_1$ 和分压电容器 $C_2$)构成。瓷套内充满电容器油,构成其主绝缘。

### 4.2.2　试验项目

互感器绝缘试验项目主要包括:绝缘电阻测量、介质损耗角正切值测量和工频交流耐压试验。

1. 绝缘电阻测量

互感器的绝缘电阻测量应在交接、大修后,以及每年的绝缘预防性试验中进行。

测量互感器的绝缘电阻,一次线圈应用 2 500 V 兆欧表,二次线圈用 1 000 V 或 2 500 V 兆欧表。测量时,须使互感器的所有非被试线圈短路接地。并应考虑空气温度、湿度、套管表面脏污对绝缘电阻的影响,必要时应采取措施消除表面泄漏电流的影响。

互感器绝缘电阻的标准,规程除对 220 kV(交接为 110 kV)及以上者要求不小于 1 000 MΩ外,其余未作规定。可将测得的绝缘电阻值与历次测量结果比较、与同类型互感器比较,再根据其他试验项目所得结果进行综合分析判断。

2. 介质损耗角 tanδ 值测量

介质损耗角 tanδ 值测量应在交接、大修后,以及每年的绝缘预防性试验中进行。它对单装油浸式互感器绝缘的监视较为灵敏。

对于电流互感器,所测得的 tanδ 值在 20 ℃时应不大于表 4.8 中的数值;并且与历年数据比较,不应有明显变化。

表 4.8　电流互感器 20 ℃时的 tanδ(%)值标准

| 电压(kV) | | 20～35 | 63～220 |
|---|---|---|---|
| 充油的电流互感器 | 交接及大修后运行中 | 3<br>6 | 2<br>3 |
| 充胶的电流互感器 | 交接及大修后运行中 | 2<br>4 | 2<br>3 |
| 胶纸电容式的电流互感器 | 交接及大修后运行中 | 2.5<br>6 | 2<br>3 |
| 油纸电容式的电流互感器 | 交接及大修后运行中 | | 1<br>1.5 |

注:对于 220 kV 级的电流互感器,测量 tanδ 值的同时应测量主绝缘的电容值,其值一般不应超过交接试验值的±10%。

对于电压互感器,所测得的 tanδ 值应不大于表 4.9 中的数值。

表 4.9　电压互感器的 tanδ(%)值标准

| 温度(℃) | | 5 | 10 | 20 | 30 | 40 |
|---|---|---|---|---|---|---|
| 25～35 kV | 交接及大修后 | 2.0 | 2.5 | 3.5 | 5.5 | 8.0 |
| | 运行中 | 2.5 | 3.5 | 5.0 | 7.5 | 10.5 |
| 35 kV 以上 | 交接及大修后 | 1.5 | 2.0 | 2.5 | 4.0 | 6.0 |
| | 运行中 | 2.0 | 2.5 | 3.5 | 5.0 | 8.0 |

　　互感器 tanδ 值测量的具体方法可参阅相关章节的介绍,这里仅就 110 kV 及以上的串级式电压互感器 tanδ 值测量的特殊性作一说明。

　　串级式电压互感器一次线圈采用半绝缘结构,即一次线圈尾端 X 接地运行。这样,测量 tanδ 值时不能施加高电压,只能降低电压或采用其他接线方式。

　　(1)降低试验电压的反接线法

　　根据 QS₁ 型电桥灵敏度以及一次线圈 X 端所能承受的电压的要求,最适宜的试验电压为 3 000 V。由于互感器座在基础上,故电桥只能采用反接线。需要注意的是,一次线圈的高压端头需要与尾部端头 X 短接起来接入电桥,或是仅从 X 端头接入电桥,而绝不能只从高压端头接入电桥,否则会使测量结果出现"虚增"的现象。

　　在运行的变电所中进行 tanδ 值测量时,还要注意电磁场干扰的影响。针对这种情况,一般采取在测量时将电桥的电源(单相交流 220 V)倒相的办法。如果正、反相测量结果一致,说明结果可取,否则应采取措施重新测量。

　　(2)电压互感器自励磁法

　　这种方法是在电压互感器二次侧施加交流电压励磁,使其一次线圈感应出 10 kV 高压作为自身试验电源,因而称为自励磁法。此时 QS₁ 型电桥采用对角线连接,如图 4.12 所示。

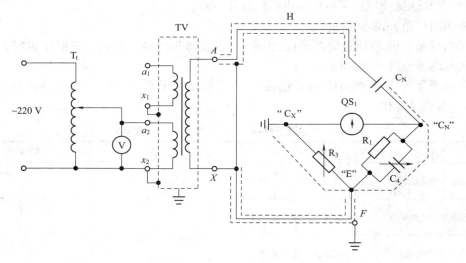

图 4.12　电压互感器自励磁法测量 tanδ 的原理接线图
Tₜ—自耦调压器;TV—被试电压互感器;QS₁—QS₁ 型电桥;
H—10 kV 高频电缆;Cₙ—标准空气电容器

　　电压互感器一次线圈所感应的高压,直接加在标准空气电容器 Cₙ 及电桥的 R₄、C₄ 臂上,而一次线圈对二次线圈及外壳的电流经桥臂 R₃ 流入一次线圈的 X 端,因而需将原电桥"E"线的外屏蔽与电桥内屏蔽断开,经导线引出接地(如图 4.12 中的 F 点)。为了消除接至标准空气电容器的高频电缆对地杂散电流的影响,应将其屏蔽引出,接至电压互感器一次线圈的 X 端。测量时应将一次线圈 X 端的接地线拆除;而所有二次线圈各有一端(通常为 x 端)接地,但注意二次线圈不得短路。当有电磁场干扰时,也应采取措施予以消除。

　　(3)一次线圈尾端屏蔽法

　　这种方法是在被试电压互感器的一次线圈上直接施加 10 kV 高压,同时作为电桥的试验电源,并将线圈尾端 X 接电桥的屏蔽 E,故称为一次线圈尾端屏蔽法,其原理接线如图 4.13 所示。

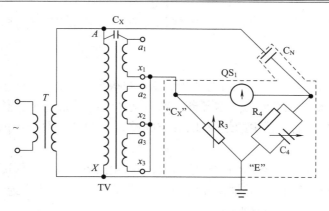

图 4.13　电压互感器一次线圈尾端屏蔽法测量 tanδ 的原理接线图

采用这种方法时,X 端及外壳均应接地,同时所有二次线圈均应开路,且所有的二次线圈尾端 $x$ 均接至电桥的 $C_X$。

3. 工频交流耐压试验

线圈连同套管一起对外壳的工频交流耐压试验,是互感器绝缘试验的又一重要项目,一般要求在互感器大修后和必要时进行。对于 10 kV 及以下的互感器则还要求每 3 年结合预防性试验进行 1 次。互感器的工频交流耐压试验电压标准,见表 4.7。

串级式半绝缘的电压互感器,由于与半绝缘变压器相同的原因,也不能进行工频交流耐压试验,而只能以感应耐压试验代替。

试验时最好是在高压侧直接测量电压,以免在低压侧测量时因容升现象造成高压绝缘损伤。此外,在试验过程中还应严格防止谐振现象发生。

# 4.3　断路器的绝缘与试验

断路器是电力系统重要的控制和保护设备。所谓控制作用,就是根据电网运行需要,利用断路器可以安全可靠地投入或切除相应的线路或电气设备;线路或电气设备发生故障时,利用断路器可以将故障部分从电网中快速切除,保证电网无故障部分正常运行。对于输配电线路,往往还要求断路器具备自动重合闸的功能。

## 4.3.1　断路器的绝缘结构

断路器从结构和功能上可以分为四个部分:导电回路、灭弧装置、绝缘系统和操动机构。

1. 导电回路

断路器的导电回路包括动静触头、中间触头以及各种形式的过渡连接。接触电阻是判断断路器导电回路优劣的重要参数。

2. 灭弧装置

灭弧装置要解决的主要问题是如何提高灭弧能力、减少燃弧时间。灭弧装置既要能可靠开断数值很大的短路电流,又要提高熄灭小电容性和电感性电流的能力。

油断路器是历史上使用最广泛的一种断路器,它利用变压器油作为灭弧介质和绝缘介质;近几十年来真空断路器得到了很大发展,真空断路器使用高真空作为灭弧和绝缘介质;

$SF_6$断路器是新一代的开关装置,利用 $SF_6$ 气体优良的绝缘和灭弧性能实现其分合电路的功能。

3.绝缘系统

断路器必须保证以下 3 个方面的绝缘处于良好的状态:

(1)导电部分对地之间的绝缘。这部分绝缘由支持绝缘子或瓷套、绝缘杆件(包括绝缘拉杆和提升杆),以及多油断路器中的绝缘油、真空断路器中的高真空、$SF_6$断路器中的 $SF_6$ 气体等组成。

(2)断口间绝缘。这部分绝缘通常靠绝缘油、高真空或 $SF_6$ 气体来保证。

(3)相间绝缘。对于三相断路器主要由绝缘油、高真空、$SF_6$ 气体或绝缘隔板等来保证,分相断路器则由足够的空间距离来保证。

断路器各部分绝缘既要能在长期工作电压下安全运行,又要能承受标准所规定的试验电压作用。

4.操动机构

除断路器本体外,断路器一般均附设操动机构,来实现其操作和保持其相应的分合闸位置。

### 4.3.2 试验项目

断路器的绝缘试验是通过各种测试手段判断并掌握断路器的导电部分对地以及断口间的绝缘水平。由于各种断路器结构特征相差很大,其试验项目及判断标准不完全一样。一般而言,断路器的绝缘试验有:测量绝缘电阻、测量泄漏电流、工频交流耐压试验、绝缘油试验、断口并联电阻和并联电容的绝缘性能试验等。

1.测量绝缘电阻

测量绝缘电阻是断路器绝缘试验的基本项目,交接、大修后以及运行中每年进行一次。测量导电部分对地的绝缘电阻应在合闸状态下进行;测量断口间的绝缘电阻应在分闸状态下进行,测量时应使用 2 500 V 兆欧表。通过绝缘电阻的测量,能有效地发现断路器的受潮和贯穿性缺陷。

对断路器整体的绝缘电阻通常不作规定,可与出厂及历年试验结果或同类型的断路器相互比较来判断。规程中只对用有机物制成的绝缘拉杆的绝缘电阻作出了规定,见表 4.10。

表 4.10 用有机物制成的绝缘拉杆的绝缘电阻标准 (单位:MΩ)

| 试验类别 | 额定电压(kV) | | |
|---|---|---|---|
| | 3～15 | 20～35 | 63～220 |
| 交接及大修后 | 1 200 | 3 000 | 6 000 |
| 运行中 | 300 | 1 000 | 3 000 |

2.测量泄漏电流

测量泄漏电流是 35 kV 及以上少油、压缩空气和 $SF_6$ 断路器的重要试验项目,交接、大修后以及运行中每年进行一次。在分闸状态测量断路器的泄漏电流能够有效地发现整体绝缘及绝缘拉杆受潮、瓷套裂纹、灭弧室受潮、油质劣化、$SF_6$ 气体变质等缺陷。

3. 工频交流耐压试验

工频交流耐压试验是断路器交接、大修后以及每 3 年进行 1 次的重要试验项目。耐压试验须在其他绝缘试验项目合格之后进行。

断路器的工频交流耐压试验,应在合闸状态下导电部分对地之间,以及分闸状态下的断口间进行。油断路器的耐压试验,应在油处于充分静止的情况下进行,以免油中的气泡引起放电击穿。对于三相在同一箱中的断路器,各相应分别进行试验,一相耐压时,其余两相和外壳一起接地。

对于 110 kV 及以上的断路器,现场若无条件进行整体工频交流耐压试验,可在断路器解体时,对绝缘拉杆单独作耐压试验。

对于 ZN-27.5 型真空断路器,除了对其主绝缘(包括两个绝缘支座和一个绝缘拉杆)进行工频交流耐压试验外,还应对真空灭弧室内动、静触头间的绝缘进行耐压试验。具体作法是:真空断路器处于分闸状态,用 1 000 V 兆欧表测量真空灭弧室断口间的绝缘电阻,当绝缘电阻值超过 500 MΩ 时(说明真空度是好的),在两触头间施加 85 kV 试验电压,持续 1 min。在耐压试验持续时间内如无闪络、击穿现象,则说明真空灭弧室完好,否则应予更换。

在运行中应随时监视真空断路器,如发现真空灭弧室出现红色或乳白色的辉光,或者内部零件氧化变色或失去铜的光泽,或者玻璃壳上存在大片的沉积物,应按上述方法对真空灭弧室进行工频交流耐压试验,以决定是否需要更换。

4. 断口并联电阻和并联电容的绝缘性能试验

110 kV 及以上的断路器,为了提高切断能力、限制内部过电压或使断口电压均匀,通常在断口上并联有电阻或电容。在交接、大修后以及必要时应测量并联电阻的电阻值和并联电容的电容值及 $\tan\delta$ 值。并联电阻的测量方法,与变压器绕组直流电阻的测量方法相同,所测得的并联电阻值应符合制造厂的规定。

并联电容的电容值及 $\tan\delta$ 值,可用 $QS_1$ 型西林电桥测量。所测得电容值的偏差应不超过标称值的 $\pm10\%$,$\tan\delta$ 值应不超过 $1\%$(出厂标准为 0.4%,20 ℃)。

## 4.4　高压套管的绝缘结构与试验

### 4.4.1　高压套管的绝缘结构

高压套管主要用作变压器、断路器等电气设备高压引出线对金属外壳的绝缘(电器用套管),也用作高压导线在穿过墙壁、楼板时的绝缘(电站用套管)。由于高压套管的工作条件恶劣(包括电场分布和外界环境),若维护不当,甚至可能发生击穿爆炸事故。因此,它虽然是变压器、断路器等的附件,但仍需专门研究制造,也被运行部门视为主要电器设备而单独维护。

图 4.14 为套管示意图,它由绝缘部分、金具固定连接套筒(又称接地法兰)和中心导电杆组成。高压套管按其所采用的绝缘和绝缘结构分为纯瓷套管、充油套管、电容式套管等。

1. 纯瓷套管

纯瓷套管用电瓷作为绝缘,主要用于 35 kV 及以下电压等级的穿墙套管,如图 4.15 所示。

图 4.14　套管示意图
1—绝缘;2—法兰;
3—导电杆

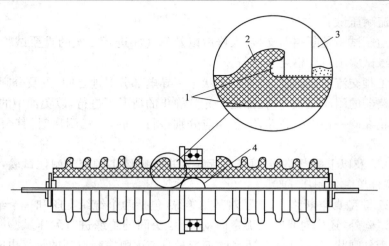

图 4.15　CWB35/600 型穿墙套管
1—导电层;2—大裙;3—法兰;4—弹簧片

由于套管属于棒(导电杆)和环(法兰)的电极布置,其电场分布极不均匀,在导电杆周围和法兰边缘都存在着强电场区。当电压较高时,就会首先在导电杆周围和法兰边缘出现局部放电。为了避免发生局部放电,在套管内部应设法降低导电杆周围的场强,而在套管外部则应设法降低法兰边缘附近的场强。为此,20～35 kV 的纯瓷穿墙套管的瓷套内壁和接地法兰处的瓷套外壁上,均涂有半导体釉层。瓷套内壁的釉层借助弹簧片与导电杆良好连接,将瓷套内的空气短接,这就相当于扩大了导电杆的直径,降低了套管内部最大场强,同时又将最大场强转移到耐电强度高的瓷质上。瓷套外壁的釉层与接地法兰相接,使法兰附近的瓷套外表面为零电位,降低了法兰边缘附近的场强。同时,还采用增加法兰附近单位表面的电容量的办法来提高放电电压,例如,在法兰附近设置大裙边,以及增加法兰附近瓷的厚度等。

2. 充油套管

充油套管是将绝缘油注入瓷套内,并以油作为绝缘的主体,为了提高瓷套与导电杆之间油隙的耐电强度,在油间隙中设置有胶纸筒作为屏障。充油套管过去曾大量用于 110 kV 及以下电压等级的变压器和断路器上,但由于这种套管尺寸大而且重,现已逐渐为电容式套管所取代。

3. 电容式套管

电容式套管是靠一组串联的等值电容器,来改善导电杆与接地法兰间的电场分布的。图 4.16 为电容式套管示意图,它主要由导电杆、电容芯子、瓷套、中间法兰等组成。电容芯子为电容式套管的内绝缘,瓷套为外绝缘,法兰供安装连接用,油枕为供油量变化的金属容器,套管内部抽真空并充满矿物油。

电容式套管的性能主要取决于电容芯子。电容芯子是在导电杆上用绝缘纸和铝箔交替缠绕而成,如图 4.17 所示。

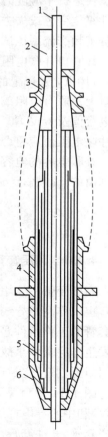

图 4.16　电容式套管示意图
1—导电杆;2—油枕;
3—上瓷套;4—中间法兰;
5—电容芯子;6—下瓷套

　　电容芯子做成锥体状,即铝箔的长度随离开导电杆的距离增加而减小,其目的是为了调整导电杆与接地法兰间的电场,使之比较均匀。这是因为每两层铝箔间形成一圆柱电容器,铝箔处的径向电场强度为

$$E_R = \frac{Q}{2\pi R \varepsilon_0 \varepsilon_r l}$$

式中　$Q$——铝箔上的电荷;

　　　$R$——铝箔的半径;

　　　$\varepsilon_0$——真空的介电系数;

　　　$\varepsilon_r$——铝箔间绝缘纸的相对介电系数;

　　　$l$——铝箔的长度。

　　因为 $\varepsilon_0$、$\varepsilon_r$ 和 $Q$ 均为常数,所以 $E_R = f(Rl)$;只有 $Rl$ 为常数时,$E_R$ 才为常数,即各层径向电场强度才均匀、相等。因此,离导电杆较远($R$ 大)的铝箔长度($l$)较短,这样电容芯子就形成了锥体状。

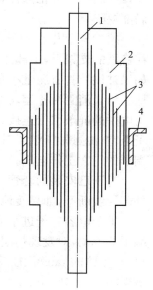

图 4.17　电容芯子示意图
1—导电杆;2—绝缘层;
3—铝箔极板;4—法兰

　　电容式套管的电容芯子有胶纸型和油纸型两种。胶纸型电容芯子是将涂有树脂的纸卷绕在导电杆上,每隔一定厚度插入一层铝箔,构成串联的同心圆筒形电容器,然后再经热处理成形切削,并绑扎和表面涂漆而制成。油纸型电容芯子是在导电杆上卷绕电容器纸,在纸层间放入铝箔,然后经干燥、真空脱气和在压力下浸渍变压器油而制成。由于油纸绝缘的耐电强度更高,从而使其径向尺寸比胶纸型电容芯子小得多,并且由于油纸芯子的热稳定性较高,因此更适用于在高电压下运行。

　　电容式套管的瓷套是外绝缘,同时也作为内绝缘和油的容器。上瓷套表面有伞裙,以提高外绝缘抵抗大气及环境影响(例如雨、雾、露、潮湿、脏污等)的能力;下瓷套(胶纸型变压器套管无下瓷套)处于油中,表面有棱。

　　为便于测量套管的介质损耗和局部放电,由电容芯子的末屏(最外一层铝箔)接引线经小套管引出一个测量端子,测量端子在运行时通过法兰接地。

　　电容式套管由于采用了电场分布较均匀的电容芯子作为主绝缘,并采用全封闭结构,因此比充油套管具有更高的运行可靠性,而且体积小、质量轻、机械强度大、易于维护。所以,电容式套管广泛应用于 35 kV 及以上高压供电系统中。

### 4.4.2　试验项目

　　高压套管的绝缘试验,主要是测量绝缘电阻、测量 $\tan\delta$ 及电容值和工频交流耐压试验。

　　1. 绝缘电阻的测量

　　在交接、大修及预防性试验中,应测量高压套管导电杆对法兰(地)的绝缘电阻。测量前要用干燥的抹布擦去表面的污垢,并检查套管表面有无裂纹及烧伤情况。测量用 2 500 V 兆欧表。对高压套管的绝缘电阻值规程未作规定,可与出厂值、历年测量值及同类型套管测量值比较,进行分析判断。

　　对于 63 kV 及以上的电容式套管,还应测量抽压小套管对法兰或测量小套管对法兰的绝缘电阻,其值一般要求不低于 1 000 MΩ。

### 2. tanδ 及电容值的测量

测量 tanδ 和电容值,是监视套管的绝缘性能及鉴定检修质量的重要依据。对于非纯瓷套管,绝缘受潮、劣化都会导致介质损耗的增加,测量 tanδ 可以灵敏地反映出介质的劣化和其他局部缺陷。

用 QS₁ 型电桥测量套管的 tanδ 时,对于未安装的套管可以采用正接线。将套管垂直放置在稳固的支架上,中部法兰盘用绝缘垫对地绝缘。电桥的一端接导电杆,另一端接在法兰上。如果被试套管有测量小套管时,原来接法兰的一端接测量小套管杆心,此时法兰盘可以直接接地。为了消除沿瓷套表面的泄漏电流,在上下瓷套靠法兰盘的第一棱边内侧设置屏蔽电极,并与电桥的屏蔽引线连接。对于带有抽压小套管的套管,测量套管整体的 tanδ 时,应将抽压端子悬空;测量抽压端子对地的 tanδ 时,应将导电杆悬空,施加在抽压端子上的电压不得超过该端子的正常工作电压。

对于已安装的套管,其法兰与设备的金属外壳直接连接并接地,测量时应将导电杆连接的外部接线断开,如果接地屏经小套管引出测量端子时,仍可采用电桥正接线,否则采用反接线。

由于电容芯子进水或受潮是从端部沿套管壁开始的,因此测量导电杆对抽压端子或测量端子的 tanδ,对发现初期受潮并不灵敏。因为初期潮气只浸入末屏附近的绝缘层,所占的体积很小,整体的 tanδ 往往反映不出来。而测量抽压端子与法兰间的 tanδ,对监视初期受潮要灵敏得多。

非纯瓷套管的 tanδ 值标准,见表 4.11。

**表 4.11　20℃ 时非纯瓷套管 tanδ 值(%)标准**

| 套管形式 | 额定电压(kV) | | | |
|---|---|---|---|---|
| | 20～35 | | 63～220 | |
| | 交接及大修后 | 运行中 | 交接及大修后 | 运行中 |
| 充油式 | 3 | 4 | 2 | 3 |
| 油浸纸电容式 | | | 1 | 1.5 |
| 胶纸式 | 3 | 4 | 2 | 3 |
| 充胶式 | 2 | 3 | 2 | 3 |
| 胶纸充胶或充油式 | 2.5 | 4 | 1.5 | 2.5 |

在测量套管 tanδ 值的同时可测出电容值 $C$,当套管绝缘受潮或局部短路时,电容值 $C$ 要增大。电容式套管的电容值 $C$ 与出厂值或初测值比较,其差别不得大于 ±10%,当超过 ±5% 时即应引起注意,加强监测。

### 3. 工频交流耐压试验

工频交流耐压试验是高压套管交接及大修后必须进行的试验项目。此项试验须在前两项试验合格后才能进行。其试验电压标准见表 4.7。

## 4.5　避雷器的试验

### 4.5.1　氧化锌避雷器的试验

氧化锌避雷器的试验主要是测量绝缘电阻,测量直流 1 mA 下在电压 $U_{1mA}$ 及 $0.75U_{1mA}$ 电压下的泄漏电流、测量运行电压下的交流泄漏电流三项。

1.绝缘电阻的测量

由于氧化锌阀片在小电流区域具有特别高的阻值,故氧化锌避雷器的绝缘电阻除决定于阀片外,还决定于内部绝缘部件和瓷套。

额定电压 35 kV 及以下的氧化锌避雷器用 2 500 V 兆欧表,绝缘电阻值应不低于 10 000 MΩ;额定电压 35 kV 以上的氧化锌避雷器用 5 000 V 兆欧表,绝缘电阻值应不低于30 000 MΩ。

2.在电压 $U_{1mA}$ 及 $0.75U_{1mA}$ 下的泄漏电流测量

电压 $U_{1mA}$ 指避雷器通过 1 mA 直流电流时,该避雷器两端的电压值。它是氧化锌避雷器的一个重要参数,其值决定于过电压保护配合系数与阀片压比,而该值又影响到避雷器的荷电率。荷电率升高,避雷器的可靠性将随之降低,如超过某一限度,避雷器将会损坏甚至发生爆炸。因此该试验是鉴定氧化锌避雷器的一个极其重要的项目。

试验接线和测量方法如图 4.18 所示。由于试验电路中串联有保护电阻 $R_1$,因此必须在高压侧直接测量避雷器的电压。可用高压静电电压表 $V_2$ 测量或用高电阻 $R_2$ 串联微安表(4 位置)测量。

测量电流时,应尽量避免杂散电流的影响。当避雷器的接地端可以断开时,可将微安表接在避雷器的接地端,如图 4.18 中 1 的位置。若避雷器的接地端不能断开,可将微安表接在图中 2 或 3 的位置。接在 2 的位置时,微安表处于高电位,读数时应注意安全,同时应将微安表接至避雷器的高压引线加屏蔽,以减少误差。若微安表接在 3 的位置时,应避免试验回路中其他设备的泄漏电流流过微安表,必须将这些设备的低压端接在图中 $E$ 点。

首先升高电压,使电流达到 1 mA,读取此时的电压值,即为氧化锌避雷器在直流 1 mA 下的电压 $U_{1mA}$。然后再降至 $0.75U_{1mA}$,读取微安表读数,即为氧化锌避雷器在 $0.75U_{1mA}$ 下的泄漏电流。所测得的 $U_{1mA}$ 值与初始值比较,变化应不大于 $\pm 5\%$,$0.75U_{1mA}$ 下的泄漏电流值应不大于 50 $\mu$A。

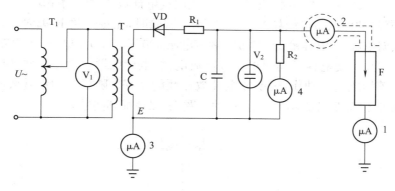

图 4.18　电导电流测量接线图

VD—高压二极管;$R_1$—保护电阻;

$R_2$—测量电阻;$V_1$—低压电压表;$V_2$—静电电压表;C—稳压电容

3.运行电压下交流泄漏电流的测量

氧化锌避雷器通常有多个氧化锌阀片串联(根据通流容量的要求,也有多柱并联的),固定在避雷器瓷套中。在正常运行电压下,流过避雷器的电流很小,只有几十到几百微安,这个电流称为运行电压下的交流泄漏电流。避雷器的交流泄漏电流可分为三部分:流过氧化锌阀片的电流、流过固定阀片的绝缘材料的电流和流过避雷器瓷套的电流。当避雷器完好时,流过氧化锌阀片的电流是交流泄漏电流的主要成分,也可以认为流过氧化锌阀片的电流就是避雷器的交流泄漏电流。氧化锌避雷器的交流泄漏电流中包含阻性电流(有功分量)和容性电流(无功分量)。在正常运行情况下,通过避雷器的电流主要是容性分量,阻性分量只占很小一部分。但当避雷器内部绝缘状况不良以及阀片特性发生变化时,交流泄漏电流中的阻性分量就会增大很多,而容性分量变化不大。避雷器阻性分量的增大会使阀片功率损耗增加,阀片温度升高,从而加速阀片的老化。因此,测量运行电压下的交流泄漏电流及其阻性分量,是判断氧化锌避雷器运行状态好坏的重要手段。

试验的方法是用工频交流耐压试验设备施加氧化锌避雷器的持续运行电压,将专用的泄漏电流测试仪串接于避雷器的接地回路中,即可直接读出交流泄漏电流及其阻性分量,并可计算出容性分量。

这项试验也可在避雷器不退出运行,即在带电状态下用泄漏电流测试仪直接测量。但这样测量应在系统电压比较稳定,且与避雷器的持续运行电压基本相同的条件下进行,以便测量结果之间的相互比较。

此外,有的避雷器放电计数器,除对避雷器放电计数外,还提供了避雷器在带电运行状态下测量交流泄漏电流的条件(其测量电路由氧化锌阀片和电子电路组成)。只要将交流电流表(一般采用万用表交流档)并接在放电计数器两端,即可直接读出该避雷器的交流泄漏电流值。

试验的标准为测量值与初始值比较,当阻性分量增加到 2 倍初始值时,应缩短监测周期为 3 月/次。实际上,当出现这种情况时,除按上述要求加强监测外,还应结合前两个试验的测量结果进行综合分析,作出最后的结论。

### 4.5.2　放电计数器的动作试验

《规程》要求,在避雷器试验时,应对配套安装的放电计数器进行动作试验。

放电计数器的动作试验接线如图 4.19 所示。试验时,先将开关 K 掷向位置 1,用 500～1 000 V兆欧表向电容C(电容量5～10 $\mu$F,额定电压 500 V 以上)充电,当兆欧表指针稳定后,将 K 迅速接入位置2,使电容 C 向放电计数器放电,放电计数器应动作一次,跳过一个数字。反复试验几次,若均能正常动作,表明放电计数器性能良好。随后手动将其数码回零。试验时,在开关 K 投向位置 2 以前,不可停止摇动兆欧表,以免损坏兆欧表。

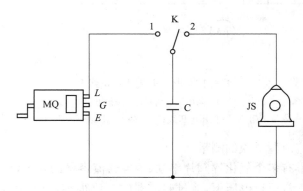

图 4.19　放电计数器动作试验接线图

## 复习思考题

1. 电力变压器绝缘的基本要求是什么?
2. 油浸变压器常用的绝缘材料有哪些?
3. 什么叫变压器的主绝缘、纵绝缘?
4. 电力变压器高压绕组有哪几种结构形式? 它们各有何特点?
5. 电流互感器的绝缘结构有哪几种形式? 它们各有何特点?
6. 电压互感器的绝缘结构有哪几种形式? 它们各有何特点?
7. 断路器必须保证哪几个方面的绝缘处于良好的状态?
8. 断路器的绝缘试验有哪几项?
9. 高压套管的用途是什么?

# 第3篇　电力系统过电压与绝缘配合

电力系统事故绝大多数是绝缘事故,而过电压是使绝缘损坏的主要原因。电力系统中的过电压是指超过系统最高运行电压后,对绝缘有危害的电压升高。按照产生的根源不同,过电压可分为外部过电压和内部过电压两类。由于雷电放电等外部因素作用于电力系统而产生的过电压称为外部过电压。由于电力系统内部操作或故障而引发电磁振荡产生的过电压称为内部过电压。过电压的作用时间通常很短,但其幅值却大大超过了电力系统的正常工作电压,因而对系统的绝缘构成很大的威胁。

# 5　雷电及防雷保护装置

雷电是自然界中一种气体放电现象。雷电放电会在电力系统中引起很高的雷电过电压,这种过电压远远超过电力设施的绝缘所能承受的数值,是造成电力系统绝缘故障和停电事故的主要原因之一;雷电放电所产生的巨大电流,有可能使被击物炸毁、燃烧、使导体熔断或通过电动力引起机械损坏。

雷电过电压可分为直击雷过电压和感应雷过电压两种。当雷直接击于电气设备或输电线路时,巨大的雷电流在被击物上流过造成的过电压,称为直击雷过电压;当雷击电气设备、输电线路附近的地面或其他物体时,由于电磁感应和静电感应在电气设备或输电线路上产生的过电压,称为感应雷过电压。

为了预防或限制雷电的危害性,在电力系统中应采用一系列防雷措施和防雷保护装置。

## 5.1　雷电放电过程和雷电参数

### 5.1.1　雷云的形成

雷电放电起源于雷云的形成,雷云就是积聚了大量电荷的云层。关于雷云的带电过程目前还没有统一的定论,但通过对雷云形成过程中的电荷分离、电荷的积聚分布、雷云电场的形成等进行的分析和研究,目前关于雷云起电的原因主要有感应起电、温差起电、对流起电、水滴分裂起电、融化起电、冻结起电等几个公认的学说,其中获得广泛认同的是水滴分裂起电理论。

水滴分裂起电理论认为雷云是在有利的大气和地形条件下,由强大的潮湿的热气流不断上升进入稀薄的大气层冷凝的结果。强烈的上升气流穿过云层,水滴被撞分裂起电,其中轻微的水沫带负电,被上升气流带往高空,形成大片的带负电的雷云;大滴水珠带正电,或凝聚成雨落向地面,或悬浮在云中,形成雷云下部的局部带正电的区域,如图5.1所示。

实测数据表明:雷云的上部带正电荷,下部带负电荷。正电荷云层分布在大约 4~10 km 的高空,负电荷云层分布在大约 1~5 km 的高空,但在云层的底部也有一块不大区域的正电荷聚集。显然,雷云中的电荷分布并不是中均匀的,而是集中在几个电荷密集中心;负电荷中心通常位于雷云的下部、据地面 500~10 000 m 的范围内。直接击向地面的放电通常从负电荷中心的边缘开始,因此大多数雷击是负极性的。

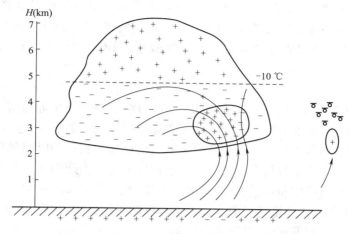

图 5.1　雷云中的电荷分布

### 5.1.2　雷云对地放电过程

雷云对地的放电过程与长空气间隙击穿过程十分相似,属于一种特长气隙的火花放电。大多数雷电放电是雷云与雷云之间进行的,只有少数是雷云对地进行的。雷电放电的形式主要有线状雷电、片状雷电、球状雷电。其中线状雷电主要是雷云对地的放电,电力系统中绝大多数雷害事故都是线状雷电造成的。

雷云对大地的放电通常是多重性的,每次放电分为先导放电、主放电和余晖放电三个阶段,如图 5.2 所示。

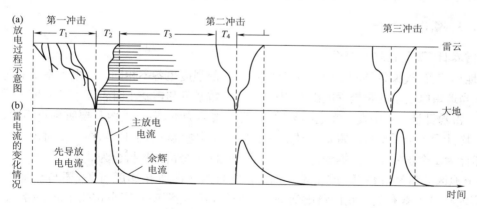

图 5.2　雷电放电的发展过程

1. 先导放电阶段

天空中出现雷云后,它会随着气流移动或下降,雷云下部的负电荷会在地面上感应出大量正电荷。这样,在雷云与大地之间会形成强电场,二者之间的电位差高达数十兆伏,但由于间距很大,平均电场强度并不高,一般低于 1 kV/cm。随着雷云中电荷的逐步积累,空间电场强度不断增大。一旦在个别地方的空间电场强度超过大气游离放电的临界电场强度(约 25～30 kV/cm)时,就会产生强烈的碰撞游离,该部分的空气被击穿,形成指向大地的一段导电通道。这个导电通道的形成和向下发展的过程称为先导放电。先导放电不是连续向下发展的，而是一段接着一段分级向下前进的，这是因为先导通道的头部必须积累足够的电荷才能使它前面的空气游离。每级先导发展的速度相当快，但每发展到一定的长度(约 25~50 m)就有一个 30~90 $\mu s$ 的停歇，所以先导放电的平均速度较慢，只有 100~800 km/s，出现的电流也不大。

2. 主放电阶段

在初始阶段，先导只是向下推进，并没有一定的目标。当先导接近地面时，地面上一些高耸物体顶部周围的电场强度也达到了能使空气游离和产生流注的程度，这时在它们的顶部往往会发出向上发展的迎面先导。一般越高的物体上出现迎面先导的时间越早，越容易与下行先导相遇。迎面先导中的电荷与下行先导中的电荷异极性。当迎面先导与下行先导接通后，立即出现强烈的异号电荷中和过程，引起极大的电流，最大可达 200~300 kA，这就是雷电的主放电阶段，伴随出现闪光和雷鸣现象。完成主放电的时间极短，只有 50~100 $\mu s$，它是沿负的下行通道由下而上逆向发展的，其速度高达 20 000~150 000 km/s。

3. 余晖放电阶段

主放电到达云端时结束，云中的残余电荷沿着主放电通道继续流向大地，形成余晖放电阶段。余晖放电阶段的电流不大，但持续时间较长，可达 0.03~0.05 s。

实测表明，雷云电荷的中和过程并不是一次完成的，往往出现多次重复雷击的情况。这是因为雷云中的电荷分布不均匀，可能存在多个电荷密集中心。第一次主放电所造成的第一次冲击主要是中和第一个电荷中心的电荷。在第一次冲击完成之后，主放电通道暂时还保持高于周围大气的电导率，别的电荷中心将对第一个电荷中心放电，利用已有的主放电通道对地放电，从而造成多重雷击，一般重复放电约 2~3 次。通常第一次冲击放电的电流最大，以后各次的电流较小，一般不超过 30 kA，但电流的上升速度比第一次高。

### 5.1.3　雷电参数

1. 雷暴日 $T_d$ 与雷暴小时 $T_h$

因地理位置、气象条件的不同，各地区雷电活动的强度也各不相同。在电力系统的防雷设计时，应从当地雷电活动的频繁程度出发，因地制宜。雷暴日和雷暴小时表征了某一地区雷电活动的频度。雷暴日是一年中发生雷电的天数，以听到雷声为准，在一天内只要听到过雷声，无论次数多少，均计为 1 个雷暴日。雷暴小时是一年中发生雷电放电的小时数，在 1 小时内只要有 1 次雷电，即计为 1 个雷暴小时。据统计，我国大部分地区 1 个雷暴日折合为 3 个雷暴小时。

各个地区的雷暴日数 $T_d$ 或雷暴小时 $T_h$ 数与该地区所在纬度有关，还与当地的气相条件、地形地貌等因素有关。我国雷电活动最频繁的地区是海南和广东雷州半岛一带，年平均雷暴日数高达 100~133；长江以南一带约为 40~80；长江以北大部分地区(包括东北)多在 20~40 之间；西北地区多数在 20 以下。

通常雷暴日数超过 90 的地区为强雷区；超过 40 的地区为多雷区；不足 15 的地区为少雷区。在防雷设计中，应根据雷暴日数的多少因地制宜。为了对不同地区的电力系统耐雷性能进行比较，必须将它们换算到同样的雷电频度条件下，通常取 40 个雷暴日为基准。

2. 地面落雷密度 $\gamma$

雷暴日或雷暴小时仅仅表示某一地区雷电活动的频度，它并不能区分是雷云之间的放电还是雷云对地面的放电。从电力系统防雷保护的角度，我们更关心雷云对地的放电情况。地

面落雷密度 $\gamma$ 表示每平方公里地面在一个雷暴日中受到的平均雷击次数。雷暴日 $T_d$ 不同的地区 $\gamma$ 值也各不相同,一般 $T_d$ 较大地区的 $\gamma$ 值也较大。我国标准对 $T_d=40$ 的地区取 $\gamma=0.07$。

3. 雷道波阻抗 $Z_0$

主放电过程沿着先导通道自下而上地推进时,使原来的先导通道变成了雷电通道,即主放电通道。主放电通道类似于一条分布参数电路,具有某一等值波阻抗,称为雷道波阻抗。这样,可将主放电过程视为一个电流波沿着波阻抗为 $Z_0$ 的雷道投射到雷击点的波过程。如果这个电流入射波为 $I_0$,则对应的电压入射波为 $U_0=I_0 Z_0$。根据理论计算结合实测结果,按我国有关规程建议取 $Z_0 \approx 300\ \Omega$。

4. 雷电的极性

根据实测数据,负极性雷击约占 $75\% \sim 90\%$。负极性过电压波沿线路传播时衰减较少较慢,对设备绝缘的危害较大,所以在防雷计算中一般均按负极性考虑。

5. 雷电流幅值 $I$

雷电流幅值是表示雷电强度的指标,也是产生雷电过电压的根源。雷电流幅值的大小除了与雷云中电荷数量有关外,还主要与气象、地质条件和地理位置有关。根据我国长期进行的大量实测结果,在一般地区,雷电流幅值超过 $I$ 的概率计算式为

$$\lg P = -\frac{I}{88} \tag{5.1}$$

式中　$I$——雷电流的幅值,kA;

　　　$P$——幅值大于 88 kA 的雷电流出现的概率。

例如,雷击时出现幅值大于 88 kA 的雷电流概率约为 $10\%$,如图 5.3 所示。

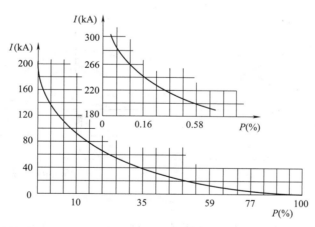

图 5.3　雷电流数据曲线

在我国除陕南以外的西北地区和内蒙古自治区等年平均雷暴日数小于 20 的地区,雷电流幅值较小,幅值超过 $I$ 的概率计算式为

$$\lg P = -\frac{I}{44} \tag{5.2}$$

6. 雷电流的波前时间、波长及陡度

实测表明,雷电流的波前时间 $T_1$ 在 $1 \sim 4\ \mu s$ 的范围内,平均约为 $2.6\ \mu s$。雷电流的波长(半峰值时间)$T_2$ 在 $20 \sim 100\ \mu s$ 的范围内,平均约为 $50\ \mu s$。我国规定在防雷设计中采用 2.6/

$50~\mu s$ 的雷电流波形。

雷电流的幅值和波前时间决定了它的波前陡度 $\alpha$，也就是雷电流随时间的变化率。$\alpha$ 是防雷计算和决定防雷保护措施时的一个重要参数。我国规定的波前时间 $T_1 = 2.6~\mu s$，所以雷电流波前的平均陡度为

$$\alpha = \frac{I}{2.6} \quad (kA/\mu s) \tag{5.3}$$

实测表明，波前陡度超过 $50~kA/\mu s$ 的雷电流出现的概率很小。

## 5.2　雷电过电压

### 5.2.1　直击雷过电压

直击雷过电压是指雷电直接对电气设备放电，引起强大的雷电流通过被击物导入大地，在被击物上产生的过电压。

### 5.2.2　感应雷过电压

感应雷过电压是指当雷闪击中电气设备附近地面，在放电过程中由于空间电磁场的急剧变化而使未直接遭受雷击的电气设备上感应出的过电压。感应雷过电压可以由静电感应产生，也可以由电磁感应产生。

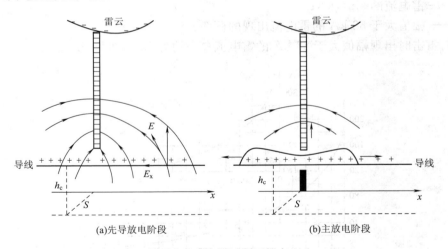

(a)先导放电阶段　　　　　　　　　　(b)主放电阶段

图 5.4　感应雷过电压的产生

如图 5.4 所示，以负雷云为例。在雷电放电的先导阶段，先导通道充满了负电荷，线路处于雷云、先导通道和地面构成的电场中，如图 5.4(a)所示。在导线表面电场强度 $E$ 的水平分量 $E_x$ 的作用下，导线两端与雷云异号的正电荷被吸引到靠近先导通道的一段导线上成为束缚电荷；而导线中的负电荷则被排斥到导线两侧远方。由于先导放电的速度较慢，所以导线上束缚电荷的聚积也很缓慢，由此引起的电流很小，相应的电压波也可忽略不计。此时，如果忽略线路本身的工作电压，由于束缚电荷在导线上分布不均匀，它们在导线各点所造成的电场抵消了先导通道中负电荷所产生的电场 $E$，因此导线为地电位。

当先导通道到达线路附近的地面或紧靠导线的物体(杆塔、避雷线等)时,主放电开始,先导通道中的电荷被迅速中和,它们所产生的电场迅速消失,使得导线上的束缚正电荷突然获释,沿导线向两侧运动而形成感应雷过电压。这种因先导通道中电荷所产生的静电场突然消失而引起的感应电压称为感应雷过电压的静电分量。同时,在发生主放电时,雷电通道中的雷电流还会在周围空间建立强大的磁场,它的磁通若与导线相交链,磁场发生变化时就会在导线中感应出一定的电压。这种因先导通道中的雷电流所产生的磁场变化而引起的感应电压称为感应雷过电压的电磁分量,如图 5.4(b)所示。事实上,由于主放电通道与导线基本上是互相垂直的,所以电磁分量一般不会太大,通常只考虑静电分量。

实测证明,感应雷过电压一般不超过 500 kV,对 35 kV 及以下的线路会引起闪络事故[35 kV 线路绝缘子串的 $U_{50\%(+)}$ 为 350 kV];对 110 kV 及以上的线路,由于其绝缘水平较高,一般不会引起闪络事故[110 kV 线路绝缘子串的 $U_{50\%(+)}$ 为 600 kV]。

# 5.3　避雷针和避雷线

## 5.3.1　避雷针(线)的保护作用

当雷电直接击中电力系统中的导电部分(导线、母线等)时,会产生极高的雷电过电压,任何电压等级系统的绝缘都将难以耐受,所以在电力系统中需要安装直接雷击防护装置,广泛采用的为避雷针和避雷线(又称架空地线)。

避雷针(线)主要由接闪器、接地引下线、接地体三部分组成,其作用原理是通过使雷电击向自身来发挥其保护作用。为了使雷电流顺利泄入地下和降低雷击点的过电压,避雷针(线)必须有可靠的引下线和良好的接地装置,其接地电阻应足够小。避雷针适用于变电所、发电厂等相对集中的保护对象,而避雷线适用于架空线路那样伸展很广的保护对象。

当雷云的先导通道开始向下伸展时,因先导头部距离地面较高,其发展方向几乎完全不受地面物体的影响,但当先导通道到达某一离地高度 $H$ 时,空间电场受到地面上一些高耸的导电物体的畸变影响,在这些物体的顶部聚集起许多异号电荷而形成局部强场区,甚至可能向上发展迎面先导。由于避雷针(线)一般均高于被保护对象,它们的迎面先导往往开始得最早、发展得最快,从而最先影响下行先导的发展方向,使之击向避雷针(线),并顺利泄入地下,使处于它们周围的较低物体受到屏蔽保护、免遭雷击。

常用保护范围来表示避雷针(线)的保护效能,但所谓"保护范围"只具有相对的意义,不能认为处于保护范围以内的物体就万无一失、完全不会受到雷电的直击,也不能认为处于保护范围之外的物体就完全不受避雷装置的保护。为此,应该为保护范围规定一个绕击(概)率。绕击指的是雷电绕过避雷装置而击中被保护物体的现象。显然,从不同的绕击率出发,可以得出不同的保护范围。通常避雷针(线)的保护范围是指可能遭受雷击概率(绕击率)不大于0.1%的空间范围。

## 5.3.2　避雷针的保护范围

1.单只避雷针的保护范围

单只避雷针的保护范围是以其本体为轴线的曲线圆锥体,如图 5.5 所示。它的侧面边界实际上是曲线,但为简化计算,我国规程建议近似用折线来拟合。

在某一被保护高度 $h_x$ 的水平面上的保护半径 $r_x$ 为

当 $h_x \geqslant \dfrac{h}{2}$ 时，$r_x = (h-h_x)p = h_a p$　(5.4)

当 $h_x < \dfrac{h}{2}$ 时，$r_x = (1.5h - 2h_x)p$　(5.5)

式中　$h$——避雷针的高度，m；

　　　$h_x$——被保护物的高度，m；

　　　$h_a$——避雷针的有效高度，m；

　　　$p$——高度影响系数。

当 $h \leqslant 30$ m 时，$p=1$；当 $30$ m $< h \leqslant$ $120$ m 时，$p = \dfrac{5.5}{\sqrt{h}}$；当 $h > 120$ m 时，按 $120$ m 计算。

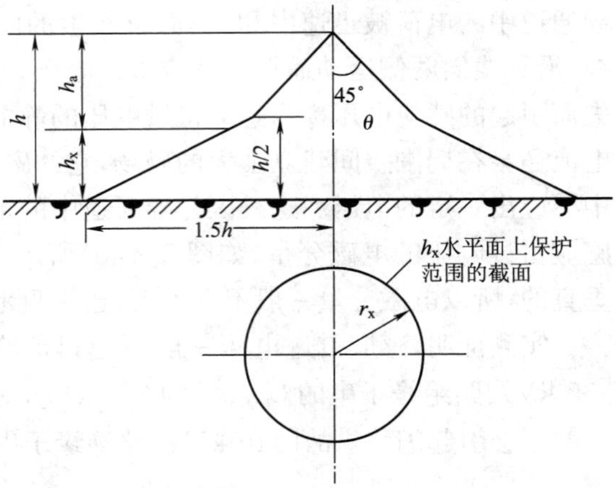

图 5.5　单只避雷针的保护范围
（当 $h \leqslant 30$ m 时，$\theta = 45°$）

2. 两只等高避雷针的保护范围

两支等高避雷针相距不太远时，其总的保护范围不是两个单支避雷针保护范围的简单相加。由于两针的联合屏蔽保护作用，两针之间的保护范围有所扩大，但两针外侧的保护范围仍按单支避雷针的计算方法确定，如图 5.6 所示。

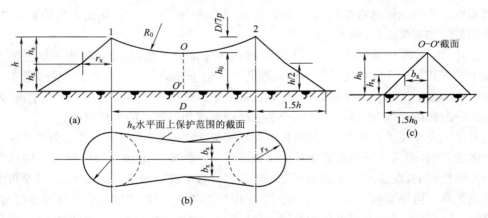

图 5.6　两只等高避雷针的联合保护范围

两针之间的保护范围可以通过两针顶点及保护范围上部边缘的最低点 $O$ 的圆弧来确定。由式(5.6)计算

$$h_0 = h - \frac{D}{7p} \tag{5.6}$$

式中　$h$——避雷针的高度，m；

　　　$h_0$——两针间联合保护范围上部边缘的最低点高度，m；

　　　$D$——两针间的距离，m。

两针间在 $h_x$ 水平面上的保护范围如图 5.6 所示，在 $O\text{-}O'$ 截面中高度为 $h_x$ 水平面上保护范围的一侧宽度 $b_x$ 可由式(5.7)计算

$$b_x = 1.5(h_0 - h_x) \tag{5.7}$$

$2b_x$ 为在高度 $h_x$ 的水平面上保护范围的最小宽度(m)。求得 $b_x$ 后，即可在 $h_x$ 水平面的中央画出到两针连线的距离为 $b_x$ 的两点，从这两点向两支避雷针在 $h_x$ 层面上的半径为 $r_x$ 的圆

形保护范围作切线,便可得到这一水平面上的联合保护范围。在 $O$-$O'$ 截面图中,两避雷针中间地面上的保护宽度为 $b_x=1.5h_0$。

需要注意的是,为了能使两避雷针构成联合保护,两针之间的距离 $D$ 不宜过大,$D \leqslant 5h$。

3. 两只不等高避雷针的保护范围

两避雷针外侧的保护范围按单针的方法确定,两针之间的保护范围可按下面方法确定:首先按单支避雷针的方法分别做出两针的保护范围,然后从低针 2 的顶点作一水平线,与高针 1 的保护范围边界交于点 3,再取点 3 为一假想的等高避雷针的顶点,求出等高避雷针 2 和 3 的联合保护范围,即可得到总保护范围,如图 5.7 所示。

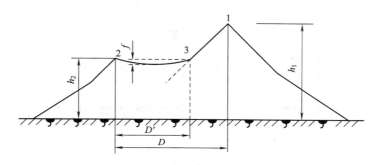

图 5.7　两只不等高避雷针的联合保护范围

4. 多支避雷针的保护范围

在发电厂或变电站防雷工程中,实际上大都采用多支避雷针保护的方法。

三支避雷针的联合保护范围可按每两支的不同组合,分别计算出双针的联合保护范围,只要在被保护物高度 $h_x$ 的水平面上,各个双针都有最小保护宽度 $b_x \geqslant 0$,那么三针组成的三角形中间部分都能得到保护,如图 5.8(a)所示。

四支及多针时,可按每三支避雷针的不同组合分别求取其保护范围,然后叠加起来得到总的联合保护范围。同样,只要各边的保护范围最小宽度 $b_x \geqslant 0$,那么多边形中间部分都处于联合保护范围以内,如图 5.8(b)所示。

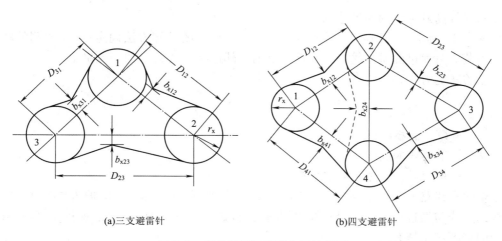

(a)三支避雷针　　　　　　　　　　　　　　(b)四支避雷针

图 5.8　多支避雷针的联合保护范围

### 5.3.3　避雷线的保护范围

1. 单根避雷线的保护范围

避雷线是架空地线,它悬挂在导线上方,是输电线路防雷保护的最基本措施之一。避雷线保护范围的长度与其本身的长度相同,但两端各有一个受到保护的半圆锥体空间;沿线一侧宽度要比单支避雷针的保护半径小一些,这是因为它的引雷空间要比同样高度的避雷针小,如图5.9所示。

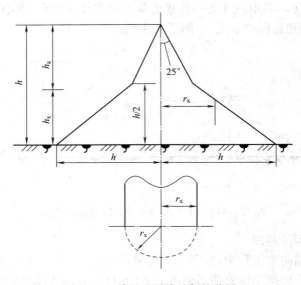

图 5.9　单根避雷线的保护范围

单根避雷线的保护范围一侧宽度 $r_x$ 为

当 $h_x \geqslant \dfrac{h}{2}$ 时,　　　　　　　$r_x = 0.47(h - h_x)P$　　　　　　　　　　(5.8)

当 $h_x < \dfrac{h}{2}$ 时,　　　　　　　$r_x = (h - 1.53 h_x)P$　　　　　　　　　　(5.9)

2. 两根等高避雷线的保护范围

如图5.10所示,两根避雷线外侧的保护范围按单线的计算方法确定;两线内侧的联合保护范围横截面可通过两避雷线1、2及保护范围上部边缘最低点 $O$ 的圆弧确定。

$O$ 点的高度为

$$h_0 = h - \frac{D}{4P}\qquad\qquad\qquad(5.10)$$

式中　$h_0$——$O$ 点的高度;

　　　$h$——避雷线的高度;

　　　$D$——两根避雷线之间的水平距离。

架空输电线路上一般用保护角 $\alpha$ 表示避雷线对导线的保护程度。保护角是指避雷线和边相导线的连线与经过避雷线的铅垂线之间的夹角,如图5.11所示。显然,保护角越小,避雷线对导线的屏蔽作用越有效。

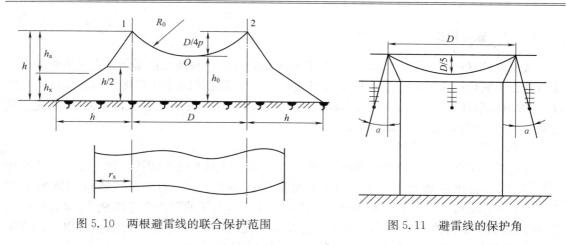

图 5.10　两根避雷线的联合保护范围　　　　　　图 5.11　避雷线的保护角

一般单根避雷线线路的保护角 $\alpha$ 取为 20°～30°；220～330 kV 双避雷线的保护角采用 20°左右；500 kV 线路一般不大于 15°；山区宜采用较小的保护角。两避雷线的间距 $D$ 不宜超过避雷线与中间导线高度差$(h-h_0)$的 5 倍。

## 5.4　避 雷 器

避雷针(线)虽然可以对电气设备进行直击雷防护，但仍不能完全排除电力设备出现危险过电压而被损坏的可能性。这是因为避雷针(线)的屏蔽效果不能达到 100%，仍有一定的绕击率；此外，当雷击线路和线路附近的大地时，将在输电线路上产生感应雷过电压。过电压以波的形式沿线路传入发电厂和变电所，危及电气设备的绝缘。避雷器作为基本的过电压保护装置，可以限制入侵波过电压的幅值，保证设备的安全。

### 5.4.1　避雷器的基本要求

避雷器实质上是一种限压器，它并联在被保护设备附近。当沿线路传来的过电压超过避雷器的放电电压时，避雷器先行放电，把过电压波中的电荷迅速引入大地，限制了被保护设备上的电压幅值，从而保护了电气设备的绝缘。

当避雷器动作(放电)将强大的雷电流引入大地之后，由于系统还有工频电压的作用，避雷器中将流过工频短路电流，称为工频续流。工频续流通常以电弧放电的形式存在。避雷器应在过电压作用过后，能迅速切断工频续流，保证电力系统恢复正常运行，避免供电中断。

为了达到预想的保护效果，避雷器应满足以下基本要求：

(1)具有良好的伏秒特性。避雷器与被保护设备之间应有合理的伏秒特性的配合，要求避雷器的伏秒特性比较平直、分散性小，避雷器伏秒特性的上限应不高于被保护设备伏秒特性的下限。在过电压作用时，避雷器应先于被保护设备放电。

(2)具有较强的灭弧能力。冲击过电压过后，避雷器应在工频续流第一次过零时将其熄灭并恢复绝缘能力，使电力系统恢复正常运行。

按照发展历史和保护性能的改进过程，目前使用的避雷器主要有：保护间隙、管式避雷器、阀式避雷器及氧化锌避雷器。

### 5.4.2 氧化锌避雷器(MOA)

氧化锌(ZnO)避雷器是 20 世纪 70 年代初开始出现的一种新型避雷器。它是由封装在瓷套内的若干氧化锌非线性电阻阀片串联组成的。由于氧化锌阀片具有优异的非线性伏安特性,可以取消串联火花间隙,实现避雷器无间隙、无续流,保护性能优越且价格低廉,因此氧化锌避雷器已得到越来越广泛的应用。

1. ZnO 避雷器工作原理

氧化锌避雷器的核心是氧化锌阀片,它具有极其优异的非线性特性。在正常运行工作电压的作用下,氧化锌阀片的阻值很大(电阻率高达 $10^{10} \sim 10^{11}$ Ω·m),通过的漏电流很小($\leqslant 1$ mA),相当于一个绝缘体;而在过电压的作用下,阀片的阻值会急剧变小,呈现低阻状态,从而限制了避雷器上的残压,将过电压能量以电流的形式迅速泄入大地;当过电压的作用消失后,阀片的电阻又自动恢复高阻状态,使电网与大地绝缘。

氧化锌阀片是以氧化锌(ZnO)为主并掺以微量的氧化铋($Bi_2O_3$)、氧化钴($Co_2O_3$)、氧化锰($MnO_2$)等添加剂,经过粉碎、混合、造粒成型后,在 1 250 ℃ 的高温下烧结而成的电阻片。ZnO 阀片的伏安特性表达式仍为

$$u = Ci^\alpha \tag{5.11}$$

ZnO 阀片的伏—安特性如图 5.12 所示,它在 $10^{-3} \sim 10^4$ A 的范围内呈现出良好的非线性,图中用虚线画出了 SiC 阀片的伏安特性曲线以进行比较。

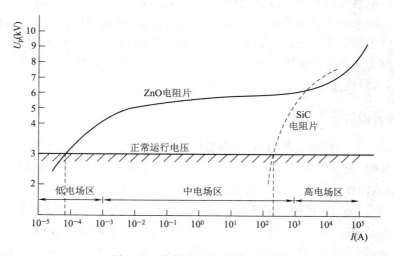

图 5.12　氧化锌阀片的伏安特性

由图 5.12 可见,ZnO 阀片的伏安特性可分为三个典型区域:低电场区(小电流区)、中电场区(非线性区)和高电场区(饱和区)。

在低电场区,通过阀片的电流在 1 mA 以下,非线性系数 $\alpha$ 较大,约为 0.1~0.2。在这个区域内曲线较陡,避雷器的正常持续运行电压就工作在这个区域,阀片电阻特别高,相当于一个绝缘体,通过避雷器的电流很小。

在中电场区,阀片电阻的非线性系数 $\alpha$ 变得很小(为 0.015~0.05),曲线形状十分平坦,虽然流过阀片电阻的电流增加很多,但阀片电阻上的电压变化不大。氧化锌避雷器的阀片电阻在遭受过电压时即工作在该区域,阀片电阻上的残压保持一个较低的数值。

在高电场区,由于电场强度较高,ZnO 阀片的本体电阻 $R$ 逐渐起主要作用,使非线性系数 $\alpha$ 又增大,约为 0.1,非线性减弱,伏安特性曲线明显上翘。

将 ZnO 阀片与 SiC 阀片的伏安特性曲线相比较,可以看出:两者在 10 kA 电流下的残压基本相等,但在工频电压下,SiC 阀片将流过幅值达数百安的电流,因而必须要用火花间隙加以隔离;而 ZnO 阀片流过的电流数量级只有 $10^{-5}$ A,不会对系统的运行造成影响。所以,ZnO 避雷器可以不用串联放电间隙,制成为无间隙、无续流的避雷器。

2.ZnO 避雷器的特点

与传统的有串联间隙的 SiC 阀式避雷器相比,无间隙的 ZnO 避雷器具有下列特点:

(1)保护性能优越。由于 ZnO 阀片具有优异的非线性,进一步降低其保护水平和被保护设备绝缘水平的潜力很大。特别是它没有火花间隙,一旦作用电压开始升高,阀片立即吸收过电压的能量,抑制过电压的发展。不存在间隙的放电延时,具有良好的陡波响应特性,特别适合于伏秒特性十分平坦的 $SF_6$ 组合电器和气体绝缘变电所的保护。

(2)无续流、动作负载轻、能重复动作实施保护。ZnO 避雷器的续流仅为微安级,实际上可认为无续流。在过电压的作用下,避雷器只需吸收过电压的能量,而无需吸收续流能量,因而动作负载轻;ZnO 阀片的通流容量大,具有耐受多重雷击和重复发生的操作过电压的能力。

(3)通流容量大,能制成重载避雷器。ZnO 避雷器的通流能力,完全不受串联间隙被灼伤的制约,仅与阀片本身的通流能力有关。与 SiC 阀片相比,ZnO 阀片的通流能力大 4～4.5 倍,因而可用于限制操作过电压,也可以耐受一定持续时间的暂时过电压。此外,ZnO 阀片的残压特性分散性小,电流分布较为均匀,可采用多阀片并联或整只避雷器并联的方法进一步提高通流容量,制造出用于特殊保护对象的重载避雷器,解决长电缆系统、大容量电容器组等的保护问题。

(4)耐污性能好。ZnO 避雷器没有串联间隙,因而可避免因瓷套表面不均匀染污使串联火花间隙放电电压不稳定的问题,即具有极强的耐污性能,有利于制造耐污型和带电清洗型避雷器。

(5)适于大量生产,造价低。由于省去了串联火花间隙,ZnO 避雷器内部结构简单,元件单一通用,特别适合大规模自动化生产。此外,它还具有体积小、质量轻、造价低廉等特点。

由于 ZnO 避雷器具有上述特点,因而发展潜力巨大,是避雷器发展的主要方向,正在逐步取代普通阀式避雷器和磁吹避雷器,并成为直流输电系统最理想的过电压保护装置。

# 5.5　防雷接地

前面介绍的各种防雷保护装置都必须配以合适的接地装置,将雷电流顺利泄入地下,才能有效地发挥其保护作用。防雷接地装置是整个防雷保护体系中不可或缺的一个重要组成部分。

## 5.5.1　接地的基本概念

由于运行和安全的需要,常将电力系统及其电气设备的某些部分与大地相连接,这就是接地。埋入大地并直接与土壤接触的金属导体称为接地体。电气设备的接地部分同接地体相连接的金属导体称为接地引下线。接地体和接地引下线合成接地装置。

根据不同的目的,接地可分为工作接地、保护接地、防雷接地三种。

(1)工作接地:根据电力系统的正常运行需要而将电网中某一点接地。例如三相系统的中性点接地,双极直流输电系统的中点接地等。工作接地要求的接地电阻为 0.5～10 Ω。

(2)保护接地:将电气设备的金属部分(如设备外壳、配电装置的金属构架、电缆外皮等)可靠接地,可以避免绝缘损坏时这部分带电而危及人身安全,它是在故障条件下才发挥作用的。高压设备保护接地要求的接地电阻为 1～10 Ω。

(3)防雷接地:金属杆塔、避雷针(线)和避雷器等的接地,用来将强大的雷电流顺利泄入地下,以减小它所引起的过电压。输电线路杆塔的接地电阻一般不超过 10～30 Ω;避雷器的接地电阻一般不超过 5 Ω。

事实上,上述三种接地有时很难分开。例如发电厂、变电站中的电源和各种电气设备及防雷装置都处在同一地网中,它们的接地不易分开,所以发电厂、变电站的接地网实际上是集工作接地、保护接地和防雷接地为一体的接地装置。

### 5.5.2　接地电阻

接地电阻是表征接地装置功能的一个重要的电气参数。接地电阻是电流 $I$ 经接地体流入大地时接地体对地电压 $U$ 与电流 $I$ 的比值。即

$$R=\frac{U}{I} \tag{5.12}$$

严格说来,接地电阻包括四个组成部分:接地引下线的电阻、接地体本身的金属电阻、接地体与土壤的接触电阻和土壤的溢流电阻。前三种电阻相对于第四种要小得多,一般忽略不计。

1. 工频接地电阻

经接地装置入地的电流为工频电流 $I_e$ 时,接地装置所呈现的电阻称为工频接地电阻,用 $R_e$ 表示。

$$R_e=\frac{U_e}{I_e} \tag{5.13}$$

2. 冲击接地电阻

经接地装置入地的电流为冲击电流时,接地装置所呈现的电阻称为冲击接地电阻,用 $R_i$ 表示。

在流过冲击电流时,有两种效应会影响到冲击接地电阻值的大小。

(1)火花效应。由于冲击电流的幅值很大,接地体的电位很高,在其周围的土壤中会产生强烈得火花放电,这部分土壤的电阻率大为降低,成为良好的导体,相当于增大了接地体的有效尺寸,结果使接地装置的冲击接地电阻小于工频接地电阻,这种现象称为火花效应。

(2)电感效应。当冲击电流流经接地体时,由于电流变化很快,其等值频率很高,会使接地体本身呈现明显的电感作用,阻碍电流向远方流通。这对于伸长接地体尤为明显,结果使接地体的全部长度得不到充分利用。此时,冲击接地电阻值大于工频接地电阻,这一现象称为电感效应。显然,当接地体长度达到一定值后,再增加其长度,接地电阻不再下降,这个长度较伸长接地体的有效长度,一般为 40～60 m。

通常把冲击接地电阻 $R_i$ 与工频接地电阻 $R_e$ 的比值 $\alpha$ 称为接地体的冲击系数。

$$\alpha=\frac{R_i}{R_e} \tag{5.14}$$

一般地,冲击系数 $\alpha<1$。当采用伸长接地体时,可能因电感效应使 $\alpha>1$。

### 5.5.3　工程实用接地装置

工程实用接地体主要由扁钢、圆钢、角钢或钢管组成,埋于地表面下 0.5～1 m 处。水平接地体多用扁钢,宽度一般为 20～40 mm;或者用直径不小于 6 mm 的圆钢。垂直接地体一般用角钢 20 mm×20 mm×3 mm～50 mm×50 mm×5 mm 或钢管,长度约取 2.5 m。根据敷设地点不同,可分为输电线路接地和发电厂及变电站接地。

1. 典型接地体的接地电阻

(1)单根垂直接地体

如图 5.13 所示,当 $l \gg d$ 时,单根垂直接地体的接地电阻为

$$R_e = \frac{\rho}{2\pi l}(\ln\frac{8l}{d} - 1) \quad (\Omega) \tag{5.15}$$

式中　$\rho$——土壤电阻率,$\Omega \cdot$ m;

　　　$l$——接地体的长度,m;

　　　$d$——接地体的直径,m。

如果接地体不是钢管或圆钢制成,那么可将别的钢材的尺寸按下面的公式折算成等效的圆钢直径:

采用扁钢时,$d = b/2$($b$ 为扁钢的宽度);

采用角钢时,$d = 0.84b$($b$ 为角钢每边的宽度)。

(2)多根垂直接地体

当单根垂直接地体的接地电阻不能满足要求时,为了得到较小的接地电阻,往往将多个单一接地体并联组成复式接地装置。多根接地体并联构成的复式接地装置如图 5.14 所示。在复式接地装置中,由于各接地体之间相互屏蔽的效应,以及各接地体与连接用的水平电极之间相互屏蔽的影响,使接地体的利用情况恶化,$n$ 根并联后的接地电阻并不等于 $R_e/n$,而是要大一些。$n$ 根垂直接地体的接地电阻为

$$R_e' = \frac{R_e}{n\eta} \tag{5.16}$$

式中　$\eta$——利用系数,一般取 0.65～0.8。

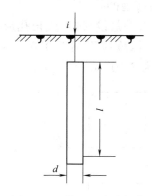

图 5.13　单根垂直接地体

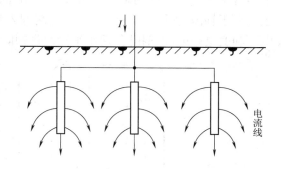

图 5.14　多根垂直接地体

(3)水平接地体

水平接地体的接地电阻为

$$R''_e = \frac{\rho}{2\pi l}\left(\ln\frac{L}{hd}+A\right) \quad (\Omega) \tag{5.17}$$

式中　$L$——水平接地体的总长度,m;

　　　$h$——水平接地体的埋深,m;

　　　$d$——接地体的直径,m;

　　　$A$——形状系数。

形状系数反映各水平接地体之间的屏蔽影响,其值可以从表 5.1 中查得。

表 5.1　水平接地体的形状系数

| 序号 | 1 | 2 | 3 | 4 | 5 | 6 | 7 | 8 |
|---|---|---|---|---|---|---|---|---|
| 接地体形式 | — | ∟ | 人 | ○ | ＋ | □ | ✳ | ✳ |
| 形状系数 $A$ | −0.6 | −0.18 | 0 | 0.48 | 0.89 | 1 | 3.03 | 5.65 |

### 2.输电线路的防雷接地

高压输电线路在每一基杆塔下都设有接地体,并通过引线与避雷线相连,其目的是使雷电流通过较低的接地电阻入地。

高压线路杆塔都有混凝土基础,它也起散流的作用,具有一定的接地电阻,称为自然接地体。一般情况下,自然接地体的接地电阻是不能满足要求的,需要装设人工接地装置。规程规定线路杆塔的接地电阻应满足表 5.2 中的要求。

表 5.2　线路杆塔的工频接地电阻

| 土壤电阻率 $\rho(\Omega \cdot m)$ | ≤100 | >100~500 | >500~1 000 | >1 000~2 000 | >2 000 |
|---|---|---|---|---|---|
| 接地电阻($\Omega$) | ≤10 | ≤15 | ≤20 | ≤25 | ≤30 |

### 3.发电厂和变电站的防雷接地

发电厂和变电站内有大量的重要设备,需要有良好的接地装置以满足工作接地、保护接地和防雷接地的要求。一般的做法是根据保护接地和工作接地要求敷设一个统一的接地网,然后再在避雷针和避雷器安装处增加垂直接地体以满足防雷接地的要求。

接地网常用 $4\times40$ mm 的扁钢或直径 20 mm 的圆钢水平敷设,排列成长孔形或方孔形,其目的主要在于均压,如图 5.15 所示。接地网埋入地下的深度应不小于 0.6 mm,其面积大体与发电厂和变电站的面积相同,两水平接地带的间距约为 3~10 m。

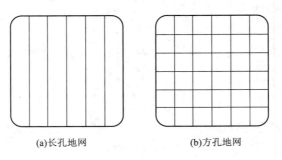

(a)长孔地网　　　　　　　　(b)方孔地网

图 5.15　接地网示意图

接地网的总接地电阻可按下式估算

$$R_e = \frac{0.44\rho}{\sqrt{S}} + \frac{\rho}{L} \approx \frac{0.5\rho}{\sqrt{S}} \quad (\Omega)$$

式中　　$L$——接地体(包括水平接地体与垂直接地体)的总长度,m;

　　　　$S$——接地网的总面积,$m^2$;

　　　　$\rho$——土壤电阻率,$\Omega \cdot m$。

　　发电厂和变电站的工频接地电阻值一般在 $0.5\sim5\ \Omega$ 的范围内,这主要是为了满足工作接地和保护接地的要求。接地网流过工频电流时,整个接地网都能起到散流作用。在防雷接地时,流过接地网的是冲击电流,由于电感效应的影响,只有接地点附近一定范围内的接地体起散流作用,所以在冲击电流注入点必须增设垂直接地体以降低冲击接地电阻。

## 复习思考题

1. 电力系统中的防雷保护有哪些基本措施?简述其原理。

2. 简述避雷针的保护原理和单根保护范围的计算。

3. 试全面分析氧化型避雷器的性能。

4. 在过电压保护中对避雷器有哪些要求?这些要求怎样反映到氧化锌避雷器的电气特性参数上?由哪些参数可以比较和判别不同避雷器的性能优劣?

5. 某原油罐直径为 10 m,高出地面 10 m,若采用单根避雷针保护,且要求避雷针与罐距离不得少于 5 m,试计算该避雷针的高度。

6. 设有 4 根高度为 17 m 的避雷针,布置在边长 40 m 的正方形面积的 4 个顶点上,试画出它们对于 10 m 高的物体的保护范围。

7. 某 220 kV 变电所,土壤电阻率为 $3\times10^2\ \Omega \cdot m$,变电所面积为 100 m×100 m,试估算其接地网工频接地电阻值。

# 6 电力系统的防雷保护

电力系统中的雷电过电压大多起源于架空输电线路,过电压波还会沿着线路传播到变电所和发电厂,并且变电所和发电厂本身也有遭受雷击的可能性,因而电力系统的防雷保护包括了线路、变电所、发电厂等各个环节。

## 6.1 输电线路中的波过程

电力系统的过电压绝大多数发源于输电线路,在发生雷击或进行操作时,线路上都可能产生以行波形式出现的过电压波。过电压波在线路上的传播,就其本质而言是电磁场能量沿线路的传播过程,即在导线周围空间逐步建立起电场和磁场的过程,也是在导线周围空间储存电磁能的过程。这个过程的基本规律是储存在电场中的能量与储存在磁场中的能量彼此相等,空间中各点的 $\vec{E}$ 和 $\vec{H}$ 相互垂直,并处于同一平面内,与波的传播方向也相互垂直,为平面电磁波。

实际输电线路一般由多根平行架设的导线组成,各导线之间存在电磁耦合,电磁过程比较复杂。均匀无损单导线忽略了线路电阻和电导损耗的影响,假设沿线各处参数相同。实际上,理想的均匀无损单导线并不存在,只是为了简化计算以便于揭示线路波过程的物理本质和基本规律。事实上,电阻作用的忽略非但没有给实际结果带来不利影响,反而更为有利。因为忽略了电阻意味着忽略了衰减,分析得到的过电压值就会偏高,而以此作为电力系统的防护标准将更为可靠。

### 6.1.1 行波传播的物理概念

图 6.1 为一条无限长均匀无损单导线,可以将线路设想为由无数个很小的长度单元 $\Delta x$ 构成,线路的单位长度电感、电容分别为 $L_0$、$C_0$。设 $t=0$ 时线路首端合闸于直流电源 $U$。合闸后,电源向线路电容充电,即在导线周围空间建立起电场。靠近电源的电容立即充电,并向相邻的电容放电,由于线路电感的作用,较远处的电容要间隔一段时间才能冲上一定数量的电荷,并向更远处的电容放电。这样,电容依次充电,线路沿线逐渐建立起电场形成电压,即电压波 $u$ 以一定的速度 $v$ 沿线路 $x$ 方向传播,伴随着线路电容的充放电,将有电流流过导线的电感,即在导线的周围空间建立起磁场。因此,与电

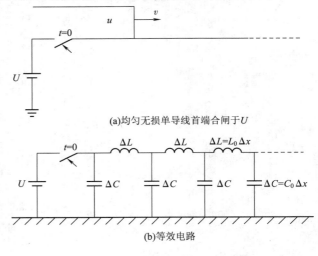

(a)均匀无损单导线首端合闸于 $U$

(b)等效电路

图 6.1 均匀无损单导线上的波过程

压波相伴的还有一电流波 $i$ 以同样的速度 $v$ 沿 $x$ 方向传播。电压波与电流波沿导线的传播，实质上就是电磁波沿线路传播的过程。

假设线路初始状态为零，沿 $x$ 方向传播的电压波与电流波在开关合闸 $t$ 时刻后到达 $x$ 点。在这段时间内，长度为 $x$ 导线上的电容 $C_0 x$ 充电到 $u=U$，获得电荷 $C_0 xu$，这些电荷又是在时间 $t$ 内通过电流波 $i$ 输送过来的，因此

$$C_0 xu = it \tag{6.1}$$

另一方面，这段导线上的总电感为 $L_0 x$。在同一时间 $t$ 内，电流波 $i$ 在导线周围建立起磁链 $L_0 xi$，因此导线上的感应电势为

$$u = \frac{L_0 xi}{t} \tag{6.2}$$

因此，同一时刻、同一地点、同一方向电压波与电流波的比值为

$$\frac{u}{i} = \sqrt{\frac{L_0}{C_0}} \tag{6.3}$$

式（6.3）对于均匀无损线上的任一点都适用。其中，$\sqrt{\dfrac{L_0}{C_0}}$ 值为一实数，称为线路的波阻抗，通常用 $Z$ 表示，单位为 $\Omega$。

$$Z = \sqrt{\frac{L_0}{C_0}} \tag{6.4}$$

由电磁场理论，架空单导线路单位长度的电感 $L_0$ 和电容 $C_0$ 分别为

$$L_0 = \frac{\mu_0 \mu_r}{2\pi} \ln \frac{2h}{r} \quad (\text{H/m}) \tag{6.5}$$

$$C_0 = \frac{2\pi \varepsilon_0 \varepsilon_r}{\ln \dfrac{2h}{r}} \quad (\text{F/m})$$

式中　$\mu_0$——真空的磁导率，$\mu_0 = 4\pi \times 10^{-7}$ H/m；

　　　$\mu_r$——相对磁导率；

　　　$\varepsilon_0$——真空或空气的介电常数，$\varepsilon_0 = 10^{-9}/36\pi$ F/m；

　　　$\varepsilon_r$——相对介电常数；

　　　$h$——导线对地平均高度，m；

　　　$r$——导线半径，m。

对于架空线，其相对磁导率 $\mu_r = 1$，相对介电常数 $\varepsilon_r = 1$，则

$$Z = \frac{1}{2\pi} \sqrt{\frac{\mu_0}{\varepsilon_0}} \ln \frac{2h}{r} = 60 \ln \frac{2h}{r} \quad (\Omega) \tag{6.6}$$

因此，架空线的波阻抗一般处于 300 $\Omega$（分裂导线）～500 $\Omega$（单导线）的范围内。

对于电缆线路，其相对磁导率 $\mu_r = 1$，磁通主要分布在电缆芯线和铅保护层之间，$L_0$ 较小，又相对介电常数 $\varepsilon_r \approx 4$，芯线和铅包之间距离很近，$C_0$ 比架空线路大得多。因此，电缆的波阻抗比架空线路小得多，并且变化范围较大，约为 10～50 $\Omega$ 之间。

同样，还可分析得到电磁波的传播速度为

$$v = \frac{x}{t} = \frac{1}{\sqrt{L_0 C_0}} = \frac{1}{\sqrt{\mu_0 \mu_r \varepsilon_0 \varepsilon_r}} = \frac{3 \times 10^8}{\sqrt{\mu_r \varepsilon_r}} \quad (\text{m/s}) \tag{6.7}$$

显然，波速与导线周围媒质的性质有关，而与导线半径、对地高度、铅包半径等几何尺寸无

关。架空线路中 $v=\dfrac{1}{\sqrt{\mu_0 C_0}}=3\times 10^8$ m/s，电压波和电流波是以光速沿架空线路传播的。而对于油纸绝缘的电缆线路，波速 $v\approx 1.5\times 10^8$ m/s，只有架空线路上波速的一半。

从电磁能量的角度来看，行波在单位时间内传播的距离值为 $v$，这段导线的电感和电容分别为 $vL_0$ 和 $vC_0$。导线电感中流过电流 $i$，在导线周围建立起磁场，相应的磁场能量为 $\dfrac{1}{2}(vL_0)i^2$；电流 $i$ 对导线电容充电，使导线获得电位 $u$，在导线周围建立起电场，相应的电场能量为 $\dfrac{1}{2}(vC_0)u^2$。由于 $u=iZ$，则

$$\frac{1}{2}(vL_0)i^2=\frac{1}{2}(vL_0)(\frac{u}{Z})^2=\frac{1}{2}vL_0\frac{C_0}{L_0}u^2=\frac{1}{2}vC_0u^2 \tag{6.8}$$

式 (6.8) 表明，电压、电流沿导线的传播过程就是电磁能量沿导线传播的过程，并且导线周围空间在单位时间内获得的磁场能量与电场能量相等。

### 6.1.2　波阻抗与电阻的区别

线路的波阻抗表示具有同一方向的电压波与电流波大小的比值，其数值只与导线单位长度的电感 $L_0$ 和电容 $C_0$ 有关与线路的长度无关；而一条长线的电阻值则与线路的长度成正比。电磁波通过波阻抗时，波阻抗从电源吸收的功率和能量是以电磁能的形式储存在导线周围的媒质中，并没有被消耗掉；而电阻从电源吸收的功率和能量均转化为热能而散失掉了。

应当注意，当导线上只有前行波或反行波时，有关系式

$$\frac{u_{\mathrm{q}}}{i_{\mathrm{q}}}=\frac{u_{\mathrm{f}}}{-i_{\mathrm{f}}}=Z \tag{6.9}$$

当导线上既有前行波又有反行波时，导线上的总电压与总电流的比值不再等于波阻抗，即

$$\frac{u}{i}=\frac{u_{\mathrm{q}}+u_{\mathrm{f}}}{i_{\mathrm{q}}+i_{\mathrm{f}}}=\frac{u_{\mathrm{q}}+u_{\mathrm{f}}}{u_{\mathrm{q}}-u_{\mathrm{f}}}Z\neq Z \tag{6.10}$$

### 6.1.3　行波的折射和反射

在电力系统中，无限长的导线是不存在的。实际中常会遇到不同波阻抗的线路连接在一起的情况，如架空输电线路与电缆的连接、在两端架空线之间插接某些集中参数元件等。线路均匀性遭到破坏的点称为节点。当行波传播到节点时，该点前后必须保持单位长度导线的电场能量和磁场能量总和相等的规律，则必然要发生电磁场能量的重新分配过程，即行波的折射和反射现象。

1. 折射系数与反射系数

如图 6.2 所示，两条线路以不同的波阻抗 $Z_1$ 和 $Z_2$ 相连于节点 $A$。设 $u_{1\mathrm{q}}$、$i_{1\mathrm{q}}$ 是波阻抗 $Z_1$ 的线路中的前行电压波和前行电流波（图中仅画出电压波），它们是投射到节点 $A$ 的入射波。在波阻抗为 $Z_1$ 的线路中反行波 $u_{1\mathrm{f}}(i_{1\mathrm{f}})$ 是由于入射波在节点 $A$ 发生反射而产生的，称为反射波。波通过节点以后在波阻抗为 $Z_2$ 线路中产生的前行波 $u_{2\mathrm{q}}(i_{2\mathrm{q}})$ 是由入射波经节点 $A$ 折射到波阻抗为 $Z_2$ 线路中去的波，称为折射波。为了便于讨论波在节点 $A$ 处的折射与反射规律，只分析波阻抗为 $Z_2$ 线路中不存在反行波或 $Z_2$ 中的反行波 $u_{2\mathrm{f}}$ 尚未达到节点 $A$ 的情况。

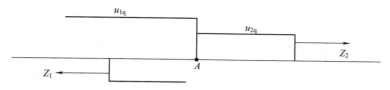

图 6.2　行波在节点 $A$ 处的折、反射

节点 $A$ 处只能有一个电压值和电流值，即 $A$ 点在左侧和右侧的电压和电流必须连续。
$A$ 点在左侧的电压、电流为

$$u_1 = u_{1q} + u_{1f}$$
$$i_1 = i_{1q} + i_{1f}$$

$(6.11)$

$A$ 点在右侧的电压、电流为

$$u_2 = u_{2q}$$
$$i_2 = i_{2q}$$

$(6.12)$

由于 $A$ 点只能有一个电压和电流，即 $u_1 = u_2$，$i_1 = i_2$。则

$$u_{1q} + u_{1f} = u_{2q}$$
$$i_{1q} + i_{1f} = i_{2q}$$

$(6.13)$

将 $i_{1q} = u_{1q}/Z_1$，$i_{1f} = -u_{1f}/Z_1$，$i_{2q} = u_{2q}/Z_2$ 代入式$(6.12)$得

$$u_{1q} + u_{1f} = u_{2q}$$
$$\frac{u_{1q}}{Z_1} - \frac{u_{1f}}{Z_1} = \frac{u_{2q}}{Z_2}$$

$(6.14)$

解得

$$u_{2q} = \frac{2Z_2}{Z_1 + Z_2} u_{1q} = \alpha u_{1q}$$
$$u_{1f} = \frac{Z_2 - Z_1}{Z_1 + Z_2} u_{1q} = \beta u_{1q}$$

$(6.15)$

式中　$\alpha$——波的折射系数，$\alpha = \dfrac{2Z_2}{Z_1 + Z_2}$；

　　　$\beta$——波的反射系数，$\beta = \dfrac{Z_2 - Z_1}{Z_1 + Z_2}$。

分析可知，$\alpha = \beta + 1$，折射系数 $\alpha$ 永远为正值，说明入射波电压与折射波电压同极性，$0 \leqslant \alpha \leqslant 2$；反射系数 $\beta$ 可正可负，$-1 \leqslant \beta \leqslant 1$。$\alpha$ 与 $\beta$ 的大小由节点两侧电气元件的参数决定。

①当 $Z_2 = Z_1$ 时 $\alpha = 1$，$\beta = 0$。这表明电压折射波等于入射波，而电压反射波为零，即不发生任何折射、反射现象，实际上这是均匀导线的情况。

②当 $Z_2 < Z_1$ 时 $\alpha < 1$，$\beta < 0$。这表明电压折射波将小于入射波，而电压反射波的极性将与入射波相反，叠加后使线路 1 上的总电压小于电压入射波，如图 6.3 所示。

③当 $Z_2 > Z_1$ 时 $\alpha > 1$，$\beta > 0$。这表明电压折射波将大于入射波，而电压反射波与入射波同号，叠加后使线路 1 上的总电压增高，如图 6.4 所示。

2.几种特殊端接情况下的折、反射

(1)线路末端开路$(Z_2 = \infty)$

线路末端开路时，$\alpha = 2$，$\beta = 1$。线路末端电压 $u_{2q} = 2U_{1q}$，反射波电压 $u_{1f} = u_{1q}$；线路末端电流 $i_{2q} = 0$，反射波电流 $i_{1f} = -\dfrac{u_{1f}}{Z_1} = -\dfrac{u_{1q}}{Z_1} = -l_{1q}$，如图 6.5 所示。

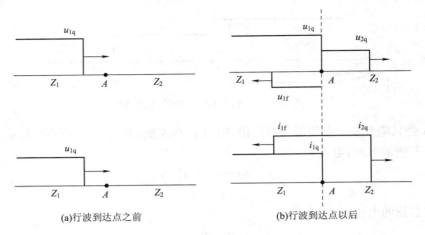

(a)行波到达点之前　　　　　　　　　　(b)行波到达点以后

图 6.3　$Z_2 < Z_1$ 时行波的折、反射

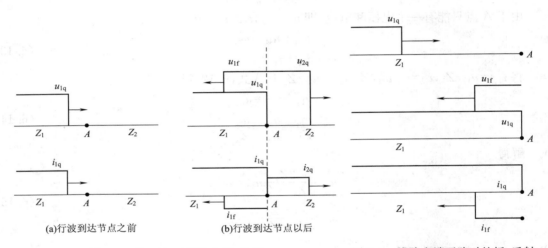

(a)行波到达节点之前　　　(b)行波到达节点以后

图 6.4　$Z_2 > Z_1$ 时行波的折、反射　　　　图 6.5　线路末端开路时的折、反射

　　这一结果表明,由于线路末端电压波发生正的全反射和电流波发生负的全反射,线路末端的电压上升到入射电压的 2 倍。随着反射波的逆向传播,波所到之处线路电压加倍,而由于电流波发生负的全反射,线路的电流下降到 0。

　　从能量关系来看,因为 $Z_2 = \infty$,$P = u_{2q}^2 / Z_2 = 0$,全部能量均反射回去,反射波返回后单位长度的总能量为入射波能量的 2 倍,又由于入射波的电场能与磁场能相等,因此反射波返回后,单位长度线路储存的总能量为

$$W = 2 \times \left( \frac{1}{2} C_0 u_{1q}^2 + \frac{1}{2} L_0 i_{1q}^2 \right) = 2 C_0 u_{1q}^2 \tag{6.16}$$

　　即电场能增加到原值的 4 倍,电压增大到原值的 2 倍。

　　过电压波在开路末端的加倍升高对绝缘是很危险的,在考虑过电压防护措施时,对此类情况应充分注意。

　　(2)线路末端短路($Z_2 = 0$)

　　线路末端短路时,$\alpha = 0$,$\beta = -1$。线路末端电压 $u_{2q} = 0$,反射电压波 $u_{1f} = -u_{1q}$,线路末端反射电流 $i_{1f} = -\dfrac{u_{1f}}{Z_1} = \dfrac{u_{1q}}{Z_1}$,如图 6.6 所示。

这一结果表明,入射波 $u_{1q}$ 到达末端后,发生了负的全反射,负反射的结果使线路末端电压下降为 0,并逐步向首端发展。电流 $i_{1q}$ 发生了正的全反射,线路末端的电流 $i_{2q}=i_{1q}+i_{1f}=2i_{1q}$,即电流上升到原来的 2 倍,且逐步向首端发展。

线路末端短路时电流的增大也可以从能量的角度予以解释,这是由于电磁能从末端返回并全部转化为磁场能的结果。

(3)线路末端接有电阻 $R=Z_1$

线路末端所接电阻 $R=Z_1$ 时,$\alpha=1,\beta=0$。线路末端电压 $u_{2q}=u_{1q}$,反射波电压 $u_{1f}=0$,线路末端反射波电流为 0,如图 6.7 所示。

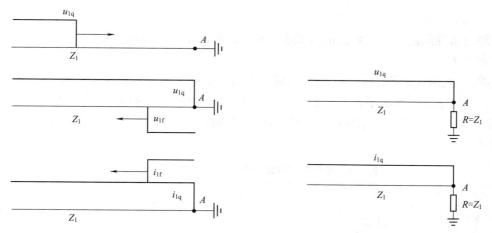

图 6.6　线路末端短路时的折、反射　　图 6.7　线路末端接负载电阻 $R=Z_1$ 时的电压波与电流波

这一结果表明,入射波到达与线路波阻抗相同的负载时,没有发生反射现象,相当于线路末端接于另一波阻抗相同的线路($Z_1=Z_2$),也就是均匀导线的延伸。在高压测量中,常在电缆末端接上和电缆波阻抗相等的匹配电阻来消除在电缆末端折、反射所引起的测量误差。但从能量的角度看,两者是不同的。当末端接电阻 $R=Z_1$ 时,传播到末端的电磁能全部消耗在电阻 R 上,而当末端接相同波阻抗的线路时,线路上不消耗能量,传输到节点的电磁能将储存在导线周围的媒质中。

## 6.2　架空输电线路的防雷保护

架空输电线路是电力网及电力系统的重要组成部分。输电线路分布面广,所经之处大都为旷野、丘陵或高山等,极易遭受雷击。在电力系统的雷害事故中,线路的雷击事故占大多数,雷击是造成输电线路跳闸的主要原因。雷击线路时形成的雷电过电压波会沿线路侵入到变电站,危及变电站内电气设备的安全。

输电线路防雷的根本目的就是尽可能减少线路雷害事故的次数和损失。线路防雷是一个综合性的技术问题,在确定具体措施时,应该根据线路的电压等级、负荷性质、系统的运行方式、雷电活动强弱、地形地貌的特点及土壤电阻率的高低等条件,在参照防雷相关指标参数的基础上,结合当地原有线路的运行经验并通过技术经济比较来确定。

### 6.2.1　输电线路耐雷性能的指标

在分析线路的耐雷性能时,首先要预估它在一年中究竟会遭受多少次雷击。在地面落雷

密度为 $\gamma$ 时,由于线路高出地面很多,因而它的等效受雷面积更大。我国标准推荐的等效受雷宽度 $B'$ 为

$$B' = b + 4h \tag{6.17}$$

式中　$b$——两根避雷线间的距离,m;

　　　$h$——避雷线的平均对地高度,m。

这样,每 100 km 线路的年落雷次数 $N$ 为

$$N = \gamma \times 100 \times \frac{B'}{1\,000} \times T_d = \gamma \cdot \frac{b+4h}{10} \cdot T_d \tag{6.18}$$

式中　$T_d$——雷暴日数。

输电线路防雷性能的优劣主要是由耐雷水平和雷击跳闸率两项指标来衡量。

1. 耐雷水平 $I$

雷击线路时,其绝缘尚不至于发生闪络的最大雷电流幅值或能引起绝缘闪络的最小雷电流幅值,称为该线路的耐雷水平,单位为 kA。不同电压等级的线路有不同的耐雷水平,见表 6.1。线路的电压等级越高,其耐雷水平越高,但并不能达到完全耐雷,仍有部分雷击会引起绝缘闪络。

表 6.1　各级电压线路应有的耐雷水平

| 额定电压 $U_n$(kV) | 35 | 66 | 110 | 220 | 330 | 500 |
|---|---|---|---|---|---|---|
| 耐雷水平 $I$(kA) | 20~30 | 30~60 | 40~75 | 75~110 | 100~150 | 125~175 |
| 雷电流超过 $I$ 的概率 $P$(%) | 59~46 | 46~21 | 35~14 | 14~6 | 7~2 | 3.8~1 |

2. 雷击跳闸率 $n$

在雷暴日数为 40 的情况下,每 100 km 线路每年因雷击而引起的跳闸次数,称为雷击跳闸率,单位为"次/(100 km · 40 雷暴日)"。它是衡量线路防雷性的综合指标,为了评估不同地区、长度各异的输电线路的防雷效果,必须将它们都换算到某一相同条件(100 km 线路,40 雷暴日)下,才能进行比较。

### 6.2.2　输电线路的耐雷水平分析

按照输电线路遭受雷击的部位不同,雷击有避雷线线路可能出现下面三种不同情况,如图 6.8 所示。

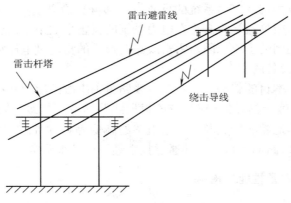

图 6.8　线路落雷的三种情况

①雷击杆塔塔顶及塔顶附近避雷线(简称雷击杆塔),可能造成"反击",使线路绝缘子发生冲击闪络。

②雷击挡距中央的避雷线,可能造成导线、地线之间的空气间隙发生击穿。

③雷绕过避雷线而直击于导线(绕击),可能会造成线路绝缘子串发生冲击闪络。

1. 雷击杆塔时的线路耐雷水平

(1)反击

在雷击杆塔时,大部分雷电流会通过杆塔接地装置入地,极小部分雷电流沿避雷线向两侧传播,沿相邻杆塔入地。巨大的雷电流会在杆塔电感和杆塔接地电阻上产生很高的电位,使原来电位为零的接地杆塔电位升高,并通过电磁耦合使导线电位发生变化。同时,在导线上还会出现与雷电流极性相反的感应雷过电压。作用在线路绝缘子串上的电位差为杆塔塔顶电位与导线电位的差,当这一电位差超过绝缘子串的冲击放电电压时,杆塔将通过绝缘子串对导线逆向放电,造成闪络。由于这种闪络是由接地杆塔的电位升高引起,称为"反击"。

(2)绝缘子串上所受的雷电过电压

①绝缘子串杆塔一侧横担处的电位 $U_{\text{hd}}$

图 6.9 为雷击塔顶时雷电流的分布及等值电路,由于避雷线的分流作用,流经杆塔的电流 $i_\text{t}$ 将小于雷电流 $i$,它们的比值 $\beta$ 为杆塔的分流系数

$$\beta = \frac{i_\text{t}}{i} \tag{6.19}$$

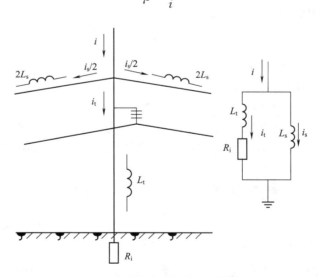

图 6.9　雷击塔顶的电流分布及等值电路

由表 6.2 可知,杆塔的分流系数 $\beta$ 值处于 $0.86 \sim 0.92$ 的范围内,可见雷电流的绝大部分是经该杆塔泄入地下的。

表 6.2　一般长度挡距的线路杆塔分流系数

| 线路额定电压(kV) | 避雷线根数(根) | $\beta$ 值 | 线路额定电压(kV) | 避雷线根数(根) | $\beta$ 值 |
|---|---|---|---|---|---|
| 110 | 1 | 0.90 | 220 | 2 | 0.88 |
|  | 2 | 0.86 | 330 | 2 | 0.88 |
| 220 | 1 | 0.92 | 500 | 2 | 0.88 |

因此,塔顶电位及其幅值分别为

$$u_{td}=i_t R_i+L_t\frac{\mathrm{d}i_t}{\mathrm{d}t}=\beta\, i R_i+\beta L_t\frac{\mathrm{d}i}{\mathrm{d}t} \tag{6.20}$$

$$U_{td}=\beta I\left(R_i+\frac{L_t}{2.6}\right) \tag{6.21}$$

式中 $\dfrac{\mathrm{d}i}{\mathrm{d}t}$——雷电流波前陡度,$\dfrac{\mathrm{d}i}{\mathrm{d}t}=\dfrac{I}{2.6}$,kA/μs;

   $R_i$——杆塔的冲击接地电阻,Ω;

   $L_t$——杆塔总电感,μH。

杆塔电感和波阻抗的参考平均值见表 6.3。

表 6.3  杆塔电感和波阻抗的参考平均值

| 杆塔形式 | 杆塔单位高度电感(μH/m) | 杆塔波阻抗(Ω) |
|---|---|---|
| 无拉线钢筋混凝土单杆 | 0.84 | 250 |
| 有拉线钢筋混凝土单杆 | 0.42 | 125 |
| 无拉线钢筋混凝土双杆 | 0.42 | 125 |
| 铁塔 | 0.50 | 150 |
| 门型铁塔 | 0.42 | 125 |

相应的,杆塔横担处的电位幅值为

$$U_{hd}=\beta I\left(R_i+\frac{L_t}{2.6}\times\frac{h_h}{h_t}\right) \tag{6.22}$$

式中 $h_h$——横担对地高度,m;

   $h_t$——杆塔对地高度,m。

②绝缘子串导线一侧的电位 $U_{dx}$

绝缘子串在导线一侧的电位形成包括了三个电压分量:雷电在导线上形成的感应雷过电压 $U_i'$、避雷线对导线的耦合电压 $kU_{td}$ 和导线上的工频工作电压。其中,导线上的工频工作电压一般可以忽略不计。

雷击有避雷线的线路杆塔时,在导线上出现的感应雷过电压为

$$U_i'=\alpha h_c(1-\frac{h_g}{h_c}k_0) \tag{6.23}$$

式中 $\alpha$——感应过电压系数,kV/m。

感应过电压系数值近似等于以 kA/μs 为单位的雷电流平均陡度值,即 $\alpha\approx\dfrac{I}{2.6}$。

当杆塔顶部电位为 $U_{td}$ 时,与塔顶相连的避雷线上也具有相同的电位。由于避雷线与导线之间的耦合作用,在导线上将产生耦合电压 $kU_{td}$,其中 $k$ 为避雷线与导线之间的耦合系数。

导线上的感应雷过电压与雷电流的极性相反,而避雷线对导线的耦合电压则与雷电流同极性。因此,缘子串导线一侧的电位幅值 $U_{dx}$ 为

$$U_{dx}=kU_{td}-U_i' \tag{6.24}$$

综上所述,绝缘子串上所受的雷电过电压幅值为

$$U_j=U_{hd}-U_{dx} \tag{6.25}$$

$$=\beta I(R_i+\frac{L_t}{2.6}\times\frac{h_h}{h_t})-k\left[\beta I(R_i+\frac{L_t}{2.6})\right]+\frac{I}{2.6}h_c(1-\frac{h_g}{h_c}k_0)$$

$$= I\left[(1-k)\beta R_i + \left(\frac{h_h}{h_t}-k\right)\beta\frac{L_t}{2.6} + \left(1-\frac{h_g}{h_c}k_0\right)\frac{h_c}{2.6}\right]$$

（3）雷击塔顶时线路的耐雷水平 $I_1$

当绝缘子串两端电压 $U_j$ 等于线路绝缘子串的 50% 冲击闪络电压 $U_{50\%}$ 时，绝缘子串将发生闪络，此时杆塔电位高于导线电位，此类闪络称为反击。与这一临界条件相对应的雷电流幅值 $I$ 显然就是这条线路在雷击塔顶时的耐雷水平 $I_1$ 为

$$I_1 = \frac{U_{50\%}}{(1-k)\beta R_i + \left(\frac{h_h}{h_t}-k\right)\beta\frac{L_t}{2.6} + \left(1-\frac{h_g}{h_c}k_0\right)\frac{h_c}{2.6}} \tag{6.26}$$

（4）提高反击耐雷水平 $I_1$ 的措施

提高反击耐雷水平 $I_1$ 的措施主要有：加强线路绝缘（即提高 $U_{50\%}$）；降低杆塔接地电阻 $R_i$；增大导线与避雷线间的耦合系数 $k$（如将单避雷线改为双避雷线）；降低杆塔的分流系数 $\beta$（如加装耦合地线）等。

2. 雷击避雷线挡距中央

根据模拟试验和实际运行经验，这种雷击线路的情况出现的概率约为 10%。前面分析已知，雷击避雷线挡距中央时，在雷击点会产生很高的过电压（雷击点的电压幅值 $U_A \approx 100I$）。不过由于避雷线的半径较小，雷击点距杆塔较远，强烈的电晕使过电压波传播到杆塔时已衰减得很小，不足以使绝缘子串闪络，所以通常只考虑雷击点处避雷线对导线的反击问题，如图 6.10 所示。

（1）雷击点的电压

若雷击避雷线挡距中央时雷击点 $A$ 的电压为

$$u_A = i\frac{Z_0 Z_g}{2Z_0 + Z_g}$$

近似取 $Z_0 = \frac{Z_g}{2}$，则

$$u_A = \frac{Z_b}{4}i$$

（2）避雷线与导线之间的空气间隙 $s$ 上所承受的最大电压

若雷电流取为斜角波头，即 $i = \alpha t$，则

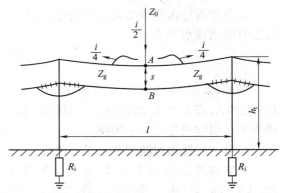

图 6.10　雷击避雷线挡距中央示意图

$$u_A = \frac{Z_g}{4}\alpha t \tag{6.27}$$

雷击点 $A$ 处的电压波 $u_A$ 将随时间的增加而线性增加，同时，它自雷击点向两侧避雷线传播，经过 $0.5\frac{l}{v}$ 时间（$l$ 为挡距，$v$ 为雷电波沿导线传播的波速）到达相邻的杆塔，由于杆塔接地，在此处将发生电压负全反射，负反射波再经过 $0.5\frac{l}{v}$ 时间回到 $A$ 点，此时电压达到最大值 $U_A$，即

$$U_A = \frac{\alpha Z_g l}{4v} \tag{6.28}$$

考虑到避雷线与导线间的耦合作用，雷击处避雷线与导线间的空气隙 $s$ 上所承受的最大

电压 $U_s$ 为

$$U_s = U_A(1-k) = \frac{\alpha Z_g l}{4v}(1-k) \tag{6.29}$$

为了防止空气隙被击穿,通常采用的办法是:保证避雷线与导线之间有足够的空气距离 $s$。根据理论分析和运行经验,我国规程规定了挡距中央导线、避雷线之间的空气距离 $s$ 结合实际情况可按式(6.30)选取

$$s \geqslant 0.012l + 1 \quad (m) \tag{6.30}$$

通常,满足式(6.30)条件后,就不会发生此种雷击故障。在雷击跳闸率时,不必再计入雷击避雷线挡距中央的情况。

3. 雷绕击导线时线路的耐雷水平

尽管线路全线装设有避雷线,并使三相导线都处于它的保护范围之内,由于各种因素的影响,仍可能会使避雷线的保护失效,发生雷绕过避雷线击中导线的情况,称为绕击。虽然发生绕击的概率很小,但一旦发生绕击,所产生的雷电过电压很高,往往会引起线路绝缘子串的闪络。

(1)雷击点的电压 $U_A$

雷绕击导线即雷直击导线。设 $Z = 400\ \Omega$,则绕击点 $A$ 的电压 $U_A$ 为

$$U_A = \frac{Z}{4}I = 100I \quad (kV) \tag{6.31}$$

(2)雷绕击导线时线路的耐雷水平 $I_2$

如果令雷绕击导线时雷击点的电压 $U_A$ 等于线路绝缘子串的50%冲击放电电压 $U_{50\%}$,则绕击时的耐雷水平 $I_2$ 为

$$I_2 = \frac{U_{50\%}}{100} \quad (kA) \tag{6.32}$$

例如,采用13片 XP-70 型绝缘子的220 kV 线路绝缘子串的 $U_{50\%} \approx 1\ 200$ kV,可求得 $I_2 = 12$ kA,而大于 $I_2$ 的雷电流出现的概率约为73%,可见即便是220 kV 的高压线路,绕击难免也会引起绝缘的冲击闪络。

4. 反击和绕击线路耐雷水平的比较

线路的绕击耐雷水平 $I_2$ 比反击耐雷水平 $I_1$ 低得多。由表6.4 可见,对于110 kV、220 kV、330 kV 电压等级的线路,其耐雷水平分别只有7 kA、12 kA 和16 kA 左右;对500 kV 电压等级的线路,其耐雷水平也只有22 kA 左右。因此,对于110 kV 及以上中性点直接接地系统的输电线路,一般要求全线架设避雷线,以防止线路频繁发生雷击闪络跳闸事故。

表 6.4　有避雷线线路的反击耐雷水平和绕击耐雷水平比较

| 额定电压(kV) | 110 | 220 | 330 | 500 |
|---|---|---|---|---|
| 反击耐雷水平 $I_1$(kA) | 40~75 | 75~110 | 100~150 | 125~175 |
| 雷电流超过 $I_1$ 的概率 $P$(%) | 35~14 | 14~6 | 7~2 | 3.8~1 |
| 绕击耐雷水平 $I_2$(kA) | 7 | 12 | 16 | 22 |
| 雷电流超过 $I_2$ 的概率 $P$(%) | 83 | 73 | 66 | 56 |

### 6.2.3　输电线路的雷击跳闸率

由于雷电而引起输电线路的跳闸,需要满足以下两个条件:

①雷电流必须超过该线路的耐雷水平,从而引起线路绝缘发生冲击闪络;

②当极短暂的雷电波过去后,在导线工频工作电压的作用下,冲击闪络有可能转变成稳定的工频电弧,只有稳定的工频电弧电流才能造成线路的跳闸停电。

**1. 建弧率 $\eta$**

冲击闪络转变为稳定工频电弧的概率称为建弧率。冲击闪络能否转变为稳定的工频电弧主要取决于工频弧道中的平均电场强度(即沿绝缘子串或空气间隙的平均工作电压梯度)$E$,还取决于闪络瞬间工频电压的瞬时值以及去游离强度等条件。其经验公式为

$$\eta = (4.5E^{0.75} - 14) \times 10^{-2} \tag{6.33}$$

式中　$E$——绝缘子串的平均工作电压梯度有效值,kV/m。

对中性点直接接地系统

$$E = \frac{U_n}{\sqrt{3}\, l_j} \tag{6.34}$$

对中性点非直接接地系统(中性点绝缘或经消弧线圈接地)

$$E = \frac{U_n}{2l_j + l_m} \tag{6.35}$$

式中　$U_n$——线路额定电压有效值,kV;

　　　　$l_j$——绝缘子串长度,m;

　　　　$l_m$——木横担线路的线间距离,m。

若是铁横担和水泥横担线路,$l_m = 0$。

对中性点不接地系统,单相闪络不会引起跳闸,只有当第二相导线闪络后才会引起相间短路而跳闸,所以放电距离应该为绝缘子串长度的 2 倍。

实践证明,若 $E \leqslant 6$ kV/m,得出的建弧率很小,可取 $\eta \approx 0$。

**2. 击杆率 $g$**

雷击杆塔的次数与雷击线数总次数之比称为击杆率。运行经验表明,击杆率与避雷线的根数和线路所经过地区的地形有关,规程推荐的 $g$ 值见表 6.5。

表 6.5　击 杆 率

| 避雷线根数\地形 | 0 | 1 | 2 | 避雷线根数\地形 | 0 | 1 | 2 |
|---|---|---|---|---|---|---|---|
| 平原 | 1/2 | 1/4 | 1/6 | 山丘 | — | 1/3 | 1/4 |

**3. 绕击率 $P_a$**

雷绕过避雷线直击于导线(绕击)的次数与雷击线路总次数之比称为绕击率。绕击率与避雷线对外侧导线的保护角 $\alpha$、杆塔高度 $h$、线路经过地区的地形地貌和地质条件等因素有关。

对平原线路　　　　　　$\lg P_a = \dfrac{\alpha\sqrt{h}}{86} - 3.9 \tag{6.36}$

对山区线路　　　　　　$\lg P_a = \dfrac{\alpha\sqrt{h}}{86} - 3.35 \tag{6.37}$

可见,山区的绕击率为平原地区绕击率的 3 倍左右,或相当于保护角 $\alpha$ 增大了 8°。为减少绕击率,应尽量减小避雷线的保护角。

4.线路的雷击跳闸率 $n$

对于有避雷线的线路,雷击跳闸率包括两部分:雷击塔顶造成反击引起的跳闸和雷绕击导线引起的跳闸。

(1)反击跳闸率 $n_1$

$$n_1 = N(1-P_\alpha)gP_1\eta \tag{6.38}$$

式中　　$N$——每 100 km 线路每年(40 个雷暴日)落雷总次数;

　　$g$——击杆率;

　　$P_\alpha$——绕击率;

　　$P_1$——雷电流幅值超过雷击杆塔时线路耐雷水平 $I_1$ 的概率;

　　$\eta$——建弧率。

(2)绕击跳闸率 $n_2$

$$n_2 = NP_\alpha P_2\eta \tag{6.39}$$

式中　　$N$——100 km 线路每年(40 个雷暴日)落雷总次数;

　　$P_\alpha$——绕击率;

　　$P_2$——雷电流幅值超过绕击耐雷水平 $I_2$ 的概率;

　　$\eta$——建弧率。

(3)线路的总雷击跳闸率 $n$

$$n = n_1 + n_2 \tag{6.40}$$

5.线路的实际年雷击跳闸次数

若线路雷击跳闸率为 $n$,线路所在地区的雷暴日数为 $T_d$,线路长度为 $L$,则该线路的实际年雷击跳闸次数为

$$n' = \frac{L}{100} \times \frac{T_d}{40} \times n \tag{6.41}$$

### 6.2.4　输电线路的防雷措施

1.输电线路雷害事故发展的四个阶段及其防护措施

架空输电线路雷害事故的形成通常要经历四个阶段:输电线路受到雷电过电压的作用;输电线路发生冲击闪络;输电线路的冲击闪络转变为稳定的工频电弧;断路器跳闸,供电中断。

针对雷害事故形成的四个阶段,现代输电线路在采取防雷保护措施时,要做到以下"四道防线":

①防直击。使输电线路尽量不受直击雷的作用,一般架设避雷线既可避免雷电直击导线,还可降低感应雷过电压的数值。

②防闪络。使输电线路受雷后绝缘不发生闪络,可以通过降低杆塔接地电阻,加强线路绝缘,架设耦合地线等措施实现。

③防建弧。使输电线路发生冲击闪络后不建立稳定的工频电弧,对于 35 kV 及以下的线路可采用消弧线圈来降低建弧率。

④防停电。使输电线路在发生工频电弧后尽量不中断电力供应,可在线路上装设自动重合闸装置。

2.输电线路常用的防雷保护措施

(1)架设避雷线

架设避雷线是高压和超高压输电线路防雷保护的最基本和最有效的措施。避雷线的主要作用是防止雷直击导线,同时还具有以下作用:

①分流作用,以减小流经杆塔的雷电流,从而降低塔顶电位;

②通过对导线的耦合作用可以减小线路绝缘子的电压;

③对导线的屏蔽作用还可以降低导线上的感应过电压。

通常,线路的电压等级越高,采用避雷线的效果越好,并且避雷线在线路造价中所占的比重也越低。为了提高避雷线对导线的屏蔽效果,减小绕击率,避雷线对边相导线的保护角应做得小一些。一般 110 kV 线路沿全线架设避雷线,保护角取 $25°\sim30°$,在雷电活动特别强烈的地区宜架设双避雷线,在少雷区可不沿全线架设避雷线,但应装设自动重合闸装置,以减少线路停电事故。220 kV 线路宜沿全线架设双避雷线,在少雷区可架单避雷线,保护角应在 $25°$ 以下;330 kV 线路应沿全线架设双避雷线,保护角应在 $20°$ 以下;500 kV 及以上的超高压、特高压线路应全线架设双避雷线,保护角应在 $15°$ 以下;而对于 35 kV 及以下线路,因线路本身绝缘薄弱,装设避雷线的效果不大,通常只在变电站的进线段架设避雷线。

(2)降低杆塔接地电阻

降低杆塔的接地电阻是提高线路耐雷水平、降低雷击跳闸率的最经济有效的措施。杆塔的工频接地电阻一般为 $10\sim30$ Ω。在土壤电阻率低的地区,应充分利用杆塔的自然接地电阻,接地电阻值一般按常规设计就能达到要求;在山区和土壤电阻率高的地区,降低接地电阻较困难时,应根据具体情况做特殊设计,充分利用杆塔所处的地形,采用多根放射形接地体或连续伸长接地体或配合使用降阻剂等切实可行的降阻措施。

(3)加强线路绝缘

为降低跳闸率,可在高杆塔上增加绝缘子串的片数,加大大跨越挡导线与地线之间的距离,以加强线路绝缘。规程规定,全高超过 40 m 的有避雷线杆塔,每增高 10 m 应增加一片绝缘子;全高超过 100 m 杆塔,绝缘子串的片数应结合运行经验通过计算确定。在 35 kV 及以下的线路也可采用瓷横担等冲击闪络电压较高的绝缘子来降低雷击跳闸率。

用增加绝缘子片数或更换为大爬距的合成绝缘子的方法来提高线路绝缘,对防止雷击塔顶反击过电压效果较好,但对于防止绕击效果差,且增加绝缘子片数受杆塔头部绝缘间隙及导线对地安全距离的限制,因此线路绝缘的增强也是有限的。

(4)架设耦合地线

作为一种补救措施,可在某些建成投运后累计故障频发的线段上,在导线的下方架设一条耦合地线,它虽然不能像避雷线那样拦截直击雷,但因具有一定的分流作用和增大导地线之间的耦合系数,因而也能提高线路的耐雷水平和降低雷击跳闸率。

(5)采用不平衡绝缘方式

为了节省线路走廊用地,在现代高压及超高压线路中,采用同杆架设双回路线路的情况日益增多。为了避免线路落雷时双回路同时闪络跳闸而造成完全停电的严重局面,当采用通常的防雷措施仍无法满足要求时,可考虑采用不平衡绝缘方式来降低双回路雷击同时跳闸率,以保障线路的连续供电。不平衡绝缘的原则是使双回路的绝缘子串片数有差异,雷击时绝缘子串片数少的回路先闪络,闪络后的导线相当于地线,增加了对另一回路导线的耦合作用,提高了线路的耐雷水平使之不发生闪络,保障了另一回路的连续供电。两回线路的绝缘水平相差多少应以各方面经济技术比较来确定,一般认为两回线路绝缘水平的差异应为$\sqrt{3}$倍相电压(峰值)。

(6)采用中性点非有效接地方式

在雷电活动强烈、接地电阻难以降低的地区,电力系统中 35 kV 线路采用中性点不接地或经消弧线圈接地的方式,可以使由雷击引起的大多数单相接地故障能够自动消除,不致引起相间短路和跳闸。而在二相或三相落雷时,由于先对地闪络的一相相当于一条避雷线,增加了分流和对未闪络相的耦合作用,使未闪络相绝缘上的电压下降,从而提高了线路的耐雷水平。因此,对 35 kV 线路的钢筋混凝土杆和铁塔,必须做好接地措施。

(7)安装线路避雷器

在雷电活动频繁的地区,在线路上安装线路避雷装置,将其与线路绝缘子串并联。氧化锌阀片具有较大的通流能力,因而可将氧化锌避雷器安装到需要作重点防雷保护的线路杆塔上。当雷绕击线路或雷击杆塔在绝缘子串两端产生过电压超过避雷器的动作电压时,避雷器可靠动作,其残压低于线路绝缘子串的闪络电压;雷电流经避雷器泄放后,流过避雷器的毫安级工频续流在第一次过零时熄灭,使系统恢复到正常状态。装设线路避雷器后,能提高安装处线路的绕击和反击耐雷水平,从而降低雷击跳闸率。一般地,线路避雷器不应在全线路密集安装,而是要根据线路所处的地理条件和实际运行情况,在雷击事故频发、存在绝缘薄弱点、杆塔接地电阻超标或大跨越高杆塔上作有选择性的重点安装。

(8)装设自动重合闸

由于线路绝缘具有自恢复功能,大多数雷击造成的冲击闪络和工频电弧在线路跳闸后能快速去游离,迅速恢复绝缘功能。因此,在线路形成稳定的工频电弧引起线路断路器跳闸后,采用自动重合闸在绝大多数情况下都能使线路迅速恢复正常供电。据统计,我国 110 kV 及以上高压线路的重合闸成功率高达 75%～95%;35 kV 及以下线路约为 50%～80%,由此可见自动重合闸是减少线路雷击停电事故的有效措施,各种电压等级的线路都应尽量装设自动重合闸。

总之,影响架空输电线路雷击跳闸率的因素很多,有一定的复杂性。解决线路的雷害问题,要从实际出发,因地制宜,综合治理。在采取防雷改进措施之前,要认真调查分析,充分了解地理、气象及线路运行等各方面的情况,核算线路的耐雷水平,研究采用措施的可行性、工作量、难度、经济效益及效果等,最后决定准备采用某一种或几种防雷改进措施。

## 6.3　发电厂、变电所的防雷保护

发电厂和变电所是电力系统的枢纽,其中安装有发电机、变压器、互感器、断路器等重要的电气设备,这些设备的内绝缘水平往往低于线路绝缘,并且不具有自恢复功能,一旦发生雷击造成绝缘闪络事故就会损坏设备,造成大面积停电。因此,发电厂、变电所的防雷保护措施必须十分可靠。

发电厂、变电所的雷害事故来自两个方面:一是雷电直击于发电厂、变电所内的建筑物及其屋外配电装置上;二是输电线路上发生感应过电压或直接落雷,雷电波将沿该导线侵入变电所或发电机,该雷电波称为侵入波。由于线路延伸距离很长,落雷频繁,所以侵入波是造成发电厂、变电所雷害事故的主要原因。

对发电厂、变电所的直击雷保护,一般采用避雷针(线)。对线路侵入波防护的主要措施主要有:①安装避雷器以限制雷电过电压的幅值;②设置进线保护段,降低入侵波的陡度,限制流过避雷器的冲击电流幅值。

### 6.3.1　发电厂、变电所的直击雷保护

发电厂、变电所防止直击雷的措施是采用避雷针(线)及良好的接地网。所有被保护设备(如配电装置、建筑物等)都应处于避雷针(线)的保护范围内,以免遭受直接雷击。

当雷电击中避雷针(线)后,它的对地电位可能升高,如果与被保护设备之间的绝缘距离不够大,就有可能发生反击(或逆闪络)现象。反击可能在空气中发生,也可能在地下装置间发生。发生反击时,高电位将加到电力设备上,有可能导致设备的绝缘损坏,应采取措施防止反击现象的发生。

1. 避雷针保护

按照安装方式的不同,避雷针可分为独立避雷针和构架避雷针两种。独立避雷针具有独立于变电站地网的接地装置,而构架避雷针安装于配电构架上,并且与变电站的地网相连。

(1)独立避雷针

如图 6.11 所示,雷击独立避雷针时,雷电流经过避雷针及接地体装置进入大地,并在避雷针相应高度 $h$ 处和避雷针的接地装置上出现高电位 $u_k$ 和 $u_d$。

$$u_k = L_0 h \frac{\mathrm{d}i}{\mathrm{d}t} + iR_i \qquad (6.42)$$

$$u_d = iR_i$$

式中　$L_0$——避雷针单位高度的等值电感,$\mu H$;

　　　$R_i$——独立避雷针的冲击接地电阻,$\Omega$;

　　　$i$——流进避雷针的雷电流,kA。

如果取空气间隙的平均冲击击穿场强为 $E_1(kV/m)$,为了防止避雷针对构架发生反击,其空气间距 $s_k$ 应满足式(6.43)的要求:

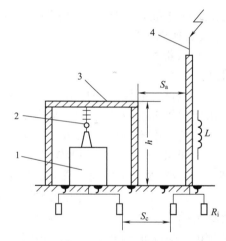

图 6.11　独立避雷针离配电构架的距离
1—变压器;2—母线;3—配电构架;4—避雷针

$$s_k \geqslant \frac{U_k}{E_1} \quad (m) \qquad (6.43)$$

如果取土壤的平均冲击击穿场强为 $E_2(kV/m)$,为了防止避雷针接地装置与变电所接地网之间因土壤击穿而连在一起,其地下距离 $s_d$ 应满足式(6.44)的要求:

$$s_d \geqslant \frac{U_d}{E_2} \quad (m) \qquad (6.44)$$

根据我国标准,取雷电流的幅值 $I = 100$ kA,独立避雷针单位高度的等值电感 $L_0 \approx 1.55\ \mu H/m$,空气间隙的平均冲击击穿场强 $E_1 \approx 500$ kV/m,土壤的平均冲击击穿场强 $E_2 \approx 300$ kV/m,雷电流的平均波前陡度 $\left(\frac{\mathrm{d}i}{\mathrm{d}t}\right)_{av} \approx \frac{100}{2.6} = 38.5$ kA/$\mu$s,可以得出目前我国标准推荐的 $s_k$ 和 $s_d$ 为

$$s_k \geqslant 0.2R_i + 0.1h$$

$$s_d \geqslant 0.3R_i \qquad (6.45)$$

一般,避雷针的 $s_k$ 不宜小于 5 m,$s_d$ 不宜小于 3 m。

独立避雷针宜设独立的接地装置。当避雷针的接地电阻过大时,$s_k$、$s_d$ 也将增大,从而使避雷针的高度增加,但这并不经济。所以,在土壤电阻率不高的地区,接地电阻不宜大于 10 Ω。如果有困难,独立避雷针的接地装置可与主接地网连接,但为了避免对设备的反击,该连接点到 35 kV 及以下设备的接地线入地点沿接地体的地中距离不得小于 15 m。这样,雷击避雷针时在接地装置上产生的冲击波沿地中埋线流动 15 m 后,在土壤电阻率 $\rho \leqslant 500$ Ω·m 时,幅值可衰减到原来的 22% 左右,一般不会引起事故。

(2)构架避雷针

构架避雷针具有节约投资,便于布置的优点,应充分利用发电厂、变电所内的建筑物设置构架避雷针,但因构架距离电气设备较近,所以更应注意防止反击事故的发生。

对于 35 kV 及以下的配电装置,其绝缘能力较弱,为防止反击事故,应装设独立避雷针;60 kV 的配电装置在土壤电阻率 $\rho < 500$ Ω·m 的地区容许采用构架避雷针,而在土壤电阻率 $\rho > 500$ Ω·m 的地区宜采用独立避雷针;110 kV 及以上的配电装置,由于电气设备的绝缘水平较高,在土壤电阻率 $\rho \leqslant 1\,000$ Ω·m 地区,雷击避雷针时在配电构架上出现的高电位一般不会造成反击事故,可将避雷针装设在配电装置的构架上,但在土壤电阻率 $\rho > 1\,000$ Ω·m 的地区,宜装设独立避雷针。

主变压器的绝缘较弱,又是变电站中最重要的设备,所以变压器的门型构架上不宜装设避雷针。

构架避雷针的接地是利用发电厂、变电站的主接地网,但应在其附近装设集中接地装置,并且构架避雷针与主接地网的地下连接点至变压器的接地线与主接地网的地下连接点之间,沿接地体的长度不得小于 15 m。

关于线路终端杆塔上的避雷线能否与发电厂、变电所构架相连,是按能否发生反击的原则处理。110 kV 及以上配电装置,可将线路的避雷线引接到出线门形构架上。当土壤电阻率 $\rho > 1\,000$ Ω·m 时,应装设集中接地装置,一般在门形构架引下线入地点敷设 2~3 条接地带。在土壤电阻率 $\rho < 500$ Ω·m 的地区,35~110 kV 架空输电线路进线保护段避雷线允许接到户外配电装置接地构架上,在构架引下线入地点应铺设 2~3 条接地带,且应在距离入地点不小于电极长度的地方打入 2~3 根长 3~5 m 的垂直电极;35 kV 户外配电装置附近架空线路杆塔的接地电阻不应超过 10 Ω。在土壤电阻率 $\rho \geqslant 500$ Ω·m 的地区,避雷线应架设到终端杆塔为止,从线路终端杆塔到配电装置一档线路的防雷保护,可采用独立避雷针,也可在线路终端杆塔上装设避雷针。

2.避雷线保护

国内外多年运行经验表明,采用架空避雷线保护的发电厂、变电所,只要结构布置合理,设计参数选择正确,避雷线具有足够的截面和机械强度,就可以避免避雷线断线造成母线短路的危险,同样可以得到很高的防雷可靠性。近年来,国内外兴建的 500 kV 变电站出现了采用避雷线保护的趋势。

采用独立避雷线保护有两种布置形式。一种形式是避雷线一端经配电装置构架接地,另一端经绝缘子串与厂房建筑物绝缘;当有两根及以上一端绝缘的避雷线并行架设时,为降低雷击时的过电压,有时还将所有避雷线的绝缘端连接起来,形成一个封闭的架空接地网。另一种形式是避雷线两端都接地,例如将变电所进线的架空避雷线延伸至变电所内,通过构架接地并形成一个架空地网。

**3. 安装避雷针(线)的注意事项**

(1)独立避雷针应距道路 3 m 以上,否则应铺碎石或沥青路面(厚 5~8 m),以保证人身不受跨步电压的危害。

(2)严禁将架空照明线、电话线、广播线及天线等装在避雷针或其构架上。

(3)如在独立避雷针或装有针的构架上设置照明灯,这些照明灯的电源线必须用铅护套电缆或将全部导线装在金属管内,并将电缆或金属管直接埋入地中,其长度在 10 m 以上,这样才允许与 35 kV 及以下配电装置的接地网相连,或者与屋内低压配电装置相连,以免雷击构架上的避雷针(线)时,威胁人身和设备的安全。

(4)发电厂的主厂房一般不装设避雷针,以免发生感应或反击,使继电保护误动作或造成绝缘损坏。

### 6.3.2　发电厂、变电所内避雷器的保护作用

当发电厂、变电所采取了可靠的直击雷防护措施后,遭受雷直击的概率很小,所以沿线路侵入的雷电波是发电厂、变电所遭受雷害事故的主要原因。避雷器是发电厂、变电所限制雷电侵入波过电压的主要措施,它接在变电所母线上,与被保护设备并联,其作用是限制被保护设备上的过电压幅值,不超过设备绝缘的冲击耐压值,设备即可的到保护,如图 6.12 所示。

避雷器能够起到正常保护作用需要满足三个前提条件:

(1)避雷器的伏秒特性与被保护绝缘的伏秒特性有良好的配合,在一切电压波形下,避雷器的伏秒特性都应该在被保护绝缘的伏秒特性之下。

(2)避雷器的残压要低于被保护绝缘的冲击击穿电压。如果变压器和避雷器之间的距离为零,

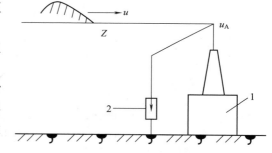

图 6.12　避雷器的保护作用原理图
1—变压器;2—避雷器

即避雷器直接接在变压器旁,那么变压器上的过电压(幅值与波形)与避雷器上电压完全相同,在这种情况下只要变压器的冲击耐压大于避雷器的残压,则变压器就可以得到可靠的保护。

(3)被保护绝缘必须处于避雷器的保护距离之内。发电厂、变电所中有许多电气设备,不可能在每个设备旁边都装设一组避雷器,因而只是在发电厂、变电所母线上装设一组避雷器。避雷器与各个电气设备之间存在一段长度不等的电气距离,但必须控制的是受保护的设备均应在避雷器的保护距离内。

**1. 避雷器与被保护物间的电气距离对其保护作用的影响**

雷电冲击波在避雷器和被保护设备之间的这一段距离内,会发生多次折射、反射,这将会使设备绝缘上的电压高于避雷器残压。二者的电气距离 $l$ 越远,入侵波的陡度 $\alpha$ 越陡,设备绝缘上出现的电压幅值高于避雷器残压越多。显然,在这种情况下如果还是仅仅使被保护设备的冲击耐压大于避雷器的残压,是得不到可靠保护的。

**2. 一路进线的变电所**

(1)避雷器和变压器上的电压分析

图 6.13 是以一路进线的变电所为例进行的电压分析。其中避雷器和变压器之间的电气距离为 $l$,有一陡度为 $\alpha(\mathrm{kV}/\mu s)$ 的斜角波 $u=at$ 沿线路向避雷器袭来。设 $t=0$ 时,侵入波到

达 $A$ 点(避雷器安装处),经时间 $T=\dfrac{l}{v}$,波到达 $B$ 点(变压器安装处)。一般电力设备的等值

电容都不大,因此可以忽略变压器的入口电容,即忽略波刚到达时电容使电压上升速度减慢的影响,而只讨论电容充电后相当于开路的情况,则电压波到达 $B$ 点后将发生全反射,因而变压器上的电压将得到加倍并以 $2\alpha t$ 的规律上升。

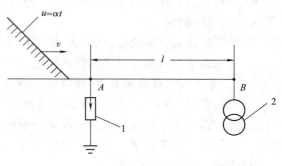

图 6.13　求取 $\Delta U$ 的简化计算接线图
1—避雷器;2—变压器

变压器绝缘上的电压表达式为

$$u_2=2\alpha(t-T) \qquad (6.46)$$

当 $t=2T$ 时,点 $B$ 的反射波到达 $A$ 点,使得避雷器上的电压上升陡度加大,如图 6.14 中的线段 $mb$ 所示。可见,如果没有从设备来的反射波,避雷器将在 $t=t'_b$ 时动作,而有了反射波的影响,避雷器将提前在 $t=t_b$ 时动作,其击穿电压为

$$U_b=\alpha(2T)+2\alpha(t_b-2T)=2\alpha(t_b-T) \qquad (6.47)$$

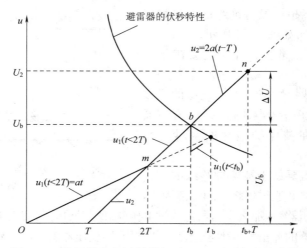

图 6.14　避雷器和变压器的电压 $u_1$、$u_2$ 随时间的变化值

由于一切通过 $A$ 点的电压波都将到达 $B$ 点,但在时间上要后延 $T$,所以避雷器放电后所产生的限压效果要推迟到 $t=t_b+T$ 时才能对变压器绝缘上的电压产生影响,此时,变压器上的电压 $u_2$ 已经达到

$$U_2=2\alpha\big[(t_b+T)-T\big]=2\alpha t_b \qquad (6.48)$$

可见,变压器上的最大电压将比避雷器上的最高电压高出 $\Delta U$,其数值为

$$\Delta U=U_2-U_b=2\alpha t_b-2\alpha(t_b-T)=2\alpha T=2\alpha\dfrac{l}{v} \qquad (6.49)$$

如果以进波的空间陡度 $\alpha'$ 来代替上式中的时间陡度 $\alpha$,则

$$\Delta U=2\alpha' l \qquad (6.50)$$

考虑此时 $U_b$ 等于避雷器上的残压 $U_c$,因此可得到变压器上的电压为

$$U_2=U_c+\Delta U=U_c+2\alpha\dfrac{l}{v}=U_c+2\alpha' l \qquad (6.51)$$

　　显然,变压器上的最大电压将比避雷器上的残压 $U_c$ 高出 $\Delta U$,且变压器与避雷器间的电气距离 $l$ 越大,进波陡度 $\alpha$ 或 $\alpha'$ 越大,电压差值 $\Delta U$ 越大。$\Delta U$ 过大时,加在变压器上的电压可能超过其绝缘的冲击耐压值,绝缘就会损坏。

　　为了保证加在变压器上的电压不超过其冲击耐压值,避雷器与变压器之间的电气距离不能太远,即避雷器有一定的保护范围。变电所内所有的电气设备都应受到避雷器的保护,即它们与避雷器的距离都应在允许值内。此外,为降低变压器上的雷电过电压,还必须限制流经避雷器的雷电流幅值和入侵波的陡度。

　　(2)采用多次截波耐压值来考核变压器承受雷电过电压的能力

　　无论采用何种阀片,在避雷器动作的瞬间都会出现一个不大的电压降,即经避雷器入地的电流在接地电阻和连线波阻抗上造成的压降,然后避雷器就大致保持着残压水平。如果变压器直接靠近避雷器,它所受到的电压波形与此相同;但如果变压器与避雷器之间存在电气距离 $l$,绝缘上实际受到的电压波形就不一样了。这是因为变压器有一定的入口电容,避雷器与变压器之间的连线也有一定的杂散电感和杂散电容,它们将构成某种振荡回路,其结果使得变压器绝缘上出现的电压波形由一周期分量(避雷器工作电阻上的电压)与一衰减型振荡分量组成。这种波形与冲击全波的差别很大,更接近于冲击截波,如图 6.15 所示。其振荡轴为避雷器的残压 $U_c$,这是由于避雷器动作后,产生的负电压波在避雷器与变压器之间多次反射所引起,这种波形相当于一个一个的截波作用在变压器绝缘上。

　　因而,我们常采用变压器的多次截波耐压值 $U_j$ 来表示该变压器(或其他电气设备)在运行中承受雷电波的能力。显然,为避免变压器(或设备)发生冲击击穿必须满足:

$$U_j \geqslant U_c + 2\alpha\,\frac{l}{v} \qquad (6.52)$$

可见,降低避雷器的残压可以降低变压器的绝缘水平。

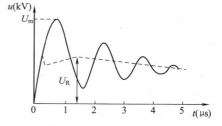

图 6.15　雷电波侵入时变压器上电压波的典型波形

　　(3)变电所中变压器与避雷器之间的最大允许电气距离 $l_m$

　　对于一定的进波陡度 $\alpha$,为达到保护效果,被保护变压器与避雷器之间的距离应满足:

$$l \leqslant \frac{U_j - U_c}{2\alpha/v}$$
$$l_m = \frac{U_j - U_c}{2\alpha/v} \qquad (6.53)$$

　　显然,当变压器到避雷器的电气距离超过最大允许电气距离 $l_m$ 时,避雷器就不能对变压器起到正常的保护作用。降低进波陡度 $\alpha$,减小避雷器的残压,可以增大变压器到避雷器之间的最大允许电气距离 $l_m$,扩大避雷器的保护范围。

　　(4)变电所内其他变电设备与避雷器之间的最大允许电气距离 $l'_m$

　　考虑到发电厂、变电所内其他电气设备的重要性不如变压器,而它们的冲击耐压水平却反而比变压器更高,因此它们距离避雷器的最大允许电气距离 $l'_m$ 可以近似地取为比变压器与避雷器距离大 35%,即

$$l'_m = 1:35 l_m \qquad (6.54)$$

### 3. 多路进线的变电所

变电所有一路进线情况下,在线路终端会出现电压波全反射加倍。那么,对于中间变电所或多出线变电所有两路及两路以上进线时,雷电波可以通过另外几路分流,不会再出现全反射加倍的严重情形。因此,最大允许电气距离 $l_m$ 可以比终端变电所一路进线时大。根据相关规程,建议两路进线时最大允许电气距离可比一路进线增大 35%,三路进线时增大 65%,四路及以上进线可增大 85%。

### 4. 避雷器的安装

(1)规程推荐的避雷器到变压器的最大电气距离

我国标准所推荐的避雷器到变压器的最大电气距离 $l_m$,见表 6.6、表 6.7。

**表 6.6　普通阀式避雷器到主变压器间的最大电气距离**

| 系统额定电压(kV) | 进线段长度(km) | 进线路数(m) | | | |
|---|---|---|---|---|---|
| | | 1 | 2 | 3 | ≥4 |
| 35 | 1 | 25 | 40 | 50 | 55 |
| | 1.5 | 40 | 55 | 65 | 75 |
| | 2 | 50 | 75 | 90 | 105 |
| 66 | 1 | 45 | 65 | 80 | 90 |
| | 1.5 | 60 | 85 | 105 | 115 |
| | 2 | 80 | 105 | 130 | 145 |
| 110 | 1 | 45 | 70 | 80 | 90 |
| | 1.5 | 70 | 95 | 115 | 130 |
| | 2 | 100 | 135 | 160 | 180 |
| 220 | 2 | 105 | 165 | 195 | 220 |

注:①全线有避雷线时按进线段长度为 2 km 选取;进线段在 1~2 km 之间时按补差法确定。

　　②35 kV 也适用于有串联间隙金属氧化物避雷器的情况。

**表 6.7　金属氧化物避雷器到主变压器间的最大电气距离**

| 系统额定电压(kV) | 进线段长度(km) | 进线路数(m) | | | |
|---|---|---|---|---|---|
| | | 1 | 2 | 3 | ≥4 |
| 35 | 1 | 25 | 40 | 50 | 55 |
| | 1.5 | 40 | 55 | 65 | 75 |
| | 2 | 50 | 75 | 90 | 105 |
| 66 | 1 | 45 | 65 | 80 | 90 |
| | 1.5 | 60 | 85 | 105 | 115 |
| | 2 | 80 | 105 | 130 | 145 |
| 110 | 1 | 55 | 85 | 105 | 115 |
| | 1.5 | 90 | 120 | 145 | 165 |
| | 2 | 125 | 170 | 205 | 230 |
| 220 | 2 | 125 | 195 | 235 | 265 |
| | | (90) | (140) | (170) | (190) |

注:①本表也适用于变电站碳化硅磁吹避雷器(FM)的情况。

　　②本表括号内距离所对应的雷电冲击全波耐受电压为 850 kV。

（2）选择避雷器安装位置的基本原则

在任何可能的运行方式下，变电所的主变压器和其他变电设备距离避雷器的电气距离都应小于最大允许电气距离 $l_m$，避雷器通常安装在母线上。为了得到避雷器的有效保护，各种变电设备最好都能装得离避雷器近一些，这显然是不可能的，所以在选择避雷器在母线上的具体安装点时，应遵循"确保重点，兼顾一般"的原则，即在兼顾到其他变电设备保护要求的情况下，尽可能把避雷器安装得离主变压器近一些。在某些超高压大型变电所中，可能出现一组（三组）避雷器不可能同时保护好所有变电设备的情况，这时应再加装一组、甚至更多组避雷器，以满足保护要求。

显然，采用保护特性比普通阀式避雷器更好的磁吹避雷器或氧化锌避雷器能增大保护距离（有时能减少所需避雷器组数），或增大绝缘裕度、提高保护的可靠性。

### 6.3.3　变电所的进线段保护

1. 进线段保护

当雷电波侵入变电所时，要使变电所内的电气设备得到可靠的保护，将设备上的过电压水平限制在其冲击耐压值以下，必须限制侵入波陡度 $a$ 以减小 $\Delta U$；限制流过避雷器的雷电流以降低残压。

如果在靠近变电所的线路上（一般为 1～2 km）发生绕击或反击，进入变电所的雷电过电压的陡度和流过避雷器的冲击电流幅值都很大，不能使避雷器可靠地保护电气设备。运行经验表明，变电所的雷电侵入波事故约有 50% 是由雷击离变电所 1 km 以内的线路引起的，约有 71% 是由雷击 3 km 以内线路引起的。

进线段保护是指在靠近变电所 1～2 km 的线路上加强防雷保护措施，以保证在这段线路上避免出现绕击或反击。对于 35～110 kV 全线无避雷线的线路，必须在靠近变电所 1～2 km 的线段上加装避雷线，使之成为进线段且线路保护角 $a$ 不宜超过 20°；对于 110 kV 及以上的全线有避雷线的线路，则通过减小线路的线路保护角 $a$（$a \leqslant 20°$）和降低杆塔的冲击接地电阻 $R_i$（$R_i \leqslant 10\ \Omega$）来提高线路的耐雷水平，使进线段内雷电通过绕击或反击侵入变电所的概率减小。

采用进线段保护后，可以认为侵入变电所的雷电波基本上都是来自进线保护段以外的线路，它至少要在线路上经过 1～2 km 进线段的传播后，才能到达变电所。侵入波在流经进线段时将因冲击电晕而发生衰减和变形，降低了波前陡度和幅值，并且进线段导线的波阻抗也限制了雷电流的幅值，再配合避雷器就可以实现对变电所内设备的可靠保护。

2. 进线段保护的接线

（1）35 kV 及以上架空进线段的保护接线

图 6.16（a）为未沿全线架设避雷线的 35～110 kV 线路进线段保护的标准接线图，图 6.16（b）为全线有避雷线时的进线段保护接线。其中，PE 为管型避雷器，F 为变电所内的阀式避雷器或氧化锌避雷器。

在雷季，变电所进线的隔离开关或断路器可能经常处于断开运行状态，沿线路侵入的雷电波传至开路的末端，会因发生全反射使电压加倍升高，则必须在靠近隔离开关或断路器处装设一组管型避雷器 PE 以避免断路器及其外侧所接电气设备的绝缘被击穿。管型避雷器 PE 的外火花间隙值的整定，应使其在断路运行时能可靠保护隔离开关或断路器，而在断路器合闸运行时不动作，以免产生危险的冲击截波，并且它应处于母线阀型避雷器的保护范围内。如果管型避雷器整定有困难或无适当参数的管型避雷器,可用阀型避雷器或保护间隙代替。

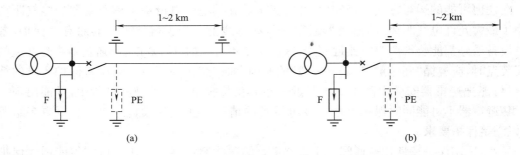

图 6.16　35 kV 及以上架空进线段的保护接线

(2)35 kV 及以上电缆进线段的保护接线

变电所的 35 kV 电缆进线段,在电缆与架空线的连接处,由于波的多次折射、反射,会形成很高的过电压,应装设阀型避雷器。避雷器的接地端应与电缆金属外皮连接。对三芯电缆,电缆末端的金属外皮应直接接地,如图 6.17(a)所示;对单芯电缆,应将电缆一端的金属外皮接地,另一端的金属外皮经氧化锌电缆护层保护器 FC 或保护间隙 FG 接地,如图 6.17(b)所示。

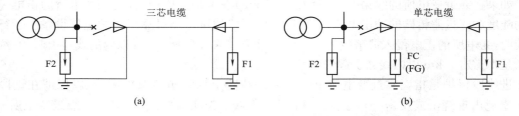

图 6.17　35 kV 及以上电缆进线段的保护接线

对于变电所 35 kV 及以上电缆进线段,如果电缆长度不长(≤50 m)或电缆较长但经校验证明装设一组阀型避雷器就能满足要求时,可以只装设图 6.17 中的 F1 或 F2。如果电缆长度较长,且断路器在雷雨季节可能经常开路运行时,为防止开路端全反射形成很高的过电压损坏断路器,应在电缆末端即靠近变电所端装设管型避雷器。连接电缆进线段前的 1 km 架空线路应架设避雷线。对全线电缆、变压器组接线的变电所内是否装设避雷器,应根据电缆前端是否有雷电过电压波入侵,经校验确定。有电缆进线段的架空线路,避雷器应装设在电缆头附近,其接地端应与电缆金属外皮相连。如果各架空线均有电缆进线段,则避雷器与主变压器的最大电气距离不受限制。

### 6.3.4　变电所防雷保护

1. 三绕组变压器防雷保护

当三绕组变压器的高压侧或中压侧有雷电过电压波袭来时,通过绕组间的静电耦合和电磁耦合,其低压绕组上也会出现一定的过电压,最不利的情况是低压绕组处于开路状态,这时的静电感应分量可能很大而危及绝缘,考虑到这一分量将使低压绕组的三相导线电位同时升高,所以只要在任一相低压绕组出线端加装一只该电压等级的阀型避雷器,就能保护好三相低压绕组,如图 6.18 所示。中压绕组虽然也有开路运行的可能,但因其绝缘水平较高,一般无需加装避雷器来保护。

2. 自耦变压器的防雷保护

自耦变压器一般除了高、中压自耦绕组外,还有三角形接线的低压非自耦绕组,以减小零序阻抗和改善电压波形。在运行中,可能出现只有高、低压绕组运行,中压绕组开路或中、低压绕组运行,高压绕组开路的情况。

由于高、中压自耦绕组的中性点均直接接地,因而当幅值为 $U_0$ 的雷电波加在自耦绕阻高压端 $A_1$ 上时,自耦绕组中各点电位的初始分布、稳态分布和最大电位包络线都与中性点接地的单绕组相同,如图 6.19(a) 所示。

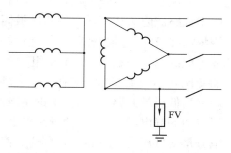

图 6.18　三绕组变压器的防雷保护

此时,在开路的中压端 $A_2$ 套管上可能出现很高的过电压,其值约为进波幅值 $U_0$ 的 $2/k$ 倍($k$ 为高压侧与中压侧绕组的变比),这可能引起中压侧套管的闪络。为此,在中压侧出线套管与断路器之间应装设一组避雷器进行保护,如图 6.20 中的 F2。

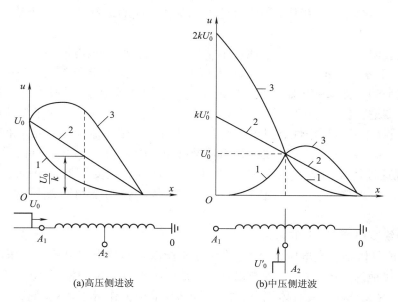

(a)高压侧进波　　　　(b)中压侧进波

图 6.19　进波时变压器自耦绕组的电位分布情况
1—电压起始分布;2—电压稳态分布;3—最大电压包络线

当高压侧开路,中压端 $A_2$ 上出现幅值为 $U_0'$ 的雷电波时,自耦绕组各点的电位分布如图 6.19(b) 所示。从中压端 $A_2$ 到中性点 $O$ 之间这段绕组的稳态电位分布和末端接地的变压器绕组相同,由 $A_2$ 到开路的高压端子 $A_1$ 之间的稳态电位分布是由中压侧 $A_2$ 到中性点 $O$ 的稳态分布的电磁感应所产生的,即高压端子 $A_1$ 的稳态电压为 $kU_0'$。在振荡过程中,$A_1$ 点的最大电位可高达 $2kU_0'$,这将危及开路的高压端绝缘。为此,在高压断路器的出线套管与断路器之间也应装一组避雷器进行保护,如图 6.20 中的 F1。

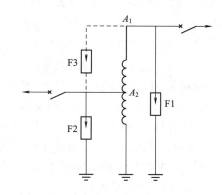

图 6.20　自耦变压器的典型保护接线

应注意：当中压端接有出线时（相当于 $A_2$ 经线路波阻抗接地），如果高压端有雷电波侵入，由于线路波阻抗比变压器绕组的波阻抗小得多，所以 $A_2$ 点的电位接近于 0，大部分雷电过电压将加在 $A_1A_2$ 一段绕组上，可能使绕组损坏。同理，高压端有出线而中压端有进波时，也会造成类似的后果。显然，$A_1A_2$ 绕组越短（即变比 $k$ 越小）时，危险性越大。当变压器高、中压绕组的变比 $k$ 小于 1.25 时，应在 $A_1A_2$ 之间也装一组避雷器，如图 6.20 中的 F3。

当低压端开路运行时，不论雷电波从高压端或中压端侵入，都会经过高压或中压与低压绕组之间的静电耦合作用，使开路的低压绕组出现很高的过电压，危及低压绕组的安全。由于静电分量使低压绕组三相电位同时升高，因此为了限制这种过电压，只要在任一相低压绕组出线端对地装一台避雷器，就能保护好三相低压绕组。

3. 变压器中性点的保护

在 110 kV 及以上的中性点有效接地系统中，为了减小单相接地时的短路电流，有一部分变压器的中性点采用不接地的方式运行，因而需要考虑其中性点绝缘的保护问题。

用于这种系统的变压器，其中性点绝缘水平有两种情况：①全绝缘，即中性点的绝缘水平与绕组首端的绝缘水平相同；②分级绝缘，即中性点的绝缘水平低于绕组首端的绝缘水平。

运行经验表明：对 35～60 kV 中性点不接地或经大电感接地电网中的变压器，其中性点是全绝缘的，一般不需保护。对于 110 kV 及以上中性点有效接地系统，其中一部分变压器的中性点是不接地的。如果变压器中性点的绝缘水平属于分级绝缘，则需选用与中性点绝缘等级相同的避雷器进行保护，并要注意校正避雷器的灭弧电压，它应始终大于中性点可能出现的最高工频电压；如果变压器中性点属于全绝缘，其中性点一般不需保护。但如果变电所为一台主变且为单路进线，在三相同时进波的最严峻情况下，中性点的最大电压可达绕组首端电压的 2 倍。出现这种情况的概率虽小，但因变电所中只有一台变压器，万一变压器的中性点绝缘损坏，后果相当严重。因此，必须在中性点加装一台与绕组首端同样电压等级的避雷器。

4. 气体绝缘变电所（GIS）的防雷保护

全封闭 $SF_6$ 气体绝缘变电所（GIS）是将除变压器以外的整个变电所的高压电力设备及母线封闭在一个接地的金属壳内，壳内充以 0.3～0.4 MPa 的 $SF_6$ 气体作为相间和对地的绝缘。GIS 是一种新型的变电所，具有体积小、占地面积少，维护工作量小，不受周围环境条件影响，对环境没有电磁干扰以及运行性能可靠等优点，已获得越来越多的采用。我国 110 kV、220 kV 的 GIS 变电所已经投运，并取得了一定的经验，500 kV 的 GIS 变电所正在大型水电工程和城市高压电网建设中得到迅速推广。

GIS 的防雷保护除与常规变电所具有共同的原则外，也有自己一些特点：

(1)GIS 绝缘的伏秒特性很平坦，冲击系数接近于 1，其绝缘水平主要决定于雷电冲击水平，因而对所用避雷器的伏秒特性、放电稳定性等技术指标都提出了特别高的要求，最理想的是采用保护性能优异的氧化锌避雷器。

(2)GIS 内的绝缘大多为稍不均匀电场结构，一旦出现电晕，将立即导致击穿，而且不能恢复原有的电气强度，甚至导致整个 GIS 系统的损坏，而 GIS 本身的价格远较常规变电所昂贵，因此要求它的防雷保护措施更加可靠，在绝缘配合中应留有足够的裕度。

(3)GIS 的结构紧凑，设备之间的电气距离小，避雷器离被保护设备较近，防雷保护措施比常规变电所容易实现。

(4)GIS中的同轴母线筒的波阻抗一般 60～100 Ω 之间,远比架空线路低,从架空线侵入的过电压波经过折射,其幅值和陡度都显著变小,这对变电所进行波防护也是有利的。

实际的 GIS 变电所有不同的主接线方式,其进线方式大体可分为两类,一是架空线直接与 GIS 相连;二是经电缆段与 GIS 相连。而变压器的连接,有直接相连的,也有经一段电缆线或架空线连接的,不过前者对变压器的保护较为有利。图 6.21、图 6.22 分别为架空线进线和电缆段进线相连的 GIS 的典型保护接线方式。

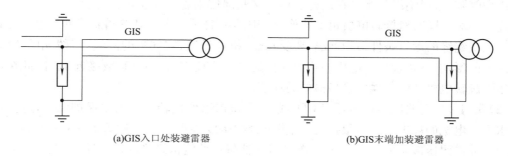

(a)GIS入口处装避雷器　　　　　　　　　(b)GIS末端加装避雷器

图 6.21　与架空线直接相连的 GIS 的保护接线

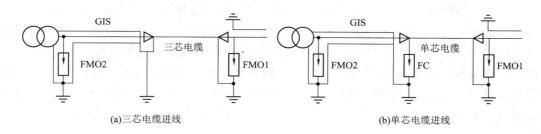

(a)三芯电缆进线　　　　　　　　　　　(b)单芯电缆进线

图 6.22　经电缆段进线的 GIS 的保护接线

不论何种连接方式,从绝缘配合的角度看,应尽量使用保护性能优异的氧化锌避雷器(图中的 FMO)。如果在 GIS 内部和外部各自采用保护性能不同的避雷器,可能出现避雷器动作后放电电流负担很不均匀的问题,应尽可能采用残压和伏安特性比较接近的同一类型的避雷器来进行保护。

# 6.4　旋转电机的防雷保护

旋转电机(发电机、调相机、变频机和电动机等)多安装于室内,可以不考虑直击雷保护。旋转电机与架空输电线路的连接方式主要有两种:第一种是直配线,就是发电机与相同电压等级的架空线路或电缆直接相连,如发电机以其端电压向用户送电;第二种是经过变压器与线路相连,这是最常见的一种情况。对于前一种直配方式,有可能雷击于导线或附近地面。后一种方式,有可能雷击线路经变压器绕组传递到发电机绕组或雷击旋转电机附近地面。不论哪种连接方式,旋转电机的绝缘都将会有雷电过电压的作用。

### 6.4.1　旋转电机防雷保护的特点

旋转电机的防雷保护要比变压器困难得多,其雷害事故率也往往大于变压器,这是由它的绝缘结构、运行条件等方面的特殊性造成的。

(1)旋转电机由于结构和工艺特点,其冲击绝缘水平很低。在同一电压等级的电气设备中,旋转电机的冲击电气强度最低。这是因为电机绕组不能像变压器那样采用浸在油中的组合绝缘,而是全靠固体介质绝缘,绝缘更易受潮和污染;并且在制造过程中固体绝缘易损伤或内部出现气隙,造成绝缘隐患。在运行过程中这些部位很容易发生电离,造成局部放电,导致绝缘逐渐损坏。同时对旋转电机也不能像对变压器那样采取电容环等措施使冲击电压分布均匀化。电机绝缘的运行条件最为严酷,要受到热、机械振动、空气中的潮气、污秽、电气应力等多种因素的影响,老化较快。电机的绝缘结构的电场比较均匀,冲击系数接近1。因此在雷电过电压下旋转电机的电气强度是最薄弱的环节。

(2)我国多用磁吹阀型避雷器(FCD)或 ZnO 避雷器作旋转电机的主保护元件,避雷器的保护水平与电机的冲击耐压值很接近,绝缘配合的裕度很小。FCD 避雷器 3 kA 下的残压比电机出厂冲击耐压值略低 8%～10%;ZnO 避雷器保护性能稍好些,但也仅低 25%～30%。考虑到电机在运行中绝缘性能还要下降,裕度会更小。所以,还必须采用相应辅助措施,如与电容器、电抗器、电缆段等配合使用才能提高保护效果。

(3)由于电机绕组的匝间电容很小且不连续(特别是大容量的单匝电机),起不到改善冲击电压分布的作用,且迫使电压波进入电机绕组后只能沿着绕组导体传播,而它每匝绕组的长度又远比变压器绕组大,因此作用在相邻两匝间的过电压与进波的陡度 $\alpha$ 成正比。为了使电机的匝间绝缘不致损坏,必须采取措施严格限制进波陡度。理论与实践证明:若发电机绕组中性点接地,应将侵入波陡度 $\alpha$ 限制在 5 kV/$\mu$s 以下;若发电机绕组中性点不接地,应将侵入波陡度 $\alpha$ 限制在 2 kV/$\mu$s 以下,中性点过电压将不超过相端过电压,中性点绝缘不会受到损坏。

总之,旋转电机的防雷要求高、困难大,而且要全面考虑绕组的主绝缘、匝间绝缘和中性点绝缘的保护要求。

### 6.4.2　旋转电机防雷保护的措施

1. 直配电机的防雷保护

直接与架空线路相连(包括经过电缆段、电抗器等元件与架空线相连)的电机称为直配电机。直配电机的防雷保护要求高,因为过电压波直接从线路入侵,幅值和陡度都较大,对电机的威胁较大,要全面考虑电机绕组的主绝缘、匝间绝缘和中性点绝缘的保护要求。

作用在直配电机上的雷电过电压有两类,一类是与电机相连的架空线路上的感应雷过电压;另一类是由雷直击于与电机相连的架空线路而侵入的过电压。

感应雷过电压是由线路导线上的感应电荷转为自由电荷所引起的,这种过电压出现的机会较多,增加导线对地电容可以降低感应过电压。为了限制在电机上的感应过电压使之低于电机的冲击绝缘水平,可在发电机母线上装设电容器。雷直击于与电机相连的线路,雷电波自线路侵入电机,其保护接线如图 6.23 所示,各种防雷保护措施如下。

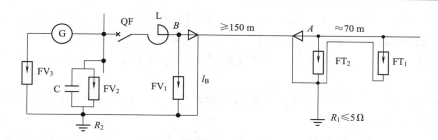

图 6.23　直配电机有电缆段的防雷保护接线

（1）主保护元件 FCD 或 MOA。在每组发电机（G）母线处装设一组 FCD 型避雷器或 MOA，以限制侵入波幅值，这组避雷器（$FV_2$）是防雷保护的主要保护元件。

（2）并联电容器 C。在发电机母线上装设一组并联电容器 C，可以限制侵入波陡度 $\alpha$ 和降低感应雷过电压。研究表明，每相并联电容约为 0.25～0.5 $\mu$F 时，能够满足 $\alpha < 5$ kV/$\mu$s 的要求，这样既保护了匝间绝缘和中性点绝缘，又限制了感应雷过电压。

（3）进线段保护。为了保证主保护元件 $FV_2$（FCD 或 MOA）的残压不超过电机绝缘的冲击耐压水平，必须严格限制流经避雷器的雷电流小于 3 kA，因此需要采取限流措施。在直配电机与架空线间插接电缆段与管式避雷器 $FT_1$ 与 $FT_2$，二者的联合作用是保证 $FV_2$ 的电流小于 3 kA 的有效手段。L 为限制工频短路电流的电抗器，但它在防雷方面也能发挥降低侵入波陡度和减小流过 $FV_2$ 的冲击电流的作用。利用阀式避雷器 $FV_1$ 可以保护电抗器 L 和 B 处电缆头的绝缘。

以上防雷措施构成了典型的进线保护段，与变电所有避雷线的进线段比较，它们的作用都是降低侵入波陡度和幅值，但由于直配线路（3～10 kV）绝缘水平很低，架设避雷线时，其耐雷水平并不高，会经常发生反击，因此由避雷线组成的进线段不能被用来保护直配电机。

下面分析电缆段与管式避雷器联合是如何限制雷电流的。

当侵入波使电缆首端管式避雷器 $FT_2$ 动作时，电缆芯与电缆外皮短接，相当于把它们连在一起并具有同样的对地电压 $iR_1$。由于雷电流的等值频率很高，而且芯线为同心圆柱体，其间的互感等于外皮的自感，因此当外皮流过电流时，芯线上会产生反电势，阻止沿芯线流向电机的电流，使绝大部分电流从外皮流走。这种现象与工频电流的集肤效应相似，从而减少了流过避雷器 $FV_2$ 的配合电流（远小于 3 kA），残压就不会太高。这种具有较长电缆段的接线可达到很高的耐雷水平。理论计算与实际应用表明：在电缆长度为 100 m，电缆末端外皮接地引下线到接地网的距离为 12 m；电缆首端接地电阻 $R_1$ 为 5 $\Omega$ 的情况下，若电缆首端落雷且雷电流幅值为 50 kA 时，流过每相避雷器的电流不大于 3 kA，对电机的绝缘是没有危险的。也就是说，这种保护接线的耐雷水平为 50 kA，但前提是电缆首端的管式避雷器 $FT_2$ 必须可靠动作，否则电缆外皮的分流作用不能得以发挥。很明显，由于电缆的波阻抗远低于架空线路，侵入波到达电缆首端后会产生负反射波，使该点电压降低，以致 $FT_2$ 可能不动作。为了避免这种情况发生，应设法提高 $FT_2$ 两端电压。一种做法是在 $FT_2$ 与电缆首端 A 之间串入一组 100～300 $\mu$H 的电感，利用电感对侵入波的正电压全反射使 $FT_2$ 动作；另一种做法是将避雷器 $FT_2$ 前移 70 m（相当上述的串联电感）或增加 $FT_1$（图 6.23），以发挥电缆段的作用。$FT_1$ 与 $FT_2$ 接地端的连接线应悬挂在杆塔导线下方 2～3 m 处，使它与导线间有一定的耦合作用，增加导线上的感应电动势以限制流经导线中的电流。增加 $FT_1$ 是因为若只将 $FT_2$ 前移 70 m，这种耦合作用可能不大；遇到强雷时，流向芯线再通过 $FT_2$ 的电流又有可能大于 3 kA。为避免这一情况，增设 $FV_1$ 的同时，在电缆首端仍保留 $FT_2$，在强雷时后者也放电，便可发挥电缆段的限流作用。

除以上电缆段与 FT 联合限流的直配电机保护接线外，还有两种具有限流作用的基本保护接线如图 6.24 所示。

图 6.24(a)、(b)虚线左边部分与有电缆段的进线保护完全一样，都是有避雷器（FCD 型）和并联电容器，虚线的右边部分元件及接线均起限流作用。

图 6.24(a)的限流原理是利用 L 对侵入波的正反射提高线路侧的电压，从而使 $FV_1$ 易于动作，限制侵入波的幅值。适当选择 L、C 的数值，可以使振荡周期远大于线路侵入波波前，并将侵入波陡度限制在要求的范围内。目前，国内外已有很多地方采用这种接线，我国的这种保护接线暂无一例雷击损坏事故。

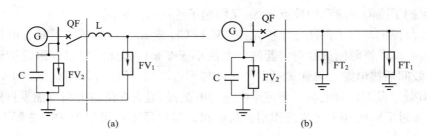

图 6.24　直配电机防雷接线的可能方式

图 6.24(b)是用长 450～600 m 架空进线段的电感代替集中电感 L 的保护接线，这段线路用独立避雷针保护。以 50 kA 的雷电流击避雷针时不对线路发生反击确定与线路的距离。$FV_1$、$FT_2$ 的作用都是为了将雷电流大部分引入地中，以防止 FCD 避雷器中的电流超过 3 kA。

此外，当发电机中性点有引出线时，在中性接线点加装一只避雷器 $FV_3$ 保护，其灭弧电压应选得高于相电压；或将母线并联电容器 C 加大到 1.5～2 μF，进一步降低侵入波陡度，以限制中性点绝缘上的电压。

应该指出：即使采用了上述若干保护措施后，仍然不能确保直配电机绝缘的绝对安全，因此规程规定 60 MW 以上的发电机不能以直配电机的方式运行。

2. 非直配电机的防雷保护

运行经验表明：对于非直配电机防雷来说，它所受到的过电压均须经过变压器绕组之间的静电和电磁传递。只要变压器的低压绕组不是空载运行（例如接有发电机），那么传递过来的电压就不会太大，只要电机的绝缘状态正常，一般不会构成威胁。所以只要把变压器保护好就可以了。不必对发电机再采取专门的保护措施。不过，对于处在多雷区的经升压变压器送电的大型发电机，仍需装设一组 MOA 或 FCD 避雷器加以保护。如果再装上并联电容 C 和发电机中性点加装避雷器，那就可以认为保护已足够可靠了。

## 复习思考题

1. 输电线路防雷的基本措施是什么？

2. 35 kV 及以下的输电线路为什么一般不采取全线架设避雷线的措施？

3. 试从物理概念上解释避雷线对降低导线上的感应过电压的作用？

4. 试全面分析雷击杆塔时影响耐雷水平的各种因素的作用，工程实际中往往采用哪些措施来提高耐雷水平，试述其理由。

5. 变电所的直击雷防护需要考虑什么问题？为防止反击应采取什么措施？

6. 一般采取什么措施来限制流经避雷器的雷电流使之不超过 5 kA，若超过则可能出现什么后果？

7. 说明变电所进线保护段的作用及对它的要求。

8. 试述变电所进线保护段的标准接线中各元件的作用。

9. 说明直配电机防雷保护的基本措施及其原理，以及电缆段对防雷保护的作用。

# 7  电力系统内部过电压及防护

在电力系统中,除了雷电过电压外,还经常出现另一类过电压——内部过电压。由于断路器操作、故障或其他原因而使系统参数变化,引起内部电磁能量的积聚和转换,最终导致系统电压的升高,称为内部过电压。

内部过电压是在电网额定电压的基础上产生的,故其幅值大体随着电网额定电压的升高按比例的增加,且幅值、波形受到系统具体结构(电网结构、系统容量及参数、中性点接地方式、断路器的性能、母线上的出线回路数及电网运行接线、操作方式等)的影响。内部过电压具有统计规律,研究各种内部过电压出现的概率及其幅值的分布,对正确决定电力系统的绝缘水平具有非常重要的意义。在一般情况下,内部过电压约为$(2.5\sim4)U_{xg}$($U_{xg}$为系统最大运行相电压)。

内部过电压可按其产生原因不同分为操作过电压和暂时过电压。

①操作过电压是系统由于操作或故障引起的瞬间电压升高。操作过电压主要包括:空载线路分闸过电压、空载线路合闸过电压、切除空载变压器过电压、断续电弧接地过电压。一般操作过电压的持续时间在 0.1 s(5 个工频周波)以内,其所指的操作也并非狭义的开关倒闸操作,而应理解为电网参数的突变,它既可以由倒闸操作引起、也可以由发生故障而引起。这一类过电压的幅值较大,但可设法采用某些限压保护装置和其他技术措施来加以限制。

②暂时过电压则是在瞬间过程完毕后出现的稳态性质的工频电压升高或谐振过电压。工频电压升高是指幅值超过最大工作相电压,按频率可分为工频或接近工频的过电压。工频电压升高包括:空载长线的电容效应;不对称短路引起的工频电压的升高;甩负荷引起的工频电压的升高。工频电压升高的幅值不大,其本身不会对绝缘造成威胁,但其他内部过电压是在它的基础上发展的,应加以限制和降低。

谐振过电压是指系统中的电感和电容元件在一定条件下相配合形成各种不同的谐振回路,引起谐振现象造成的电压升高。谐振过电压按其性质可分为线性谐振过电压、铁磁谐振(非线性谐振)过电压和参数谐振过电压。谐振过电压的持续时间较长,甚至可能长期存在。它不仅危及设备的绝缘,还可能产生持续的过电流而烧毁设备,也可能影响过电压保护装置的工作条件。现有的避雷器的通流能力和热容量有限,无法有效地限制这种过电压,只能采用一些辅助措施(如装设阻尼电阻和补偿设备)加以抑制或在谐振出现后设法破坏谐振条件。在设计电力系统时,应考虑各种可能的接线方式和操作方式,力求避免形成不利的谐振回路。

## 7.1  空载线路分闸过电压

切除空载线路是电力系统中常见的一种操作。一条线路两端的断路器分闸时间总存在差异(约 0.01~0.05 s),所以无论正常分闸还是事故分闸,都可能出现切除空载线路的情况。

切除空载线路时,若断路器触头间有电弧重燃现象,则被切除的线路会通过回路中电磁能量的振荡,从电源处继续获得能量并积累起来形成过电压。同样,在开断其他电容性负载(如电容器组)时,也会因断路器的重燃现象而使电容器从电源获得能量并积累起来形成过电压。

这种过电压幅值大、持续时间长,目前被作为选择超高压长线路绝缘水平的重要因素之一。在实际电网中,常可遇到空载线路分闸过电压引起阀式避雷器爆炸、断路器损坏、套管或线路绝缘闪络等情况。

### 7.1.1　过电压的发展过程

让我们采用分布参数等值电路和行波理论来分析这种过电压的发展机理。

设被切除的空载线路的长度为 $l$,波阻抗为 $Z$,电源容量足够大,工作相电压 $u$ 的幅值为 $U_\varphi$。如图 7.1(a)所示,当断路器 QF 闭合时,流过的电流将是空载线路的充电电流 $i_c$,它是一个容性电流,比电压 $u$ 超前 $90°$,如图 7.1(b)所示。当断路器在任何瞬间分闸时,其触头间的电弧总是要到电流过 0 点附近才能熄灭,此时电源电压正好处于幅值 $U_\varphi$ 的附近。触头间的电弧熄灭后,线路对地电容上将保留一定的剩余电荷,若忽略泄漏,导线对地电压将保持等于电源电压的幅值。

设第一次熄弧(取这一瞬间为时间起算点 $t=0$)发生在 $u=-U_\varphi$ 的瞬间,熄弧后全线对地电压将保持 $-U_\varphi$ 值,如图 7.2(a)所示,此时全线均无电流($i=0$)。

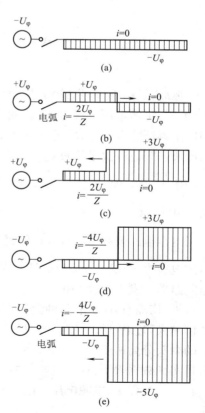

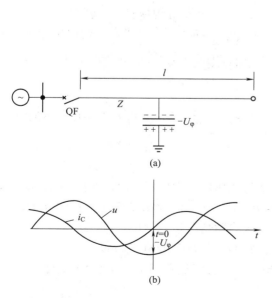

图 7.1　空载线路上的电压与电流　　　　图 7.2　切空线时电压沿线分布

当 $t=\dfrac{T}{2}$（$T$ 为电源电压的周期）时,电源电压已变为 $u=+U_\varphi$,此时作用在断路器两触头间的电位差将达到 $2U_\varphi$,虽然触头间隙的电气强度在这段时间已有所恢复,但仍有可能在这一电位差下被击穿而出现电弧重燃现象。电弧的重燃使得线路又与电源相连,线路的对地电压将由 $-U_\varphi$ 变成此时的电源电压 $+U_\varphi$。这相当于一个幅值为 $2U_\varphi$ 的电压波和相应的电流波 $i=\dfrac{2U_\varphi}{Z}$ 从线路首端向末端传播的过程,线路上行波所到之处的电压将变为 $+U_\varphi$,电流将由 0 变为 $\dfrac{2U_\varphi}{Z}$,如图 7.2(b)所示。

当上述电压波传到线路的开路末端时(此时 $t=\dfrac{T}{2}+\tau,\tau=\dfrac{l}{v}$),电压波将发生全反射而造成 $3U_\varphi$ 的对地电压$[+4U_\varphi+(-U_\varphi)=3U_\varphi$ 或 $+U_\varphi+2U_\varphi=3U_\varphi]$;电流波将发生负的全反射,反射波所到之处,合成电流 $i=0$,如图 7.2(c)所示。

当反射电流波到达线路首端时($t=\dfrac{T}{2}+2\tau$),断路器两触头间的电流将反向而必然有一过零点,电弧再次熄灭,如图 7.3 所示。

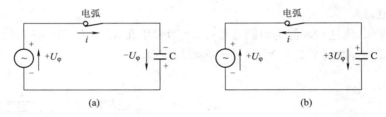

图 7.3　电流的反向

熄弧后,线路再次与电源分离而保持 $3U_\varphi$ 的对地电压,而电源电压仍按正弦规律变化。当 $t=T$ 时,电源电压 $u$ 又由 $+U_\varphi$,变为 $-U_\varphi$,作用在两触头间的电位差增大为 $4U_\varphi$,若这时触头间的距离还分得不够大,或触头间隙的电气强度还没有很好地恢复,则间隙有可能再次被这一电压所击穿而再次电弧重燃。此时线路的对地电压将由 $+3U_\varphi$ 转变为此时的电源电压 $-U_\varphi$,这相当于一个幅值等于 $-4U_\varphi$ 的电压波由线路首端向末端传播,对应电流为 $i=-\dfrac{4U_\varphi}{Z}$,如图 7.2(d)所示。

当这个电压波和电流波到达线路开路的末端时($t=\dfrac{T}{2}+\tau$),又将发生全反射,使得线路上的合成电压为 $-8U_\varphi+3U_\varphi=-5U_\varphi$ 或 $-U_\varphi+(-4U_\varphi)=-5U_\varphi$,如图 7.2(e)所示。循环以往,直至断路器不发生重燃为止。

可见,切除空载线路时,断路器重燃是产生过电压的根本原因,并且重燃次数越多,过电压的数值越大,过电压按 $-U_\varphi \rightarrow +3U_\varphi \rightarrow -5U_\varphi \rightarrow +7U_\varphi \rightarrow \cdots$ 的规律发展。不过实际上,现代断路器的触头分离速度很快、灭弧能力很强,在绝大多数情况下,只可能发生 1～2 次重燃。国内外大量实测数据表明:这种过电压的最大值超过 $3U_\varphi$ 的概率很小($<5\%$)。

在上述过程中,电源电压、线路首端和末端电压及流过断路器的电流波形变化如图 7.4 所示。

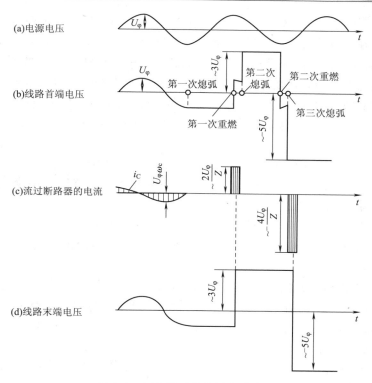

图 7.4　切空线时的电压电流波形

### 7.1.2　影响因素和限制措施

以上都是按对严重条件进行分析的,实际上电弧的重燃不一定要等到电源电压到达异极性半波的幅值时才发生,重燃的电弧也不一定在高频电流首次过零时就立即熄灭,电源电压在 $2\tau$ 的时间内会稍有下降,线路上的电晕放电、泄漏电导等也会使过电压的最大值有所降低。除此以外,还有一些因素也会影响这种过电压的最大值。

1. 中性点接地方式的影响

在中性点直接接地系统中,各相有自己的独立回路,相间电容的影响不大,切断空载线路过程可近似按单相电路处理。而中性点非有效接地电网的中性点电位就有可能发生位移,因为三相开关分闸的不同期性会形成瞬间的不对称电路,三相之间相互影响,使分闸时开关中的电弧燃烧和熄灭的过程变得很复杂。在不利的条件下,某一相的过电压可能特别高一些。一般可估计比中性点有效接地电网中的切空线过电压高 20% 左右。若考虑中性点不接地系统在带单相接地时开断空载线路,则其重燃后的振荡是在线电压基础上发生的,形成的切空载线路过电压将接近于中性点直接接地系统的 $\sqrt{3}$ 倍。但由于线路上强烈电晕的产生,使能量消耗,这种过电压也会受到限制。

2. 断路器性能的影响

断路器触头的重燃、熄灭具有明显的随机性,切断空载线路时的重燃次数、重燃相角、熄弧时刻等都有很大的偶然性,这使得过电压的实测数据有很大的分散性。从大量的实测数据看,一般是重燃的次数越多,过电压也越高。但这不是绝对的,还要看重燃是在什么相角下发生的。如果重燃相角小(若熄弧后经半个工频周波时重燃,重燃相角为 $180°$),电源电压与线路电压相差不大,即使重燃次数较多,过电压也不会很高。此外,还有熄弧时刻的影响。如果电弧熄灭不是发生在高频电流第一次过零,而是在线路电压围绕工频稳态分量经过几次振荡后电弧才熄灭,那么在熄弧前已经经过几个高频周波的振荡,线路电压已大为衰减(输电线在高频下损耗很大),熄弧时残留在线路上的电压较低,在下次重燃时过电压也较低。在统计分析切空线过电压实测数据时,必须注意所采用断路器的种类、型号和性能,尽量采用灭弧性能优异的现代断路器,防止或减少电弧重燃的次数,使这种过电压的最大值降低。

3. 母线上的出线数的影响

当母线上同时接有几条出线时,相当于加大了母线的对地电容。在断路器重燃瞬间,断开线路上的残余电荷迅速在各条线路对地电容间重新分配,使得线路上的起始电压与该瞬间的电源电压差别减小,从而降低了过电压。

4. 在断路器外侧是否接有电磁式电压互感器等设备的影响

当在断路器的外侧接有电磁式电压互感器等设备时将使线路上的剩余电荷有了附加的泄放路径,能降低这种过电压。

切空载线路过电压的幅值高,持续时间长(达 0.1 s 左右),是确定 220 kV 及以下的高压线路绝缘水平的重要依据。适当采取措施以消除或降低这种过电压是有很大的技术、经济意义。限制切空载线路过电压的最根本措施是设法消除断路器的重燃现象。

(1)采用不重燃断路器

如果断路器的触头分离速度很快,断路器的灭弧能力很强,熄弧后触头间隙的电气强度恢复速度大于恢复电压的上升速度,则电弧不再重燃,当然也就不会产生很高的过电压了。随着现代断路器设计制造水平的提高,已能基本上达到不重燃的要求,从而使这种过电压在绝缘配合中降至次要的地位。

(2)加装并联分闸电阻

降低断路器触头间的恢复电压,使之低于介质恢复强度,也能达到避免重燃的目的。加装并联分闸电阻,是降低触头间的恢复电压的有效措施。在图 7.5 中,为了切断空载线路,先打开主触头 Q1,使并联电阻 R 串联接入电路,然后经 1.5～2 个周期后再将辅助触头 Q2 打开,完成整个拉闸操作。

分闸电阻 R 的作用主要是降低断路器触头在开断过程中的恢复电压:断开 Q1 后线路仍通过 R 与电源相连,线路上的剩余电荷可通过 R 向电源释放。这时 Q1 上的恢复电压就是 R 上的压降。只要 R 值不太大,主触头间就不会发生电弧的重燃。接着再断开 Q2 时,恢复电压已较低,电弧一般也不会重燃。即使发生了重燃,由于 R 上有压降,沿线传播的电压波也大大下降;此外,R 还能对振荡起阻尼作用,减小过电压的最大值。实测表明,当装有分闸电阻时,这种过电压的最大值不会超过 $2.28U_\varphi$。为了兼顾降低两个触头恢复电压的需要,并考虑 R 的热容量,通常选取分闸电阻 R 为中值电阻,取 1 000～3 000 Ω。

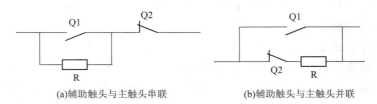

(a)辅助触头与主触头串联　　　　　　　(b)辅助触头与主触头并联

图 7.5　断路器触头间并联分闸电阻的接法

(3)利用避雷器来保护

安装在线路首端和末端的 ZnO 或磁吹避雷器,也能有效地限制这种过电压的幅值。

# 7.2　空载线路合闸过电压

将一条空载线路合闸到电源上,是电力系统中一种常见的操作,此时出现的操作过电压称为空载线路合闸过电压。空载线路合闸有两种情况:计划性合闸和自动重合闸。无论哪种情况,都是使线路从一种稳态过渡到另一种稳态,由于有 L、C 的存在,会产生振荡型的过渡过程而引起过电压。由于初始条件的差别,自动重合闸时的过电压一般比计划性合闸过电压严重。在超高压及特高压电网中,这种过电压是决定电网绝缘水平的主要依据。

### 7.2.1　过电压的发展过程

1. 计划性合闸

图 7.6 中,L 为电源电感,$C_T$ 为线路电容。在计划性合闸之前,线路上不存在故障和残余电压,即等值电路中 $C_T$ 初始电压为 0。在合闸瞬间的暂态过程中,电源通过等值电感 L 向 $C_T$ 充电,回路中将发生高频振荡过程。由于振荡频率很高,可以认为在振荡初期电源电压保持合闸瞬间的初始值不变。

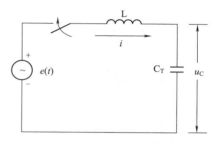

图 7.6　合空载线路等值电路

假定 $t=0$ 合闸,合闸相角 $\theta=\dfrac{\pi}{2}$,即在电源电动势为最大值 $E_m$ 时合闸。合闸瞬间线路上的电压从 0 过渡到 $E_m$,等值电路产生高频振荡,线路上产生的最大过电压值为:稳态值+(稳态值-初始值)$=E_m+(E_m-0)=2E_m$。实际上,由于回路存在能量损耗,振荡分量逐渐衰减,线路上的电压要比 $2E_m$ 低。若合闸相角 $\theta=\pi$,即在电源电动势为 0 时合闸,这时不会产生振荡,也就不会产生过电压。

如果按分布参数等值电路中的波过程进行分析,设合闸也发生在电源电动势为最大 $E_m$ 的瞬间,忽略电阻与能量损耗,则沿线传播到末端的电压波 $E_m$ 将在开路的末端发生全反射,使电压增大为 $2E_m$,这与以上分析是一致的。

2. 自动重合闸

自动重合闸空载线路引起的过电压,主要考虑三相重合闸情况。当系统某一相发生接地故障时,三相断路器跳开,此时非故障相线路电容 $C_T$ 上将有残余电荷,即等值电路中 $C_T$ 初始电压不为 0。

图 7.7 中,线路的 A 相发生单相接地故障,设断路器 QF2 先跳闸,QF1 后跳闸。在 QF2 跳闸后,流过 QF1 健全相得电流为线路的电容电流,所以 QF1 动作后,B、C 两相的触头间的电弧将分别在该相电容电流过零时熄灭,而此时 B、C 两相导线上的电压绝对值均为 $E_m$(极性可能不同)。经过约 0.5 s 左右,QF1 或 QF2 自动重合,如果 B、C 两相导线上的残余电荷没有泄漏掉,仍然保持着原有的对地电压,那么在最不利的条件下,B、C 两相中有相的电源电压在重合闸瞬间正好经过幅值,而且极性与该导线上的残余电压(设为 $-E_m$)相反,则重合闸后出现的振荡将使该相导线上出现最大的过电压为:稳态值+(稳态值-初始值)$=E_m+[E_m-(-E_m)]=3E_m$。

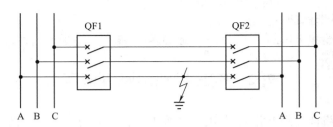

图 7.7　中性点有效接地系统中的单相接地故障和自动重合闸示意图

如果采用的是单相自动重合闸,只切除故障相,而健全相不与电源电压相脱离,则故障相重合闸时,因该相导线上不存在残余电荷和初始电压,就不会出现上述高幅值重合闸过电压。

### 7.2.2　影响因素和限制措施

以上对合闸过电压的分析是考虑最严重的条件,最不利的情况。实际出现的过电压幅值会受到一系列因素的影响。

(1)合闸时电源电压相位的影响。电源电压在合闸瞬间的瞬时值取决于合闸瞬间的相位,它是一个随机量。只要合闸不是在电源电压接近幅值时发生,合闸过电压就不会很高。

(2)线路残余电压的极性和大小的影响。重合闸时线路上留有残余电压,其大小取决于线路绝缘子表面的泄漏。残余电压越高,且其极性与合闸瞬间电源电压极性相反时,合闸过电压越高。如果线路侧接有电磁式电压互感器,那么它的等值电感、电阻与线路电容构成一阻尼振荡回路,使残余电荷在几个工频周期内泄放一空,可降低过电压的数值。

(3)线路损耗的影响。来自于线路电阻的有功损耗和过电压超过线路起晕电压后的电晕损耗,都会减弱振荡,降低过电压。

限制合闸过电压的主要措施为:

①采用单相自动重合闸。在这种操作方式中,故障相被切除后,线路上无残余电荷,残余电压为零,重合闸时不会出现高幅值的过电压。

②采用带合闸电阻的断路器。并联合闸电阻的解法与前述分闸电阻的解法相同。不过此时应该先合 QF2,后合 QF1。在整个合闸过程中对合闸电阻 R 的要求是不同的。合 QF2 后,R 对振荡起阻尼作用,其值应较大以降低过电压;大约经过 8～15 ms,QF1 闭合将 R 短接,线路与电源直接相连而完成合闸操作,此时的 R 值应尽量小。同时考虑两方面的要求,通常选取合闸电阻 R 为低值电阻,约为 400～1 000 Ω。

③采用同步合闸。借助于专门的装置,自动选择在断路器触头两端的电位极性相同,甚至电位也相等的瞬间完成合闸操作,可以降低甚至消除合闸过电压。具有同步合闸功能的断路器在国外已经研制成功。

④采用避雷器保护。在线路首端和末端安装性能良好的金属氧化物避雷器或磁吹避雷器,均能限制合闸过电压。我国要求避雷器在断路器并联电阻失灵或其他意外情况出现较高幅值过电压时能可靠动作,将过电压限制在允许范围内,即避雷器是作为后备保护配置的。

## 7.3　切除空载变压器过电压

切除空载变压器也是电力系统中常见的一种操作。空载变压器在正常运行时表现为一激磁电感,因此切除空载变压器就是开断一个小容量电感负荷,这时会在变压器上和断路器上出现很高的过电压。同样,在开断并联电抗器、消弧线圈等电感元件时,也会引起类似的过电压。

### 7.3.1　过电压的发展过程

产生这种过电压的原因是流过电感的电流在到达自然零值之前就被断路器强行切断,从而迫使储存在电感中的磁场能量转换为电场能量而导致电压的升高。

实验研究表明:在切断 100 A 以上的交流电流时,开关触头间的电弧通常都是在工频电流自然过零时熄灭的;但当被切断的电流较小时(空载变压器的激磁电流很小,一般只是额定电流的 $0.5\% \sim 5\%$),电弧往往提前熄灭,即电流会在过零之前就被强行切断(截流现象)。切除空载变压器引起过电压的根本原因在于断路器的截流,截流使电感中的磁场能量转变为电容上的电场能量,从而产生过电压,具体的物理过程如下。

假定变压器三相完全对称,以图 7.8 中空载变压器的单相等值电路来分析。图中,$L_s$ 为电源等值电感,$C_s$ 为母线对地杂散电容,$L_K$ 为母线至变压器连线的电感,QF 为断路器,C 为变压器侧的等值对地电容,L 为空载变压器的励磁电感。

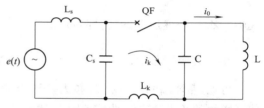

图 7.8　切除空载变压器单相等值电路

在分断空载变压器操作之前,工频电压作用下流过变压器对地电容 C 的电流极小,则流过断路器 QF 的电流就是变压器电感的励磁电流(为额定电流的 $0.2\% \sim 0.4\%$),具体数值与变压器的铁芯材料有关。

切除空载变压器的操作是通过断路器 QF 完成的,电流的切断过程与断路器的灭弧能力有关。如果采用的断路器灭弧能力很强,工频励磁电流的电弧可能在自然过零前强制熄灭,甚至电流在接近幅值 $I_m$ 时突然截断,即截流现象。截流前后变压器上的电流、电压波形如图 7.9 所示。由于断路器将励磁电流突然截断,使得回路电流变化 $\dfrac{\mathrm{d}i}{\mathrm{d}t}$ 很大,在变压器绕组电感 L 上产生的压降 $L\dfrac{\mathrm{d}i}{\mathrm{d}t}$ 也很大,形成了过电压。

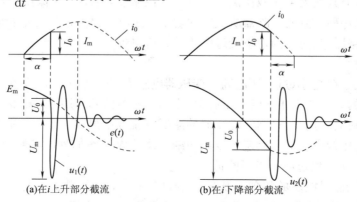

(a)在 $i$ 上升部分截流　　　　　(b)在 $i$ 下降部分截流

图 7.9　截流前后变压器的电流电压波形

设截断时电流的瞬间值为 $I_0$,而电感、电容上的电压相等,即 $u_L = u_C = U_0$,此时在电感 L 与电容 C 中储存的能量各为

$$W_L = \frac{1}{2} L I_0^2 \qquad (7.1)$$

$$W_C = \frac{1}{2} C U_0^2 \qquad (7.2)$$

断路器 QF 断开后,上述能量将在 $LC$ 回路中产生振荡。当回路所储存的总能量全部转化为电场能量时,电容 C 上的电压最大值 $U_{Cmax}$ 为

$$\frac{1}{2} L I_0^2 + \frac{1}{2} C U_0^2 = \frac{1}{2} C U_{Cmax}^2$$

$$U_{Cmax} = \sqrt{I_0^2 \frac{L}{C} + U_0^2} \qquad (7.3)$$

若略去截流时电容上所储存的能量 $\frac{1}{2} C U_0^2$,则

$$U_{Cmax} \approx I_0 \sqrt{\frac{L}{C}} = I_0 Z_T \qquad (7.4)$$

式中 $Z_T$——变压器的特性阻抗,$Z_T = \sqrt{\dfrac{L}{C}}$。

在一般变压器中,$Z_T$ 的值很大,即 $\frac{L}{C} I_0^2 \gg U_0^2$,因此在近似计算中可以忽略 $\frac{1}{2} C U_0^2$。

可见,截流瞬间的电流 $I_0$ 越大,变压器激磁电感 L 越大,则磁场能量越大;而寄生电容越小,使同样的磁场能量转化到电容上时,就可以产生更高的过电压。一般情况下,$I_0$ 虽不大,极限值为励磁电流的最大值,可是变压器的 $\sqrt{\dfrac{L_B}{C_B}}$ 很大,可达上万欧姆,所以能造成很高的过电压。

### 7.3.2 影响因素和限制措施

切除空载变压器过电压的大小与断路器的性能、变压器的参数和结构形式及与变压器相连的线路有关。

1. 断路器的性能

这种过电压的幅值近似地与截流值 $I_0$ 成正比,每种类型的断路器每次开断时的截流值 $I_0$ 有很大的分散性,但其最大可能截流值 $I_{0max}$ 有一定的限度,且基本上保持稳定,因而成为一个重要的指标,并使每种类型的断路器所造成的切空变过电压最大值也各不相同。一般来说,灭弧能力越强的断路器,其对应的切空变过电压最大值也越大。

2. 变压器特性

变压器 L 越大,C 越小,过电压越高。变压器电感 L 的大小可反应在其空载激磁电流上,而空载激磁电流的大小与变压器的容量有关,也与变压器铁芯所用的导磁材料有关。近年来,随着优质导磁材料的应用日益广泛,变压器的激磁电流减小很多。当电感中的磁场能量不变,电容越小时,过电压越高。变压器绕组改用纠结式绕法以及增加静电屏蔽等措施也可使对地电容 C 有所增大,从而使过电压有所降低。

切除空载变压器过电压的幅值是比较大的,国内外大量实测数据表明:通常它的倍数为 2～3,有 10% 左右可能超过 3.5 倍,极少数更高达 4.5～5.0 倍甚至更高。但是这种过电压持

续时间短、能量小,因而要加以限制并不困难,甚至采用普通阀式避雷器也能有效地加以限制和保护。如果采用磁吹避雷器或 ZnO 避雷器,效果更好。

# 7.4　断续电弧接地过电压

运行经验表明,电力系统中的大部分故障是单相接地故障。在中性点不接地系统中,电网发生稳定的单相接地故障时,流过故障点的电流是不太大的对地电容电流,非故障相的电压虽然升高至线电压,但系统的三相电源电压仍然对称,不影响对用户的继续供电,因此不要求立即切除故障线路,而允许带故障继续运行一段时间(一般不超过 2 h),以便于运行人员查明故障进行处理。我国 35 kV 及以下系统一般采用中性点不接地的运行方式。

但是当系统发生的单相接地电弧不稳定时,电弧可能时燃时熄而形成断续电弧,这种断续电弧将导致系统中电感电容元件的电磁振荡,形成断续电弧接地过电压。

## 7.4.1　过电压的发展过程

断续电弧接地过电压的发展过程和幅值大小与熄弧的时间有关。由于产生断续电弧的具体情况不同,如电弧所处的介质(空气、固体介质)不同、外界气象条件的不同等,实际过电压的发展是极其复杂的。随情况的不同,有两种可能的熄弧时间,一种是电弧在过渡过程中的高频振荡电流过零时熄灭,称为高频熄弧理论;另一种是电弧要等到工频电流过零时才能熄灭,称为工频熄弧理论。两种理论分析所得的过电压值不同,高频理论分析所得的过电压值较高,工频理论分析所得的过电压值接近实际情况,但二者反映过电压形成的物理本质是相同的。下面,以工频理论进行分析。

系统接线如图 7.10 所示。为了使各项分析不致过于复杂,简化如下:设各相导线的对地电容 $C_1$、$C_2$、$C_3$ 均相等,即 $C_1 = C_2 = C_3 = C_0$;并且忽略线间电容的影响。

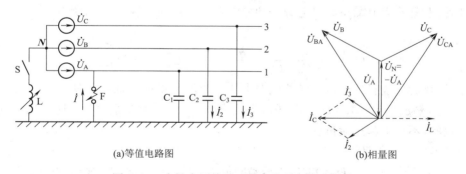

(a)等值电路图　　　　　　　　(b)相量图

图 7.10　中性点不接地系统中的单相接地故障

设三相电源电压为 $u_A$、$u_B$、$u_C$,线电压为 $u_{AB}$、$u_{BC}$、$u_{CA}$,各相对地电压(即各相对地电容上的电压)为 $u_1$、$u_2$、$u_3$,$U_{phm}$ 为电源相电压的幅值它们的波形如图 7.11 所示。

假定 A 相电压为幅值($-U_m$)时对地闪络,其对地电压 $u_1$ 将从最大值突降为 0。令 $U_m = U_{phm}$,B、C 相对地电容 $C_0$ 上初始电压 $u_2$、$u_3$ 均为 0.5 $U_{phm}$,它们将过渡到新的稳态瞬时值 1.5 $U_{phm}$,$u_2$、$u_3$ 电压的这种改变是通过电源经漏抗对 $C_2$、$C_3$ 充电来完成的,这将产生高频振荡。在此过渡过程中出现的最高振荡电压幅值为:

过电压幅值=稳态值+(稳态值-初始值)=1.5 $U_{phm}$+1.5 $U_{phm}$-0.5 $U_{phm}$=2.5 $U_{phm}$

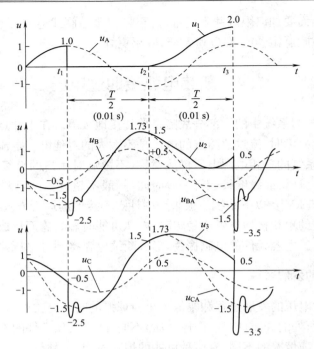

图 7.11　断续电弧接地过电压的发展过程(工频熄弧理论)

其后,振荡很快衰减,B、C 相对地电压 $u_2$、$u_3$ 分别按线电压 $u_{AB}$ 和 $u_{CA}$ 的规律变化。而 A 相仍电弧接地,其对地电压 $u_1$ 始终为 0,且接地点通过的工频接地电流 $I_d$ 相位角比 $U_A$ 滞后 90°。

经过半个工频周期($t=t_1$),B、C 相电压等于 $-1.5\,U_{phm}$,$I_d$ 过零点,电弧自动熄灭。熄弧前一瞬间,B、C 相瞬时电压各为 $-1.5U_{phm}$,A 相对地电压为 0,系统三相储有电荷量为

$$q=0\times C_0+(-1.5U_{phm})\times C_0+(-1.5U_{phm})\times C_0=-3C_0U_{phm} \tag{7.5}$$

熄弧后,电荷若无泄漏将经过电源平均分配在三相对地电容上,在系统中形成一个直流分量,为

$$U=\frac{q}{C_0+C_0+C_0}=\frac{q}{3C_0}=\frac{-3C_0}{3C_0}U_{phm}=-U_{phm} \tag{7.6}$$

因此,熄弧后导线对地电压由各相电源电压和直流分量叠加而成。B、C 两相的电源电压为 $-0.5\,U_{phm}$,叠加后为 $-1.5\,U_{phm}$,A 相电源电压为 $1\,U_{phm}$,叠加后为 0。这与熄弧前的各相电压是一致的,不会引起过渡过程。

再经过半个工频周期($t=t_2$),A 相对地电压高达 $-2\,U_{phm}$。若此时发生电弧重燃,其结果使 B、C 相电压从初始值($-0.5\,U_{phm}$)向线电压瞬时值 $1.5\,U_{phm}$ 振荡,过渡过程中的最高电压为

过电压幅值=稳态值+(稳态值-初始值)$=1.5\,U_{phm}+1.5\,U_{phm}-(-0.5\,U_{phm})=3.5\,U_{phm}$

振荡衰减后,B、C 相仍稳定在线电压运行。

以后每隔半个工频周期,将依次发生熄弧和重燃,其过渡过程与上述过渡过程完全相同,非故障相的最大过电压为 3.5 倍,故障相最大过电压为 2 倍。

长期以来的大量试验研究表明:故障点电弧在工频电流过零时和高频电流过零时熄灭都是可能的。一般而言,发生在大气中的开放性电弧往往要到工频电流过零时才能熄灭;而在强烈去电离条件下的电弧(如发生在绝缘油中的封闭性电弧或刮大风时的开放弧)往往在高频电流过零时就能熄灭。

### 7.4.2　影响因素和限制措施

影响断续电弧接地过电压的主要因素有：

(1)电弧过程的随机性。电弧的燃烧及熄灭会受到发弧部位的周围媒质和大气条件的影响，具有很强的随机性，其引起的过电压也具有统计性质。实际电网中，发弧不一定在故障相上的电压正好为幅值时，熄弧也不一定发生在高频电流第一次过零时，且线路存在能量损耗等因素的综合影响下，实测过电压一般低于理论分析值。

(2)导线相间电容的影响。若考虑各相导线的相间电容，对地燃弧后将会增加并联电路，使得过渡过程的过电压值有所降低。

(3)电网损耗电阻的影响。电源内阻、线路导线电阻、接地电弧的弧阻等都会使振荡回路存在有功损耗，加强了振荡的衰减。

(4)对地绝缘泄漏电导的影响。熄弧后电网对地电容中的残余电荷将通过线路绝缘泄漏，电荷泄漏的快慢与线路绝缘表面状况及气象条件等因素有关。电荷泄漏使系统中性点位移电压减小，过电压有所降低。

实际电网中，断续电弧接地过电压倍数一般小于3.1，这种过电压对正常绝缘的电气设备一般危害不大，但其持续时间长，并且遍及全电网，对系统内绝缘较差的设备、线路上的绝缘薄弱点，以及在恶劣的环境条件下，将构成较的威胁，可能造成设备损坏和大面积停电事故。

为了限制断续电弧接地过电压，最根本的办法就是消除间歇电弧，这可以通过改变系统中性点的接地方式来实现。主要措施有：

①将系统中性点直接接地(或经小阻抗接地)，使系统在单相接地时产生较大的短路电流，继电保护装置会迅速切除故障线路。故障切除后，线路对地电容中储存的剩余电荷直接经中性点入地，系统中不会出现断续电弧接地过电压。但配电网发生单相接地的概率较大，中性点直接接地，断路器将频繁动作开断短路电流，大大增加维护的工作量，并要求有可靠的自动重合闸装置与之配合。我国 110 kV 及以上电网均采用这种中性点接地方式，出了避免出现这种过电压外，还可降低绝缘水平，缩减建设费用。

②中性点经消弧线圈接地。消弧线圈是一只具有分段铁芯(即铁芯带有气隙)、电感可调的电抗器，接在电网中性点与大地之间(图 7.10)，其伏安特性相对来说不易饱和。电力系统正常运行时，由于系统中性点电位很低，所以流过消弧线圈的电流很小、损耗也很小。一旦电网中发生单相(例如 A 相)接地故障，中性点对地电压上升为 $-\dot{U}_A$，流过消弧线圈的电流除了原先的接地电容电流 $\dot{I}_d$ 外，还增加了电感电流 $\dot{I}_L$，且二者反相。

由图 7.10(b)可知，流过故障点的电容电流为 $|\dot{I}_d| = 3\omega C_0 U_{xg}$($U_{xg}$为电源相电压幅值)，而流过故障点的电感电流为 $|\dot{I}_L| = \dfrac{U_{xg}}{\omega L}$。如果调节 $L$ 值，使得 $|\dot{I}_L| = |\dot{I}_d|$，则二者将相互抵消，此时称为全补偿，全补偿时的电感值 $L = \dfrac{1}{\omega^2 \cdot 3C}$；如果调节 $L$ 值，使得 $|\dot{I}_L| > |\dot{I}_d|$，则称为过补偿；如果调节 $L$ 值，使得 $|\dot{I}_L| < |\dot{I}_d|$，则称为欠补偿。从消弧的角度看，采用全补偿无疑是最佳方案，但在实际电网中，由于其他多方面的原因(特别是为了避免中性点位移电压过高)，一般均采用过补偿的运行方式。

消弧线圈的运行主要就是调谐值(即 $L$ 值)的整定。在选择消弧线圈的调谐值时，应使单相接地时流过故障点的残流处在能可靠自动消弧的范围内;电网正常运行和发生故障时,中性点电压位移不应升高到危及绝缘的数值。由于这两个要求是相互矛盾的,因此实际中只能采取折中的方案来同时满足两方面的要求。

# 7.5  谐振过电压

电力系统中的电气设备总具有电感、电容及电阻的属性,如发电机、变压器、电抗器、消弧线圈、电磁式电压互感器、导线电感等可作为电感元件;补偿电容器、高压设备杂散电容、导线对地电容、相间电容等可作为电容元件。正常运行时,这些元件的参数不会形成串联谐振,但当发生故障或操作时,系统中某些回路被割裂、重新组合而构成各种振荡回路,在一定的条件下将产生串联谐振,导致严重的谐振过电压。

谐振过电压不仅会在操作或发生故障时的过渡过程中产生,也可能在过渡过程结束后较长的时间内稳定存在,直至进行新的操作破坏原回路的谐振条件为止。谐振过电压的危害性不仅取决于其幅值的大小,也取决于其持续时间的长短。谐振过电压不仅会危及电气设备的绝缘,还可能产生持续的过电流而烧毁设备。谐振过电压的持续性质还给选择过电压保护措施造成困难。

谐振回路包含电感 L、电容 C 和电阻 R,通常认为系统中的 C 和 R(避雷器例外)是线性元件,而电感 L 则有三种不同的特性:线性电感、非线性电感和周期性变化电感。根据谐振回路中所含电感的性质不同,相应的具有三种不同特点的谐振现象,即线性谐振、参数谐振和非线性谐振(铁磁谐振)。

## 7.5.1  线性谐振过电压

由线性电感 L(如输电线路的电感、变压器的漏感等不带铁芯的电感元件;或如消弧线圈等励磁特性接近线性的带铁芯的电感元件)、电容 C 和电阻 R 组成线性串联谐振回路,当回路的自振频率接近交流电源的频率时,就会发生串联谐振现象。这时回路的感抗和容抗相等或相近而互相抵消,回路电流只受回路电阻的限制而可达很大的数值,从而在电感或电容元件上产生很高的过电压。串联谐振又称作电压谐振。

限制这种过电压的方法是使回路脱离谐振状态和增加回路的损耗。在电力系统设计和运行时,应设法避开谐振条件以消除这种线性谐振过电压。

## 7.5.2  参数谐振过电压

系统中某些元件的电感会发生周期性变化,例如发电机转动时,其电感的大小随着转子的位置不同而周期性变化。当发电机带有电容性负载(例如一段空载线路)时,如再存在不利的参数配合,就可能引发参数谐振现象,这种现象称为发电机的自励磁或自激过电压。

由于回路中有损耗,所以只有当参数变化所吸收的能量(由原动机供给)足以补偿回路中的损耗时,才能保证谐振的持续发展。从理论上讲,这种谐振的发展将使振幅无限增大,而不像线性谐振那样受到回路电阻的限制;但实际上当电压增大到一定程度后,电感一定会出现饱和现象,从而使回路自动偏离谐振条件,使过电压不致无限增大。

发电机在正式投入运行前,设计部门要进行自激的校核,避开谐振点,因此一般不会出现参数谐振现象。

### 7.5.3　铁磁谐振过电压

当电感元件带有铁芯时,一般都会出现饱和现象,这时电感不再是常数,而是随着电流或磁通的变化而改变。在满足一定条件时,就会产生铁磁谐振现象。铁磁谐振又称为非线性谐振,它具有一系列不同于线性谐振过电压的特点,可在电力系统中引发严重事故。

由于谐振回路中的铁磁电感会因磁饱和程度不同而有相应不同的电感量,所以非线性振荡回路的自振角频率不是固定的。在不同的条件下,非线性振荡回路可产生三种谐振状态:

①基波谐振,即谐振频率等于工频的工频谐振;

②高次谐波谐振,即谐振频率为工频的整数倍(2、3、5 倍等)的高频谐振;

③分次谐波谐振,即谐振频率为工频的分数倍($\frac{1}{2}$、$\frac{1}{3}$、$\frac{1}{5}$、$\frac{2}{3}$、$\frac{2}{5}$倍等)的分频谐振。

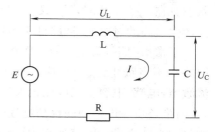

图 7.12　串联铁磁谐振电路

下面以图 7.12 简单的串联电路为例,分析铁磁谐振产生的最基本的物理过程。

图 7.12 中,E 为工频电源电动势;电阻 $R$、电容 $C$ 均为线性元件;$L$ 为非线性电感元件。为了简化和突出基波谐振的基本物理概念,不考虑回路中各种谐波的影响,并忽略回路中能量损耗(设电路中 $R=0$),则

$$\dot{E}=\dot{U}_C+\dot{U}_L$$

由于$\dot{U}_C$与$\dot{U}_L$反相,故

$$E=\Delta U=|U_C-U_L|$$

图 7.13 中分别画出了电容和铁芯电感的伏安特性曲线 $U_L(I)$ 和 $\dot{U}_C(I)$,电压和电流均以有效值表示。由于电容是线性的,所以 $U_C(I)$ 是一条直线:$U_C=\frac{1}{\omega C}I$,其斜率为容抗 $X_C=\frac{1}{\omega C}$。而对于铁芯电感,在特性曲线的起始段铁芯尚未饱和,$U_L(I)$ 基本也是一条直线,其斜率为起始感抗 $X_{L0}$;随着电压、电流的增大,电感的铁芯磁饱和而使感抗减小,$U_L(I)$ 特性曲线将弯曲,不再是直线。

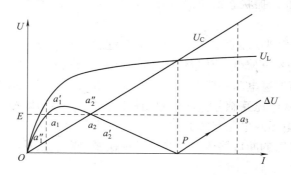

图 7.13　串联铁磁谐振电路的伏安特性曲线

在图 7.13 中可作出 $\Delta U=|U_C-U_L|=f(I)$ 的伏安特性曲线,电动势 E 与 $\Delta U$ 的交点 $a_1$、$a_2$ 与 $a_3$ 均为满足平衡方程 $E=\Delta U$ 的点。但这三个点并不都是稳定的,可采用小扰动判别法

判断其稳定性。即对某一工作点给予微小扰动,使之产生微小的偏离,有相应的过渡过程,若扰动后能恢复至原先的工作点,则此点稳定,反之为不稳定工作点。

例如 $a_2$ 点,若扰动使回路中的电流有微小的增加,即从 $a_2$ 点偏离到达 $a_2'$ 点,此时外加电势 $E$ 将大于 $\Delta U$,这使得回路电流继续增大,直至到达新的平衡点 $a_3$ 为止;反之,若扰动使电流稍有减小,即从 $a_2$ 点偏离到达 $a_2''$ 点,则此时 $E$ 将小于 $\Delta U$,使回路电流继续减小,直到新的平衡点 $a_1$ 为止。可见,平衡点 $a_2$ 不能经受任何微小的扰动,属于不稳定点。同理,可鉴别点 $a_1$、$a_3$ 均为稳定的工作点。

由图 7.13 还可见,当电势 $E$ 较小时,回路存在着两个可能的工作点 $a_1$、$a_3$。在 $a_1$ 点工作时,$U_L>U_C$,回路呈感性,电感和电容上的电压都不高,回路电流也不大,回路处于非谐振工作状态。在 $a_3$ 点工作时,$U_L<U_C$,回路呈容性,此时不仅回路电流较大,而且在电感和电容上都会产生较高的过电压,回路处于谐振工作状态。

正常情况下,系统一般工作在 $a_1$ 点。当系统遭受强烈的冲击(如电源突然合闸)时,会使回路从 $a_1$ 点跃变到 $a_3$ 点,这时回路电流相位会发生 $180°$ 的突然变化(相位反倾现象),回路电流激增,电感、电容上的电压也大幅提高,即出现了铁磁谐振。可见,为了建立起稳定的谐振点 $a_3$,回路必须经过强烈的扰动过程,例如发生故障、断路器跳闸、切除故障等。这种需要经过过渡过程来建立谐振的情况称为铁磁谐振的激发现象,而一旦激发以后,谐振状态就可以保持很长时间(自保持),不会衰减。

而当 $E$ 超过一定值以后,可能只存在一个工作点 $a_3$,即回路不需要激发就工作在谐振状态,这种现象称为自激现象。

当计及回路电阻时,由于电阻的阻尼作用,会使图中的 $\Delta U$ 曲线上移,相应激发回路谐振所需的干扰要更大,减小的谐振的范围,并限制了过电压的幅值。当回路电阻增加到一定数值时,回路就只可能工作在非谐振状态。

根据以上分析,基波的铁磁谐振有下列特点:

①产生串联铁磁谐振的必要条件是电感和电容的伏安特性必须相交,即

$$\omega L>\frac{1}{\omega C}$$

因而,铁磁谐振可以在较大范围内产生。

②对铁磁谐振回路,在同一电源电动势作用下,回路可能有不止一种稳定工作状态。在外界激发下,回路可能从非谐振状态跃变到谐振工作状态,电路从感性变为容性,发生相位反倾,同时产生过电压和过电流。

③非线性电感是产生铁磁谐振的根本原因,但其饱和特性本身又限制了过电压的幅值。此外,回路中的损耗会使过电压降低,当回路电阻值大到一定数值时,就不会出现强烈的谐振现象。

电力系统的铁磁谐振过电压一般发生在操作或事故过程中,如断路器不同期动作或断线引起的断线谐振、电磁式电压互感器饱和引起的铁磁谐振等,参与谐振的电感主要有空载或轻载变压器的激磁电感、电磁式电压互感器的电感、并联电抗器的电感等,电容主要是导线的对地电容、相间电容、断路器的断口均压电容等。发生铁磁谐振的激发因素主要是断路器的突然合闸、单相接地、雷击等。

为了限制和消除铁磁谐振过电压,可以采取以下措施:

①改善电磁式电压互感器的激磁特性,或改用电容式电压互感器;

②在电压互感器开口三角绕组中接入阻尼电阻,或在电压互感器一次绕组的中性点对地

接入非线性电阻；

　　③在某些情况下,可在 10 kV 及以下的母线上装设一组三相对地电容器,或用电缆段代替架空线段,以增大对地电容,从参数搭配上避开谐振；

　　④在特殊情况下,可将系统中性点临时经电阻接地或直接接地,或投入消弧线圈,也可以按事先规定投入某些线路或设备以改变电路参数,消除谐振过电压。

## 复习思考题

1. 试说明电力系统中限制操作过电压的措施。

2. 试述工频电压升高的机理?

3. 分析影响空载线路电容效应引起工频电压升高的原因。

4. 消弧线圈起何作用? 其补偿度如何选择?

5. 比较断路器灭弧能力强弱对切除空载线路过电压和对切除空载变压器过电压的影响。

6. 说明断路器并联电阻在切、合空载线路中限制过电压的措施。

7. 说明对用来限制操作过电压避雷器的要求。

8. 试述消除间歇性电弧接地过电压的途径。

9. 铁磁谐振过电压是怎样产生的? 其与线性谐振相比有什么不同的特点?

# 8  电力系统绝缘配合

随着电力系统电压等级的提高,正确解决电力系统的绝缘配合问题显得越来越重要,为了处理好这个问题,需要很好地掌握电介质和各种绝缘结构的电气强度、电力系统中的过电压及其防护装置的特征等方面的知识,甚至涉及电力系统的设计运行、故障分析和事故处理。它是电力系统中涉及面最广地综合性科学技术课题之一。

## 8.1  绝缘配合的基本概念与原则

### 8.1.1  绝缘配合的基本概念

电力系统的绝缘包括发电厂、变电所中电气设备和输电线路的绝缘。从绝缘的结构和特性区分,有外绝缘和内绝缘。外绝缘是直接与大气接触的绝缘部件,一般是磁或硅橡胶等表面绝缘和空气绝缘。外绝缘的耐受电压值与大气条件密切相关,外绝缘属于自恢复型绝缘,沿面闪络和间隙击穿是外绝缘丧失绝缘性能的常见形式。内绝缘则是不与大气直接接触的绝缘部件,其耐受电压值基本与大气条件无关,一般由固体、液体、气体等绝缘材料组成复合绝缘。内绝缘在过电压的多次作用下,会因累积效应使绝缘性能下降,一旦绝缘被击穿或损坏,不能自动恢复其原有的绝缘性能,属于非自恢复绝缘。

电气设备的绝缘在运行中,除了要长期承受额定工作电压的作用外,有时还要承受系统中出现的波形、幅值及持续时间各异的各种过电压的作用。一旦绝缘损坏,就会停电造成经济上的损失。电气设备的绝缘水平是指设备绝缘能耐受的试验电压值,在此电压作用下,绝缘不发生闪络、击穿或其他损坏现象。

合理的绝缘配合是电力系统安全、可靠运行的基本保证,是高电压技术的核心内容。电力系统绝缘配合的根本任务是:正确处理过电压和绝缘这一对矛盾,以达到优质、安全、经济供电的目的。更具体地说是根据电气设备所在系统中可能出现的各种电气应力(工作电压和各种过电压),并考虑保护装置的保护性能和绝缘的电气特性,适当选择设备的绝缘水平,使之在各种电气应力地作用下,绝缘故障率和事故损失均处于经济上和运行上都能够接受的合理范围内。

在就绝缘配合算经济账时,应该全面考虑投资费用(特指绝缘投资和过电压保护措施的投资)、运行维护费用(也指绝缘和过电压防护装置的运行维护)和事故损失(特指绝缘故障引起的事故损失)等三个方面,以求优化总的经济指标。

### 8.1.2  绝缘配合的原则

绝缘配合的核心问题是确定各种电气设备的绝缘水平,它是绝缘设计的首要前提,往往以各种耐压试验所用的试验电压值来表示。由于设备绝缘对不同的作用电压有其不同的绝缘水平,为考核设备绝缘承受运行电压、工频过电压及等价承受操作过电压和雷电过电压的能力,用短时(1 min)工频耐受电压值;为考核绝缘承受运行电压和工频过电压作用下内绝缘老化和外绝缘耐污秽性能,用长时间(1~2 h)工频耐受电压值;为考核绝缘承受雷电过电压作用的能力,用雷电冲击耐受电压值;为考核超高压设备绝缘承受操作过电压作用的能力,用操作冲击耐受电压值。

　　由于任何一种电气设备在运行中都不是孤立存在的,首先是它们一定过电压保护装置一起运行并接受后者的保护;其次是各种电气设备绝缘之间、甚至各种保护装置之间在运行中都是互有影响的,所以在选择绝缘水平时,需要考虑的因素很多,需要协调的关系很复杂。

　　(1)不同电压等级的系统中,各种作用电压的影响不同,绝缘配合的原则、绝缘试验电压的类型也有相应的差别。在 220 kV 及以下系统中,要把雷电过电压限制到低于操作过电压的数值是不经济的。因此在这些系统中,一般以雷电过电压决定设备的绝缘水平,而限制雷电过电压的主要措施是避雷器,则以避雷器的雷电冲击保护水平(残压)来确定设备的绝缘水平,并保证输电线路具有一定的耐雷水平。此确定的绝缘水平在正常情况下能耐受操作过电压的作用,因此一般不采用专门的限制内部过电压的措施。在超高压系统中,操作过电压的幅值随电压等级的提高而提高,在现有的防雷措施下,雷电过电压一般比操作过电压的危险性小。因此在这些系统中,绝缘水平主要是由操作过电压的大小来决定,一般需采用专门的限制内部过电压的措施,如并联电抗器、带有并联电阻的断路器及金属氧化物避雷器等。由于限制过电压的措施和要求不同,绝缘配合的做法也不相同。我国对超高压系统中内部过电压的保护原则主要是通过改进断路器的性能,将操作过电压限制到预定的水平,然后以避雷器作为操作过电压的后备保护。因此,实际上超高压系统中电气设备绝缘水平也是以雷电过电压下避雷器的保护性能为基础确定的。

　　(2)在污秽地区,电力系统外绝缘强度受污秽影响而大大降低,污闪事故常在恶劣气象条件和工作电压下发生。因此,严重污秽地区电力系统外绝缘水平主要由系统最高运行电压所决定。

　　(3)电力系统绝缘配合时不考虑谐振过电压的,因此在系统设计和运行中要避免谐振过电压的发生。

　　(4)考虑到不同时期的电网结构不同,过电压水平不同,以及发生事故造成的后果不同,对绝缘水平的确定也存在一定的差异。对同一电压等级,不同类型设备、不同地点,允许选择不同的绝缘水平,一般在电网建设初期选用较高的绝缘水平,发展到中、后期,可选用较低的绝缘水平。为了适应这种需要,国际电工委员会(IEC)和我国国家标准对同一电压等级的设备,对应有几个绝缘水平以供选择。

　　(5)为符合总的原则,在技术上要力求做到作用电压与绝缘强度的全伏秒特性配合。为此,要求具有一定伏秒特性和伏安特性的避雷器能将过电压限制在设备绝缘耐受强度以下。

　　(6)应从运行可靠性的角度出发,选择合理的绝缘水平,以使各种作用电压下设备绝缘的等效安全系数都大致相同。

　　(7)对于输电线路的绝缘水平,一般不需要考虑与变电所的绝缘配合。通常,为保证线路的安全运行,线路绝缘水平远高于变电所电气设备的绝缘水平。虽然多数过电压发源于线路,但高幅值的过电压波传入变电所时,将被变电所母线上的避雷器所限制,而所内电气设备的绝缘水平是以避雷器的保护水平为基础确定的,所以线路过电压波不会威胁所内电气设备的绝缘。

　　(8)应考虑电力系统中性点接地方式对绝缘水平的影响。电力系统中性点接地方式是一个涉及面很广的综合性技术课题,它对电力系统的供电可靠性、过电压与绝缘配合、继电保护、通信干扰、系统稳定等方面都有很大的影响。通常将电力系统中性点接地方式分为非有效接地（$\frac{x_0}{x_1}>3,\frac{r_0}{x_1}>1$；包括不接地、经消弧线圈接地等）和有效接地（$\frac{x_0}{x_1}\leqslant3,\frac{r_0}{x_1}\leqslant1$；包括直接接地、经小阻抗接地等）两大类。这样的分类方法从过电压和绝缘配合的角度来看也是特别合适的，因为在这两类接地方式不同的电网中，过电压水平和绝缘水平都有很大的差别。其中，中性点直接接地系统有很大的优越性。

①最大长期工作电压

在非有效接地系统中，由于单相接地故障时并不需要立即跳闸，而可以继续带故障运行一段时间 2 h，这时健全相上的工作电压升高到线电压，再考虑最大工作电压可比额定电压 $U_N$ 高 10%～15%，因此其最大长期工作电压为 $(1.1\sim1.15)U_N$。而在有效接地系统中，最大长期工作电压仅为 $(1.1\sim1.15)\frac{U_N}{\sqrt{3}}$，这对避雷器的灭弧条件比较有利，避雷器的阀片数目及间隙均可减少，避雷器的结构尺寸可以减小。

②雷电过电压

不管原有的雷电过电压波的幅值有多大，实际作用到绝缘上的雷电过电压幅值均取决于阀式避雷器的保护水平。由于阀式避雷器的灭弧电压是按最大长期工作电压选定的，因而有效接地系统中所用避雷器的灭弧电压较低，相应的火花间隙数和阀片数较少，冲击放电电压和残压也较低，一般约比同一电压等级、但中性点为非有效接地系统中的避雷器低 20% 左右。

③内部过电压

在有效接地系统中，内部过电压是在相电压的基础上发生和发展的，而在非有效接地系统中，内部过电压则有可能在线电压的基础上发生和发展。因而，前者要比后者数值低 20%～30% 左右。而超高压系统之所以采用中性点直接接地的方式正是基于这一优点。随着电压等级的提高，设备绝缘费用所占比重越来越大，特别是在超高压系统中，采用中性点直接接地方式，可以大大降低设备造价。

同时，中性点直接接地系统存在以下缺点：

①在电力系统中，单相接地故障所占比例很大，如果采用中性点直接接地，一旦出现很大的单相短路电流，线路立即跳闸，不但给断路器造成严重的负担，也造成突然停电，影响供电的可靠性。

②中性点非直接接地系统发生单相接地故障时，故障电流小，不会对邻近通信线路产生很强的干扰；而中性点直接接地系统中很大的故障电流的电磁感应作用很强，将在邻近通信线路上产生很危险的感应电压，造成对设备或人身的伤害。

③中性点直接接地系统发生单相接地故障时，大的故障电流产生很大的电动力，可能造成电气设备绝缘的损坏。

综合以上各方面的分析，不同电压等级的电网采取不同的中性点接地方式，可兼顾电网运行可靠性及经济性两方面的要求。

对于 110 kV 及以上的系统，绝缘费用在总建设费用中所占比重较大，采用中性点有效接地方式可以降低系统的绝缘水平，以降低绝缘投资，这在经济上好处很大。同时，为解决频繁跳闸问题，可全线架设避雷线以大大减少雷击跳闸次数；为提高运行的可靠性，可加装自动重合闸装置；为减小故障电流，110 kV 系统中部分变压器中性点绝缘；对防止对邻近通信线的干扰,通常在设计线路时使其远离通信线路,或在通信线路上加装保护装置。

对于 60 kV 及以下的系统,绝缘费用所占比重不大,降低绝缘水平在经济上的好处不明显,因而供电可靠性上升为首要考虑因素,所以一般均采用中性点非有效接地方式(不接地或经消弧线圈接地)。不过,6～35 kV 配电网往往发展很快,采用电缆的比重也不断增加,且运行方式经常变化,给消弧线圈的调谐带来困难,并易引发多相短路。故近年来有些以电缆网络为主的 6～10 kV 大城市或大型企业配电网不再一律采用中性点非有效接地的方式,已有部分改用了中性点经低值或中值电阻接地的方式,它们属于有效接地系统,发生单相接地故障时立即跳闸。

## 8.2　绝缘配合的方法

### 8.2.1　绝缘配合的种类

1. 架空线路与变电所之间的绝缘配合

大多数过电压发源于输电线路,在电网发展的早期,为了使侵入变电所的过电压不致过高,过去把线路的绝缘水平取得比变电所内电气设备的绝缘水平低一些,因为线路绝缘(它们都是自恢复绝缘)发生闪络的后果不像变电设备绝缘故障那样严重,这在当时的条件下,有一定的合理性。

在现代变电所内,装有保护性能相当完善的阀式避雷器,来波的幅值大并不可怕,因有避雷器可靠地加以限制,只要过电压波前陡度不太大,变电设备均处于避雷器的保护距离之内,流过避雷器的雷电流也不超过规定值,大幅值过电压波就不会对设备绝缘构成威胁。

实际上,现代输电线路的绝缘水平反而高于变电设备,因为有了避雷器的可靠保护,降低变电设备的绝缘水平不但可能,而且经济效益显著。

2. 同杆架设的双回路线路之间的绝缘配合

为了避免雷击线路引起两回线路同时跳闸停电的事故,同杆架设的双回路线路可以采用不平衡绝缘的方法,两回路绝缘水平之间应选择多大的差距,就是一个绝缘配合问题。

3. 电气设备内绝缘与外绝缘之间的绝缘配合

在没有获得现代避雷器的可靠保护以前,曾将内绝缘水平取得高于外绝缘水平,因为内绝缘击穿的后果远较外绝缘(套管)闪络更为严重。

4. 各种外绝缘之间的绝缘配合

有不少电力设备的外绝缘不止一种,它们之间往往也有绝缘配合问题。架空线路塔头空气间隙的击穿电压与绝缘子串的闪络电压之间的关系就是一个典型的绝缘配合问题。又如高压隔离开关的断开耐压必须设计得比支柱绝缘子的对地闪络电压更高一些,这样的配合是为保证人身安全所必需的。

5. 各种保护装置之间的绝缘配合

如图 8.1 所示,变电所防雷接线中的阀式避雷器 F 与断路器外侧的管式避雷器 PE 放电特性之间的关系就是不同保护装置之间绝缘配合的一个很典型的例子。

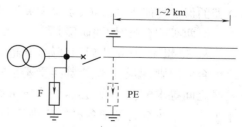

图 8.1　35 kV 及以上变电所全线
有避雷线时的进线段保护

### 8.2.2　绝缘配合的发展

从电力系统绝缘配合的发展过程来看,大致上可分为以下三个阶段。

1. 多级配合(1940 年以前)

由于当时所用的避雷器保护性能不够好、特性不稳定,因而不能把它的保护特性作为绝缘配合的基础。

当时采用的多级配合的原则是:价格越昂贵、修复越困难、损坏后果越严重的绝缘结构,其绝缘水平应选得越高。按照这一原则,显然变电所的绝缘水平应高于线路、设备内绝缘水平应高于外绝缘水平等等。

有些国家直到 20 世纪 50 年代仍沿用这种绝缘配合方法,例如把变电所中的绝缘水平分为四级,(图 8.2):①避雷器(FV);②并联在套管(外绝缘)上的放电间隙(F);③套管(外绝缘);④内绝缘。放电间隙的作用是防止沿面电弧灼烧套管的釉面,图 8.3 为其示意图按照上述多级配合的原则,这四级绝缘的伏秒特性应作图 8.2 所示的配合方式。

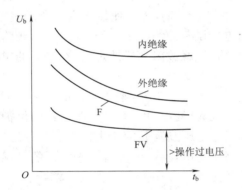

图 8.2　以 50%伏秒特性表示的多级配合

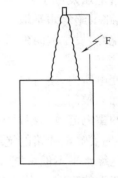

图 8.3　在套管上跨接放电间隙

大体看来,这种配合原则似乎很合理性。但实际上采用这种配合原则十分困难,其中最主要的问题是:为了使上一级伏秒特性带的下包线不与下一级的伏秒特性带的上包线发生交叉或重叠,相邻两级的 50%伏秒特性之间均需保持 15%~20%左右的差距(裕度),这是冲击波下闪络电压和穿击电压的分散性所决定的。因此不难看出,采用多级配合必然会把设备内绝缘水平抬得很高,这是特别不利的。

由于避雷器的保护性能不够稳定和完善,因而不能过于依赖它的保护功能而不得不把被保护绝缘的绝缘水平再分成若干档次,以减轻绝缘故障后果、减少事故损失。随着现代阀式避雷器的保护性能不断改善、质量大大提高了的情况下,已再采用多级配合的原则。

2. 两级配合(惯用法阶段)

从 20 世纪 40 年代后期开始,有越来越多的国家逐渐摒弃多级配合的概念而转为采用两级配合的原则,即各种绝缘都接受避雷器的保护,仅仅与避雷器进行绝缘配合,而不再在各种绝缘之间寻求配合。换言之,阀式避雷器的保护特性变成了绝缘配合的基础,只要将它的保护水平乘上一个综合考虑各种影响因素和必要裕度的系数,就能确定绝缘应有的耐压水平,从这一基本原则出发,经过不断修正与完善,终于发展成为直至今日仍在广泛应用的绝缘配合惯用法。

### 3. 绝缘配合统计法

随着输电电压的提高,绝缘费用因绝缘水平的提高而急剧增大,因而降低绝缘水平的经济效益也越来越显著。

在惯用法中,以过电压的上限与绝缘电气强度的下限作绝缘配合,而且还要留出足够的裕度,以保证不发生绝缘故障。但这样做并不符合优化总经济指标的原则。从 20 世纪 60 年代以来,国际上出现了一种新的绝缘配合方法,称为统计法。它的主要原则是:电力系统中的过电压和绝缘的电气强度都是随机变量,要求绝缘在过电压的作用下不发生任何闪络或击穿现象。这未免过于保守和不合理了(特别是在高压和特高压输电系统中)。正确的做法应该是:规定出某一可以接受的绝缘故障率(例如将超、特高压线路绝缘在操作过电压下的闪络概率取作 $0.1\%\sim1\%$),容许冒一定的风险。总之,应该用统计的观点及方法来处理绝缘配合的问题,以求获得优化的总经济指标。

#### 8.2.3　绝缘配合的基本方法

由于 220 kV(其最大工作电压为 252 kV)及以下电压等级(高压)和 220 kV 以上电压等级(超高压)电力系统在过电压保护措施、绝缘耐压试验项目、最大工作电压倍数、绝缘裕度取值等方面都存在差异,所以在作绝缘配合时将它们分成如下两个电压范围(以系统的最大工作电压 $U_m$ 来表示)。

范围 I:$3.5\ \text{kV} \leqslant U_m \leqslant 252\ \text{kV}$;

范围 II:$U_m > 252\ \text{kV}$。

目前绝缘配合的方法有惯用法、统计法及简化统计法。

#### 1. 惯用法

惯用法又称为确定性法、系数法或经验法。惯用法是根据作用于绝缘上的最大过电压和最小绝缘强度的概念来配合的,即首先确定设备上可能出现的最危险的过电压,然后根据经验乘上一个考虑各种影响因素(如设备安装点与避雷器间的电气距离所引起的电压差值、绝缘老化所引起的电气强度下降、避雷器保护性能在运行中逐渐劣化、冲击电压下击穿电压的分散性、必要的安全裕度等)和具有一定裕度的配合系数,从而决定绝缘应耐受的电压水平。设备绝缘的耐电强度不能低于此耐受电压。但由于实际的过电压值和绝缘强度都是随机变量,很难按照一个严格的规则去估计他们的上下限,为安全运行,采取留有较大裕度的办法解决。因此,惯用法确定的绝缘水平是偏严格的,而且不能定量预估绝缘故障的概率。但到目前为止,惯用法仍是采用得最广泛的绝缘配合方法,除了在 330 kV 及以上的超高压线路绝缘(均为自恢复绝缘)的设计中采用统计法以外,在其他情况下主要采用的均为惯用法。

目前,惯用法中所采用的计算用雷电过电压是以避雷器残压为基础确定的。计算用操作过电压则按实测和模拟实验的结果统计归纳得出,我国相对地计算用最大操作过电压的倍数 $K_0$(以电网最高运行相电压幅值为基数)为

| | |
|---|---|
| 66 kV 及以下(低电阻接地系统除外) | 4.0 |
| 110 kV 及 220 kV | 3.0 |
| 330 kV | 2.2 |
| 500 kV | 2.0 |

#### 2. 统计法

随着超高压输电技术的发展,降低绝缘水平的经济效益越来越显著。在上述惯用法中,以

绝缘的电气强度下限(最小耐压值)与过电压的上限(最大过电压值)作配合,还要留出足够大的安全裕度。实际上,过电压和绝缘的电气强度都是随机变量,无法严格地求出它们的上、下限,而且根据经验选定的安全裕度(配合系数,或称惯用安全因数)带有一定的随意性。这些做法从经济的视角去看,特别是对超、特高压输电系统来说,是不合理的,也是不允许的。要求绝缘在过电压的作用下不发生闪络或击穿是要付出代价的(改进过电压保护措施和提高绝缘水平),因而要和绝缘故障所带来的经济损失综合起来考虑,方能得出合理的结论。以综合经济指标来衡量,容许有一定的绝缘故障率反而较为合理。

由于上述原因,从 20 世纪 60 年代起,国际上开始探索新的绝缘配合思路,并逐渐形成统计法,IEC 于 70 年代初期对此作出正式推荐,目前已在一些国家采用于超高压外绝缘的设计中。

采用统计法作绝缘配合的前提是充分掌握作为随机变量的各种过电压和各种绝缘电气强度的统计特性(概率密度、分布函数等)。

设过电压幅值的概率密度函数为 $f(U)$,绝缘的击穿(或闪络)概率分布函数为 $P(U)$,且 $f(U)$ 与 $P(U)$ 互不相关,如图 8.4 所示。$f(U_0)dU$ 为过电压在 $U_0$ 附近的 $dU$ 范围内出现的概率,而 $P(U_0)$ 为在过电压 $U_0$ 的作用下绝缘的击穿概率。由于它们是相互独立的,所以由概率积分的计算公式可写出出现这样高的过电压并使绝缘发生击穿的概率(图 8.4 中斜线阴影部分)为

$$dR = P(U_0)f(U_0)dU \qquad (8.1)$$

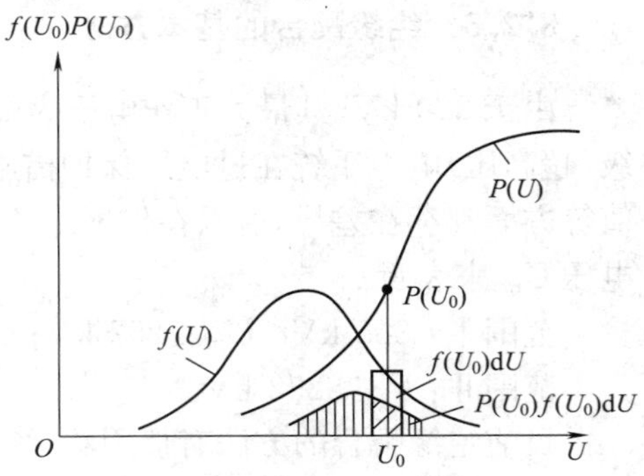

图 8.4 绝缘故障率的估算

式中 $dR$——微分故障率。

我们在统计电力系统中的过电压时,一般只按绝对值的大小统计,而不分极性(可认为正、负极性约各占一半)。根据定义,过电压幅值的分布范围应为 $U_\varphi \sim \infty (U$ 为最大工作相电压幅值),因而绝缘故障率 $R$(图 8.4 中阴影部分总面积)为

$$R = \int_{U_\varphi}^{\infty} P(U)f(U)dU \qquad (8.2)$$

式(8.2)即该绝缘在过电压作用下被击穿(或闪络)而引起故障的概率。

如果提高绝缘的电气强度,图 8.4 中的 $P(U)$ 曲线向右移动,阴影部分的面积缩小,绝缘故障率降低,但设备投资将增大;如果降低绝缘强度,$P(U)$ 曲线向左移动,阴影部分的面积增大,即故障率增大,设备维护及事故损失费增大,相应的设备投资费减少。可见采用统计法,我们就能按需要对某些因素作调整,例如根据优化总经济指标的要求,在绝缘费用与事故损失之间进行协调,在满足预定的绝缘故障率的前提下,选择合理的绝缘水平。

利用统计法进行绝缘配合时,安全裕度不再是一个带有随意性的量值,而是一个与绝缘故障率相联系的变数。

3. 简化统计法

在实际工程中采用上述统计法来进行绝缘配合,是相当繁复和困难的。如对非自恢复绝缘做放电概率的测定,耗资太大,无法接受;对一些随机因素(如气象条件、过电压波形影响等)的概率分布有时并非已知,所以统计法虽然合理,但难以实用。为此,IEC 又推荐了一种简化统计法以便实际应用。

在简化统计法中,对过电压和绝缘电气强度的统计规律作了某些假设,例如假定它们均遵循正态分布规律,并已知它们的标准偏差。这样一来,它们的概率分布曲线就可以用与某一参考概率相对应的点来表示,分别称为统计过电压 $U_s$ 和统计耐受电压 $U_w$。它们之间由统计安全因数 $K_s$ 联系,即

$$K_s = \frac{U_w}{U_s} \tag{8.3}$$

国际电工委员会绝缘配合标准推荐采用出现概率为 2% 过电压(即大于等于此过电压的出现概率为 2%)作为统计统计过电压 $U_s$,推荐采用闪络概率为 10%,即耐受概率为 90% 的电压作为绝缘统计耐受电压 $U_w$。于是,绝缘故障率就与这两个值有关,通过计算可得故障率 $R$;再根据经济技术比较,定出能接受的 $R$ 值,选择相应的绝缘水平。

在过电压保持不变的情况下,如果提高绝缘水平,其统计耐受电压 $U_w$ 和统计安全因数 $K_s$ 均相应增大、绝缘故障率 $R$ 减小。

从形式上看,简化统计法中统计安全系数的表达与惯用法中最低绝缘强度与最大过电压之间的配合相类似。可以认为:简化统计法实质上是利用有关参数的概率统计特性,但沿用惯用法计算程序的一种混合型绝缘配合方法。把这种方法应用到概率特性为已知的自恢复绝缘上,就能计算出在不同的统计安全因素 $K_s$ 下的绝缘故障率 $R$,这对于评估系统运行可靠性是重要的。

不难看出,要得出非自恢复绝缘击穿电压的概率分布是非常困难的,因为一件被试品只能提供一个数据。所以,时至今日,在各种电压等级的非自恢复绝缘的绝缘配合中均仍采用惯用法;对降低绝缘水平的经济效益不很显著的 220 kV 及以下的自恢复绝缘也均采用惯用法;只有对 330 kV 及以上的超高压自恢复绝缘(例如线路绝缘),才有采用简化统计法进行绝缘配合的工程实例。

## 8.3　电气设备绝缘水平的确定

在变电所中,变压器为核心设备,通常以确定变压器的绝缘水平为中心环节,再确定其他设备的绝缘水平。

根据两级配合的原则,确定电气设备绝缘水平的基础是避雷器的保护水平,它就是避雷器上可能出现的最大电压,如果再考虑设备安装点与避雷器间的电气距离所引起的电压差值、绝缘老化所引起的电气强度下降、避雷器保护性能在运行中逐渐劣化、冲击电压下击穿电压的分散性、必要的安全裕度等因素而在保护水平上再乘以一个配合系数,即可得出应有的绝缘水平。

1. 雷电过电压下的绝缘配合

电气设备在雷电过电压下的绝缘水平通常用它们的基本冲击绝缘水平(BIL)来表示(或称为额定雷电冲击耐压水平),可由式(8.4)求得

$$BIL = K_l U_{p(l)} \tag{8.4}$$

式中　$U_{p(l)}$——阀式避雷器在雷电过电压下的保护水平,kV;

　　　　$K_l$——雷电过电压下的配合系数,其值处于 1.2~1.4 的范围内。

阀式避雷器在雷电过电压下的保护水平通常可简化为配合电流下的残压 $U_R$ 作为保护水平。国际电工委员会(IEC)规定 $K_l \geqslant 1.2$,而我国根据自己的传统与经验,规定在电气设备与

避雷器相距很近时取 1.25、相距较远时取 1.4,即

$$BIL=(1.25\sim1.4)U_R \tag{8.5}$$

2.操作过电压下的绝缘配合

在按内部过电压作绝缘配合时,通常不考虑谐振过电压,因为在系统设计和选择运行方式时均应设法避免谐振过电压的出现;此外,也不单独考虑工频电压升高,而把它的影响包括在最大长期工作电压内。这样一来,就归结为操作过电压下的绝缘配合了。

这时要分为两种不同的情况来讨论:

(1)变电所内所装的阀式避雷器只用作雷电过电压的保护;对于内部过电压,避雷器不动作以免损坏,但依靠别的降压或限压措施(例如改进断路器的性能等)加以抑制,而绝缘本身应能耐受可能出现的内部过电压。

我国标准对范围Ⅰ的各级系统所推荐的操作过电压计算倍数 $K_0$ 见表 8.1。

表 8.1　操作过电压的计算倍数

| 系统额定电压(kV) | 中性点接地方式 | 相对地操作过电压计算倍数 |
|---|---|---|
| 66 及以下 | 非有效接地 | 4.0 |
| 35 及以下 | 有效接地(经小电阻) | 3.2 |
| 110～220 | 有效接地 | 3.0 |

对于这一类变电所中的电气设备来说,其操作冲击绝缘水平(SIL)(也称额定操作冲击耐压水平)可按式(8.6)求得

$$SIL=K_sK_0U_\varphi \tag{8.6}$$

式中　$K_s$——操作过电压下的配合系数。

(2)对于范围Ⅱ(EHV)的电力系统,过去虽然也采用过 330 kV 和 500 kV 的操作过电压分别计算倍数为 2.75 倍和 2.0(或 2.2)倍。但目前由于普遍采用氧化锌或磁吹避雷器来同时限制雷电与操作过电压,故不再采用上述计算倍数,因为这时的最大操作过电压幅值将取决于避雷器在操作过电压下的保护水平 $U_{p(s)}$。

对于 ZnO 避雷器,它等于规定的操作冲击电流下的残压值;而对于磁吹避雷器,它等于下面两个电压中的较大者:①在 250/2 500 μs 标准操作冲击电压下的放电电压;②规定的操作冲击电流下的残压值。

对于这一类变电所的电气设备来说,其操作冲击绝缘水平应按式(8.7)计算:

$$SIL=K_sU_{p(s)} \tag{8.7}$$

式中　$K_s$——操作过电压下的配合系数,$K_s=1.15\sim1.25$。

操作配合系数 $K_s$ 较雷电配合系数 $K_i$ 相对较小,主要是因为操作波的波前陡度远较雷电波为小,被保护设备与避雷器之间的电气距离所引起的电压差值很小,可以忽略不计。

3.工频绝缘水平的确定

为了检验电气设备绝缘是否达到了以上所确定的 BIL 和 SIL,就需要进行雷电冲击和操作冲击耐压试验。它们对试验设备和测试技术提出了很高的要求。对于 330 kV 及以上的超高压电气设备来说,这样的试验是完全必需的,但对于 220 kV 及以下的高压电气设备来说,应该设法用比较简单的高压试验去等效地检验绝缘耐受雷电冲击电压和操作冲击电压的能力。对高压电气设备普遍施行的工频耐压试验实际上就包含着这方面的要求和作用。

假如我们在进行工频耐压试验时所采用的试验电压仅仅比被试品的额定相电压稍高,那

么它的目的将只限于检验绝缘在工频工作电压和工频电压升高下的电气性能。但是实际上，短时(1 min)工频耐压试验所采用的试验电压值往往要比额定相电压高出数倍,可见它的目的和作用是代替雷电冲击和操作冲击耐压试验、等效地检验绝缘在这两类过电压下的电气强度，如图 8.5 中确定短时工频耐压值的流程所示。

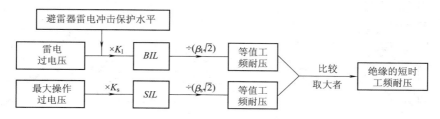

图 8.5　确定工频试验电压值的流程图

$K_1$、$K_s$—雷电与操作冲击配合系数；$\beta_1$、$\beta_s$—雷电与操作冲击系数

由此可知,凡是合格通过工频耐压试验的设备绝缘在雷电和操作过电压作用下均能可靠地运行。尽管如此,为了更加可靠和直观,国际电工委员会(IEC)仍作如下规定：

(1)对于 300 kV 以下的电气设备

①绝缘在工频工作电压、暂时过电压和操作过电压下的性能用短时(1 min)工频耐压试验来检验；

②绝缘在雷电过电压下的性能用雷电冲击耐压试验来检验。

(2)对于 300 kV 及以上的电气设备

①绝缘在操作过电压下的性能用操作冲击耐压试验来检验；

②绝缘在雷电过电压下的性能用雷电冲击耐压试验来检验。

4.长时间工频高压试验

当内绝缘的老化和外绝缘的染污对绝缘在工频工作电压和过电压下的性能有影响时,需作长时间工频高压试验。

显然,由于试验的目的不同,长时间工频高压试验时所加的试验电压值和加压时间均与短时工频耐压试验不同。

按照上述惯用法的计算、根据我国的电气设备制造水平、结合我国电力系统的运行经验、并参考 IEC 推荐的绝缘配合标准,我国国家标准 GB 311.1—1997 中对各种电压等级电气设备以耐压值表示的绝缘水平见表 8.2、表 8.3。

表 8.2　3～500 kV 输变电设备的标准绝缘水平(一)　　　　(单位:kV)

| A.电压范围Ⅰ(1 kV<$U_m$≤252 kV)的设备 | | | |
|---|---|---|---|
| 系统标称电压<br>(有效值) | 设备最高电压<br>(有效值) | 额定雷电冲击耐受电压(峰值) | | 额定短时工频耐受<br>电压(有效值) |
| | | 系列Ⅰ | 系列Ⅱ | |
| 3 | 3.5 | 20 | 40 | 18 |
| 6 | 6.9 | 40 | 60 | 25 |
| 10 | 11.5 | 60 | 75<br>95 | 30/42[③];55 |
| 15 | 17.5 | 75 | 95<br>105 | 40;45 |

续上表

| A. 电压范围 Ⅰ(1 kV<$U_m$≤252 kV)的设备 | | | | |
|---|---|---|---|---|
| 系统标称电压<br>(有效值) | 设备最高电压<br>(有效值) | 额定雷电冲击耐受电压(峰值) | | 额定短时工频耐受<br>电压(有效值) |
| | | 系列Ⅰ | 系列Ⅱ | |
| 20 | 23.0 | 95 | 125 | 50;55 |
| 35 | 40.5 | 185/200① | | 80/95③;85 |
| 66 | 72.5 | 325 | | 140 |
| 110 | 126 | 450/480① | | 185;200 |
| 220 | 252 | (750)② | | (325)② |
| | | 850 | | 360 |
| | | 950 | | 395 |
| | | (1 050)② | | (460)② |

注:系统标称电压 3~15 kV 所对应设备的系列Ⅰ的绝缘水平,在我国仅用于中性点有效接地系统。

①该栏斜线下之数据仅用于变压器类设备的内绝缘。

②220 kV 设备,括号内的数据不推荐选用。

③为设备外绝缘在干燥状态下之耐受电压。

**表 8.3 3~500 kV 输变电设备的标准绝缘水平(二)** (单位:kV)

| B. 电压范围Ⅱ($U_m$>252 kV)的设备 | | | | | | | | | |
|---|---|---|---|---|---|---|---|---|---|
| 系统标<br>称电压<br>(有效值) | 设备最<br>高电压<br>(有效值) | 额定操作冲击耐受电压(峰值) | | | | 额定雷电冲<br>击耐受电压<br>(峰值) | | 额定短时工<br>频耐受电压<br>(峰值) | |
| | | 相对地 | 相间 | 相间与相<br>对地之比 | 纵绝缘② | 相对地 | 纵绝缘 | 相对地 | |
| 330 | 363 | 850 | 1 300 | 1.50 | 950 | 850<br>(+295)① | 1 050 | 见 GB<br>311.1— | (460) |
| | | 950 | 1 425 | 1.50 | | | 1 175 | 1997 4.7, | (510) |
| 500 | 550 | 1 050 | 1 675 | 1.60 | 1 175 | 1 050<br>(+450)① | 1 425 | 1.3条的 | (630) |
| | | 1 175 | 1 800 | 1.50 | | | 1 550 | 规定 | (680) |
| | | | | | | | 1 675 | | (740) |

注:①括号中之数值是加在同一极对应相端子上的反极性工频电压的峰值。

②纵绝缘的操作冲击耐受电压选取哪一栏数值,决定于设备的工作条件,在有关设备标准中规定。

(1)对 3~15 kV 的设备给出了绝缘水平的两个系列,即系列Ⅰ和系列Ⅱ。系列Ⅰ适用于下列场合:①在不接到架空线的系统和工业装置中,系统中性点经消弧线圈接地,且在特定系统中安装适当的过电压保护装置;②在经变压器接到架空线上去的系统和工业装置中,变压器低压侧的电缆每相对地电容至少为 0.05 μF,如不足此数,应尽量靠近变压器接线端增设附加电容器,使每相总电容达到 0.05 μF,并应用适当的避雷器保护。在所有其他场合,或要求很大的安全裕度时,均须采用系列Ⅱ。

(2)对 220~500 kV 的设备,给出了多种标准绝缘水平,由用户根据电网特点和过电压保护装置的性能等具体情况加以选用,制造厂按用户要求提供产品。

# 8.4　架空输电线路绝缘水平的确定

本节将以惯用法作架空输电线路的绝缘配合,确定输电线路的绝缘水平,主要包括:线路绝缘子串的选择、确定线路上各空气间隙的极间距离——空气间距。虽然架空线路上这两种绝缘都属于自恢复绝缘,但除了某些 500 kV 线路采用简化统计法作绝缘配合外,其余 500 kV 以下线路至今大多仍采用惯用法进行绝缘配合。

### 8.4.1　绝缘子串的选择

线路绝缘子串应满足三方面的要求:①在工作电压下不发生污闪;②在操作过电压下不发生湿闪;③具有足够的雷电冲击绝缘水平,能保证线路的耐雷水平与雷击跳闸率满足规定要求。

通常按下列顺序进行选择:①根据机械负荷和环境条件选定所用悬式绝缘子的型号;②按工作电压所要求的泄漏距离选择串中片数;③按操作过电压的要求计算应有的片数;④按上面②③所得片数中的较大者,校验该线路的耐雷水平与雷击跳闸率是否符合规定要求。

1. 按工作电压要求

为了防止绝缘子串在工作电压下发生污闪事故,绝缘子串应有足够的沿面爬电距离。我国多年来的运行经验证明,线路的闪络率[次/(100 km·年)]与该线路的爬电比距 $\lambda$ 密切相关,如果根据线路所在地区的污秽等级选定 $\lambda$ 值,就能保证必要的运行可靠性。

设每片绝缘子的几何爬电距离为 $L_0$(cm),即可按爬电比距 $\lambda$ 的定义写出

$$\lambda = \frac{n K_e L_0}{U_m} \quad (\text{cm/kV}) \tag{8.8}$$

式中　$n$——绝缘子片数;

　　　$U_m$——系统最高工作(线)电压有效值,kV;

　　　$K_e$——绝缘子爬电距离有效系数。

$K_e$ 的值主要由各种绝缘子几何泄漏距离对提高污闪电压的有效性来确定,并以 XP-70(或 X-4.5)型和 XP-160 型普通绝缘子为基准,即取它们的 $K_e$ 为1,其他型号绝缘子的 $K_e$ 估算方法可参阅相关文献。

可见,为了避免污闪事故,所需的绝缘子片数应为

$$n_1 \geqslant \frac{\lambda U_m}{K_e L_0} \tag{8.9}$$

$\lambda$ 值是根据实际运行经验得出的,应该注意:①按式(8.9)求得的绝缘子片数 $n_1$ 中已包括零值绝缘子(指串中已丧失绝缘性能的绝缘子),故不需再增加零值片数;②式(8.9)适用于中性点接地方式不同的电网。

2. 按操作过电压要求

绝缘子串在操作过电压的作用下,也不应发生湿闪。在没有完整的绝缘子串在操作波下的湿闪电压数据的情况下,只能近似地用绝缘子串的工频湿闪电压来代替,对于最常用的 XP-70(或 X-4.5)型绝缘子来说,其工频湿闪电压幅值 $U_w$ 可利用下面的经验公式求得

$$U_w = 60n + 14 \quad (\text{kV}) \tag{8.10}$$

式中　$n$——绝缘子片数。

电网中操作过电压幅值的计算值取 $K_0 U_\varphi$(kV)，其中 $K_0$ 为操作过电压计算倍数。

设此时应有的绝缘子片数为 $n_2'$，则由 $n_2'$ 片组成的绝缘子串的工频湿闪电压幅值应为

$$U_w = 1.1 K_0 U_\varphi \quad (kV) \tag{8.11}$$

式中　1.1——综合考虑各种影响因素和必要裕度的一个综合修正系数。

只要知道各种类型绝缘子串的工频湿闪电压与其片数的关系，就可利用公式(8.12)求得应有的 $n_2'$ 值。再考虑需增加的零值绝缘子片数 $n_0$ 后，最后得出的操作过电压所要求的片数为

$$n_2 = n_2' + n_0 \tag{8.12}$$

我国规定应预留的零值绝缘子片数见表 8.4。

将按以上方法求得的不同电压等级线路应有的绝缘子片数 $n_1$ 和 $n_2$ 以及实际采用的片数 $n$ 综合列于表 8.5。

表 8.4　零值绝缘子片数 $n_0$

| 额定电压<br>(kV) | 35~220 | | 330~500 | |
|---|---|---|---|---|
| 绝缘子串<br>类型 | 悬垂串 | 耐张串 | 悬垂串 | 耐张串 |
| $n_0$(片) | 1 | 2 | 2 | 3 |

表 8.5　各级电压线路悬垂串应有的绝缘子片数

| 线路额定电压(kV) | 35 | 66 | 110 | 220 | 330 | 500 |
|---|---|---|---|---|---|---|
| $n_1$(片) | 2 | 4 | 7 | 13 | 19 | 28 |
| $n_2$(片) | 3 | 5 | 7 | 12 | 17 | 22 |
| 实际采用值 $n$(片) | 3 | 5 | 7 | 13 | 19 | 28 |

注：①表中数值仅适用于海拔 1 000 m 及以下的非污秽区。
②绝缘子均为 XP-70(或 X-4.5)型。其中 330 kV 和 500 kV 线路实际上采用的很可能是别的型号绝缘子(例如 XP-160 型)，可按泄漏距离和工频湿闪电压进行折算。

如果已掌握该绝缘子串在正极性操作冲击波下的 50% 放电电压 $U_{50\%(s)}$ 与片数的关系，那么也可以用下面的方法来求出此时应有的片数 $n_2'$ 和 $n_2$：

该绝缘子串应具有下式所示的 50% 操作冲击放电电压

$$U_{50\%(s)} \geqslant K_s U_s \tag{8.13}$$

式中，$U_s$ 对于范围 Ⅰ ($U_m \leqslant 252$ kV) 时，$U_s = K_0 U_\varphi$，$U_s$ 对于范围 Ⅱ ($U_m > 252$ kV) 时，$U_s$ 应为合空线、单相重合闸、三相重合闸这三种操作过电压中的最大者；$K_s$ 为绝缘子串操作过电压配合系数，对范围 Ⅰ 时，$K_s = 1.17$，对范围 Ⅱ 时，$K_s = 1.25$。

3. 按雷电过电压要求

按上面所得的 $n_1$ 和 $n_2$ 中较大的片数，校验线路的耐雷水平和雷击跳闸率是否符合有关规程的规定。

不过实际上，雷电过电压方面的要求在绝缘子片数选择中的作用不是很大，因为线路的耐雷性能并非完全取决于绝缘子的片数，而是取决于各种防雷措施的综合效果，影响因素很多。即使验算的结果表明不能满足线路耐雷性能方面的要求，一般也不再增加绝缘子片数，而是采用诸如降低杆塔接地电阻等其他措施来解决。

### 8.4.2　空气间距的选择

输电线路的绝缘水平不仅取决于绝缘子的片数，同时也取决于线路上各种空气间隙的极间距离——空气间距，后者对线路建设费用的影响远超过前者。

　　输电线路上的空气间隙包括导线与地面、导线之间、导线与地线之间和导线与杆塔之间等。

　　①导线与地面：在选择其空气间距时主要考虑地面车辆和行人等的安全通过、地面电场强度及静电感应等问题。

　　②导线之间：在选择其空气间距时应考虑相间过电压的作用、相邻导线在大风中因不同步摆动或舞动而相互靠近等问题。当然，导线与塔身之间的距离也决定着导线之间的空气间距。

　　③导线与地线之间：按雷击于挡距中央避雷线上时不至于引起导、地线间气隙击穿这一条件来选定。

　　④导线与杆塔之间：在选择其空气间隙时需考虑的因素有很多，下面进行详细分析。

　　为了使绝缘子串和空气间隙的绝缘能力都得到充分的发挥，显然应使气隙的击穿电压与绝缘子串的闪络电压大致相等。但在具体实施时，会遇到风力使绝缘子串发生偏斜等不利因素。

　　就塔头空气间隙上可能出现的电压幅值来看，一般是雷电过电压最高、操作过电压次之、工频工作电压最低；但从电压作用时间来看，情况正好相反。由于工作电压长期作用在导线上，所以在计算它的风偏角 $\theta_0$（图 8.6）时，应取该线路所在地区的最大设计风速 $v_{\max}$（取 20 年一遇的最大风速，在一般地区约为 $25 \sim 35$ m/s）；操作过电压持续时间较短，通常在计算其风偏角时，取计算风速等于 $0.5v_{\max}$；雷电过电压持续时间最短，而且强风与雷击点同在一处出现的概率极小，因此通常取其计算风速等于 $10 \sim 15$ m/s，可见它的风偏角 $\theta_1 < \theta_s < \theta_0$，如图 8.6 所示。

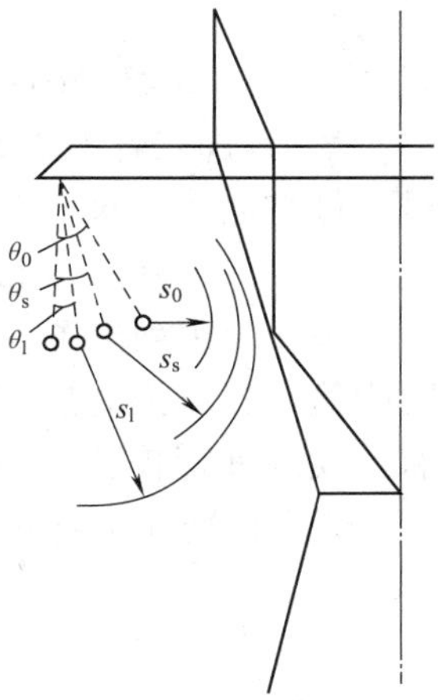

　　三种情况下的净空气间距的确定方法如下。

图 8.6　塔头上的风偏角与空气间距

　　（1）工作电压所要求的净间距 $s_0$

　　$s_0$ 的工频击穿电压幅值

$$U_{50\sim} = K_1 U_\varphi \tag{8.14}$$

式中　$K_1$——综合考虑工频电压升高、气象条件、必要的安全裕度等因素的空气间隙工频配合系数。

　　对 66 kV 及以下的线路取 $K_1 = 1.2$；对 $110 \sim 220$ kV 线路取 $K_1 = 1.35$；对范围 Ⅱ 取 $K_1 = 1.4$。

　　（2）操作过电压所要求的净间距 $s_s$

　　要求 $s_s$ 的正极性操作冲击波下的 50% 击穿电压

$$U_{50\%(s)} = K_2 U_s = K_2 K_0 U_\varphi \tag{8.15}$$

式中　$U_s$——计算用最大操作过电压；

　　　　$K_2$——空气间隙操作配合系数。

　　对范围 Ⅰ 取 $K_2 = 1.03$，对范围 Ⅱ 取 $K_2 = 1.1$。

　　在缺乏空气间隙 50% 操作冲击击穿电压的实验数据时，也可采取先估算出等值的工频击穿电压 $U_{e(50\sim)}$，然后求取应有的空气间距 $s_s$ 的办法。

　　由于长气隙在不利的操作冲击波形下的击穿电压显著低于其工频击穿电压，其折算系数 $\beta_s < 1$，如再计入分散性较大等不利因素，可取 $\beta_s = 0.82$，即

$$U_{e(50\sim)} = \frac{U_{50\%(s)}}{\beta_s} \qquad (8.16)$$

(3)雷电过电压所要求的净间距 $s_1$

通常取 $s_1$ 的 50%雷电冲击击穿电压 $U_{50\%(l)}$ 等于绝缘子串的 50%雷电冲击闪络电压 $U_{CFO}$ 的 85%,即

$$U_{50\%(l)} = 0.85U_{CFO} \qquad (8.17)$$

其目的是减少绝缘子串的沿面闪络,减少釉面受损的可能性。

求得以上的净间距后,即可确定绝缘子串处于垂直状态时对杆塔应有的水平距离

$$\left.\begin{array}{l} L_0 = s_0 + l\sin\theta_0 \\ L_s = s_s + l\sin\theta_s \\ L_1 = s_1 + l\sin\theta_1 \end{array}\right\} \qquad (8.18)$$

式中　$l$——绝缘子串长度,m。

最后,选三者中最大的一个,就得出了导线与杆塔之间的水平距离 $L$,即

$$L = \max[L_0, L_s, L_1] \qquad (8.19)$$

表 8.6 中列出了各级电压线路所需的净间距值。当海拔高度超过 1 000 m 时,应按有关规定进行校正。对于发电厂变电所,各个 $s$ 值应再增加 10%的裕度,以策安全。

表 8.6　各级电压线路所需的净间距值　　(单位:cm)

| 额定电压(kV) | 35 | 66 | 110 | 220 | 330 | 500 |
|---|---|---|---|---|---|---|
| X-4.5 型绝缘子片数(片) | 3 | 5 | 7 | 13 | 19 | 28 |
| $s_0$ | 10 | 20 | 25 | 55 | 90 | 130 |
| $s_s$ | 25 | 50 | 70 | 145 | 195 | 270 |
| $s_1$ | 45 | 65 | 100 | 190 | 260 | 370 |

# 复习思考题

1.什么是电力系统的绝缘配合?什么是电气设备的绝缘水平?电力系统绝缘配合的原则是什么?

2.输电线路绝缘子串中绝缘子的片数是如何确定的?

3.什么是电气设备绝缘的 $BIL$ 和 $SIL$?

4.变电站电气设备的绝缘水平是否应高于输电线路的绝缘水平?为什么?

# 参 考 文 献

[1] 赵智大，高电压技术[M]. 北京：中国电力出版社，1999.
[2] 吴广宁，高电压技术[M]. 北京：机械工业出版社，2007.
[3] 张一尘，高电压技术[M]. 北京：中国电力出版社，2007.
[4] 常美生，高电压技术[M]. 北京：中国电力出版社，2007.
[5] 王伟，屠幼萍，高电压技术[M]. 北京：机械工业出版社，2011.
[6] 谢广润，电力系统过电压[M]. 北京：水利电力出版社，1985.